U0386397

"十二五"职业教育国家规划教材
经全国职业教育教材审定委员会审定
全国高等职业教育规划教材

智能小区安全防范系统

第2版

林火养　陈　榕　等编著
叶金标　　　主审

机械工业出版社

本书共分为8章，每章都分成理论和实践两部分，理论部分注重原理概念、设备功能和参数指标的介绍；实践部分注重系统图识读、设备安装调试的训练。本书系统介绍了智能化小区系统的基本定义、系统构成以及智能化系统的配置、工程设计、施工与项目验收等相关环节。其中重点对访客对讲门禁系统、视频监控系统、入侵报警系统、电子巡更系统、停车场管理系统、公共广播系统、信息发布系统的工作原理和专用设备、器材、施工、工程实例等进行分析和阐述；还根据多年的工程实践经验对小区安防系统的设计、施工、运行、管理、维护提出宝贵的建议。各子系统可独立成章，自成体系，也可根据实际需求自由组合集成一个大系统。

本书可作为高职高专院校楼宇智能化工程技术、楼宇机电设备、应用电子技术、电子信息工程技术、物联网技术的专业课程教材，还可供建筑电气设计人员、建筑智能化工程技术管理人员参考阅读。

本书配套授课电子课件，需要的教师可登录 www.cmpedu.com 免费注册、审核通过后下载，或联系编辑索取（QQ：1239258369，电话：010-88379739）。

图书在版编目（CIP）数据

智能小区安全防范系统／林火养等编著．—2 版．—北京：机械工业出版社，2015.5（2020.7 重印）
"十二五"职业教育国家规划教材　全国高等职业教育规划教材
ISBN 978-7-111-49744-8

Ⅰ.①智…　Ⅱ.①林…　Ⅲ.①智能化建筑—安全设备—系统设计—高等职业教育—教材　Ⅳ.①TU89

中国版本图书馆 CIP 数据核字（2015）第 057716 号

机械工业出版社（北京市百万庄大街 22 号　邮政编码 100037）
策划编辑：王　颖　责任编辑：王　颖
责任校对：黄兴伟　责任印制：常天培
北京虎彩文化传播有限公司印刷
2020 年 7 月第 2 版第 6 次印刷
184mm×260mm · 19.5 印张 · 479 千字
11701—13200 册
标准书号：ISBN 978-7-111-49744-8
定价：43.00 元

凡购本书，如有缺页、倒页、脱页，由本社发行部调换

电话服务　　　　　　　　　网络服务
服务咨询热线：010-88379833　机工官网：www.cmpbook.com
读者购书热线：010-88379649　机工官博：weibo.com/cmp1952
　　　　　　　　　　　　　　教育服务网：www.cmpedu.com
封底无防伪标均为盗版　　金　书　网：www.golden-book.com

全国高等职业教育规划教材

电子类专业编委会成员名单

出 版 说 明

《国务院关于加快发展现代职业教育的决定》指出：到 2020 年，形成适应发展需求、产教深度融合、中职高职衔接、职业教育与普通教育相互沟通、体现终身教育理念，具有中国特色、世界水平的现代职业教育体系，推进人才培养模式创新，坚持校企合作、工学结合，强化教学、学习、实训相融合的教育教学活动，推行项目教学、案例教学、工作过程导向教学等教学模式，引导社会力量参与教学过程，共同开发课程和教材等教育资源。机械工业出版社组织全国 60 余所职业院校（其中大部分是示范性院校和骨干院校）的骨干教师共同策划、编写并出版的"全国高等职业教育规划教材"系列丛书，已历经十余年的积淀和发展，今后将更加结合国家职业教育文件精神，致力于建设符合现代职业教育教学需求的教材体系，打造充分适应现代职业教育教学模式的、体现工学结合特点的新型精品化教材。

"全国高等职业教育规划教材"涵盖计算机、电子和机电三个专业，目前在销教材 300 余种，其中"十五""十一五""十二五"累计获奖教材 60 余种，更有 4 种获得国家级精品教材。该系列教材依托于高职高专计算机、电子、机电三个专业编委会，充分体现职业院校教学改革和课程改革的需要，其内容和质量颇受授课教师的认可。

在系列教材策划和编写的过程中，主编院校通过编委会平台充分调研相关院校的专业课程体系，认真讨论课程教学大纲，积极听取相关专家意见，并融合教学中的实践经验，吸收职业教育改革成果，寻求企业合作，针对不同的课程性质采取差异化的编写策略。其中，核心基础课程的教材在保持扎实的理论基础的同时，增加实训和习题以及相关的多媒体配套资源；实践性较强的课程则强调理论与实训紧密结合，采用理实一体的编写模式；涉及实用技术的课程则在教材中引入了最新的知识、技术、工艺和方法，同时重视企业参与，吸纳来自企业的真实案例。此外，根据实际教学的需要对部分课程进行了整合和优化。

归纳起来，本系列教材具有以下特点：

1）围绕培养学生的职业技能这条主线来设计教材的结构、内容和形式。

2）合理安排基础知识和实践知识的比例。基础知识以"必需、够用"为度，强调专业技术应用能力的训练，适当增加实训环节。

3）符合高职学生的学习特点和认知规律。对基本理论和方法的论述容易理解、清晰简洁，多用图表来表达信息；增加相关技术在生产中的应用实例，引导学生主动学习。

4）教材内容紧随技术和经济的发展而更新，及时将新知识、新技术、新工艺和新案例等引入教材。同时注重吸收最新的教学理念，并积极支持新专业的教材建设。

5）注重立体化教材建设。通过主教材、电子教案、配套素材光盘、实训指导和习题及解答等教学资源的有机结合，提高教学服务水平，为高素质技能型人才的培养创造良好的条件。

由于我国高等职业教育改革和发展的速度很快，加之我们的水平和经验有限，因此在教材的编写和出版过程中难免出现问题和疏漏。我们恳请使用这套教材的师生及时向我们反馈质量信息，以利于我们今后不断提高教材的出版质量，为广大师生提供更多、更适用的教材。

机械工业出版社

前　言

　　"安全防范"是指以维护社会公共安全为目的的防入侵、防被盗、防破坏、防火、防暴和安全检查等措施。"安全防范"主要包含人防、物防和技防3种手段。本书介绍的智能小区的安全防范技术指的是技术防范。

　　我国的安全防范技术虽然起步较晚，但是在国家"平安城市"建设、北京奥运会、上海世博会等重大项目的推动下取得了飞速的发展。正是这种发展速度使得技术更新换代非常频繁，但是国内在安全防范技术方面的人才培养严重落后于产业的发展，在业界从事安防技术工作的人员几乎都是从其他专业转换过来的，没有接受过系统的培训，素质参差不齐，工程质量无法保障。

　　我国在2006年进行了"智能楼宇管理师"工种职业技能标准的制定，2007年在全国推广实施。2008年，我国又出台了"安全防范系统评估师"和"安全防范系统安装维护员"工种的职业技能标准。国家标准委员会也先后出台了《安全防范工程技术规范》《住宅小区安全技术防范系统要求》《联网型可视对讲系统技术要求》等一系列的标准规范，使得安全防范技术的培训和标准化建设日益健全。

　　编者从事安全防范技术工程的设计、施工和验收工作已多年，在实际工程项目中积累了大量的实践经验。本书针对原国家劳动部"智能楼宇管理师"和"安全防范系统评估师"的职业技能标准对安全防范部分的要求编写。从理论到实践、实训，从系统设计到设备选型，从工程施工到工程验收等都有独树一帜的写作风格，通俗易懂。

　　本书为了使学生在有限的学时内较为全面深入地学习智能小区的安全防范技术的7大子系统的工作原理、系统设备的功能、参数指标、选用原则、安装调试方法和系统设计方法等内容，书中采用了大量的图片来进行说明和讲解，使得复杂的理论变得更加简洁直观。

　　本书由福建信息职业技术学院林火养、陈榕、程智宾编著。全书共分为8章，林火养完成第1、2、3、4、7、8章的编写，陈榕完成第5、6章的编写，程智宾完成第4章的修改，深圳职业技术学院普泰科技有限公司提供了第2、3、4章实训部分的内容，深圳职业技术学院范维浩老师对本书的编写提出了很多宝贵意见，陈智东、林宇威、毛文波和陈伟参与了本书部分资料的整理工作。全书由福州佳乐信智能科技有限公司叶金标高级工程师主审。

　　本书纳入**"福建省高等职业教育教材建设计划"**，在编写过程中得到了福建省教育厅的大力支持，在此表示衷心感谢。

　　在本书的编写过程中，得到了深圳职业技术学院普泰科技有限公司、福州佳乐信智能科技有限公司、泉州佳乐电器有限公司、厦门立林科技有限公司、厦门赛凡信息科技有限公司等多家企业的大力支持，在此深表感谢。

　　智能小区安全防范技术日新月异，包罗万象，本书在内容上难免有疏漏之处，恳请业内专家和广大读者批评指正。

编　者

目　录

第 1 章　智能小区安全防范系统的认识

居住在小区的居民，最关心的就是居住的安全问题。智能小区安全防范系统是以保障居民安全为目的而建立起来的技术防范系统。它采用现代技术（使人们及时发现入侵破坏行为），产生声光报警阻吓罪犯，实录事发现场图像和声音以提供破案凭证，并提醒值班人员采取适当的防范措施。系统主要包括入侵报警、访客对讲、视频监控、出入口控制、电子巡更以及公共广播等部分。

1.1　安全防范的基本概念

"安全防范"（简称为安防）是公安保卫系统的专门术语，是指以维护社会公共安全为目的的防入侵、防被盗、防破坏、防火、防爆和安全检查等措施。为了达到防入侵、防盗和防破坏等目的，采用以电子技术、传感器技术和计算机技术为基础的安全防范技术的器材设备，将其构成一个系统。由此应运而生的安全防范技术正逐步发展成为一项专门的公安技术学科。

银行、金库等历来是犯罪分子选择作案的重要场所。这些单位是制造、发行、储存货币和金银的地方，如果被盗、被破坏，那么不仅使国家在经济上遭受重大损失，而且会影响国家建设和市场的稳定。储蓄所（尤其是地处偏远的储蓄所）是现金周转的主要场所，建立监控、报警和通信相结合的安全防范系统是行之有效的保卫手段，实践证明，已取得了明显的防范效果。

大型商店、库房是国家物资的储备地，这里商品集中、资金集中，是国家财政收入的重要组成部分。在这里每天有数以万计的人员流动。犯罪分子往往把这里作为作案的重要场所，因此这些场所的防盗、防火是安防工作的重点。

居民区的安全防范关系到社会的稳定，也是社会安全防范的重点，决不能掉以轻心。社会治安的好坏，直接影响每个公民的人身安全和财产安全，直接影响了每个公民建设社会主义的积极性。安定团结是建设有中国特色的社会主义不可缺少的基础条件，因此，加强防火和防盗的职能、安装防撬和防砸的保险门、建立装有门窗开关报警器为主的社区安防系统是行之有效的防范手段。

利用安全防范技术进行安全防范对犯罪分子具有威慑作用，如小区的安防系统、门窗的开关报警器能使人们及时发现犯罪分子的作案时间和地点，使其不敢轻易动手。安装商品、自选市场的电视监控系统，会使商品和自选市场的失窃率大大降低；银行的柜员制和大厅的监控系统，也会使犯罪分子望而生畏，这些措施都对预防犯罪相当有效。

其次，一旦出现了入侵、盗窃等犯罪活动，安全防范系统能及时发现、及时报警，视频监控系统能自动记录下犯罪现场以及犯罪分子的犯罪过程，以便公安部门及时破案，节省了大量的人力、物力。重要单位和要害部门在安装了多功能、多层次的安防监控系统后，大大减少了巡逻值班人员，从而提高了效率，减少了开支。

安装防火的防范报警系统，能在火灾发生的萌芽状态报警，使火灾及时得到扑灭，避免重大火灾事故的发生。

将防火、防入侵、防盗、防破坏、防爆和通信联络等各分系统进行联合设计，组成一个综合的、多功能的安防控制系统，是安全防范技术工作的发展方向。

1.2　安全防范的3种基本防范手段

安全防范是社会公共安全的一部分，安全防范行业是社会公共安全行业的一个分支。就防范手段而言，安全防范包括人力防范（简称为人防）、实体（物）防范（简称为物防）和技术防范（简称为技防）3个范畴。其中人力防范和实体防范是古已有之的传统防范手段，它们是安全防范的基础。随着科学技术的不断进步，这些传统的防范手段也被不断融入了新的科技内容。技术防范的概念是在将近代科学技术（最初是电子报警技术）用于安全防范领域并逐渐形成一种独立防范手段的过程中所产生的一种新的防范概念。随着现代科学技术的不断发展和普及应用，"技术防范"的概念越来越普及，越来越为警察执法部门和社会公众认可和接受，已成为使用频率很高的一个新词汇，技术防范的内容也随着科学技术的进步而不断更新。在科学技术迅猛发展的当今时代，可以说几乎所有的高新技术都将或迟或早的移植、应用于安全防范工作中。因此，"技术防范"在安全防范技术中的地位和作用将越来越重要，它已经带来了安全防范的一次新的革命。

安全防范的3个基本要素是探测、延迟与反应。探测（Detection）是指感知显性和隐性风险事件的发生并发出报警；延迟（Delay）是指延长和推延风险事件发生的进程；反应（Response）是指组织力量为制止风险事件的发生所采取的快速行动。在安全防范的3种基本手段中，要实现防范的最终目的，就要围绕探测、延迟、反应这3个基本防范要素开展工作、采取措施，以预防和阻止风险事件的发生。当然，3种防范手段在实施防范的过程中所起的作用有所不同。

基础的人力防范手段是利用人们自身的传感器（如眼、耳等）进行探测，发现妨害或破坏安全的目标，并作出反应；用声音警告、恐吓、设障及武器还击等手段来延迟或阻止危险的发生，在自身力量不足时还要发出求援信号，以期待做出进一步的反应，制止危险的发生或处理已发生的危险。

实体防范的主要作用在于推迟危险的发生，为"反应"提供足够的时间。现代的实体防范，已不是单纯物质屏障的被动防范，而是越来越多地采用高科技的手段，一方面使实体屏障被破坏的可能性变小，增大延迟时间；另一方面也使实体屏障本身增加探测和反应的功能。

可以说，技术防范手段是人力防范手段和实体防范手段功能的延伸，是对人力防范和实体防范在技术手段上的补充和加强。它融入人力防范和实体防范之中，使人力防范和实体防范在探测、延迟、反应3个基本要素中不断增加高科技含量，不断提高探测能力、延迟能力和反应能力，使防范手段真正起到作用，以达到预期的目的。

探测、延迟和反应3个基本要素是相互联系、缺一不可的。一方面，探测要准确无误、延迟时间长短要合适，反应要迅速；另一方面，反应的总时间应小于（至多等于）探测加延迟的总时间。

1.3 智能小区与智能小区安防系统

智能化住宅小区作为 21 世纪的"新宠"，有其自身的要求。根据建设部规定，目前对智能化住宅小区有 6 项要求，即住宅小区设立计算机自动化管理中心；水、电、气等自动计量、收费；住宅小区封闭，实行安全防范系统自动化监控管理；住宅的火灾、有害气体泄漏实行自动报警；住宅设置楼宇对讲和紧急呼叫系统；对住宅小区关键设备、设施实行集中管理，对其运作状态实施远程监控。智能化住宅小区系统结构图如图 1-1 所示。

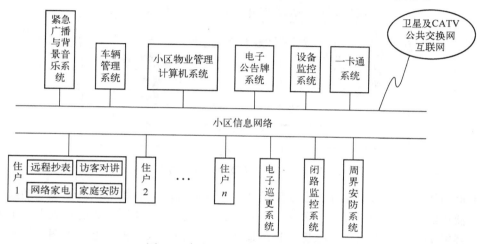

图 1-1 智能化住宅小区系统结构图

智能化小区一般包括以下子系统。
（1）视频监控系统
（2）电子巡更系统
（3）三表自动抄集系统
（4）LED 信息发布系统
（5）车辆管理系统
（6）广播/背景音乐系统
（7）小区边界监控报警系统
（8）访客对讲系统
（9）物业管理系统
（10）电梯系统
（11）综合布线系统
（12）给排水系统
（13）供配电系统
（14）暖通空调系统
其中，属于安全防范系统的有以下几个系统。
（1）视频监控系统
（2）电子巡更系统

(3) 车辆管理系统

(4) 广播/背景音乐系统

(5) 小区边界监控报警系统

(6) 访客对讲系统

(7) 小区信息发布系统

智能小区安全防范系统必备的3道防线如图1-2所示，也有将这3道防线具体细化成5道防线的，具体描述如下。

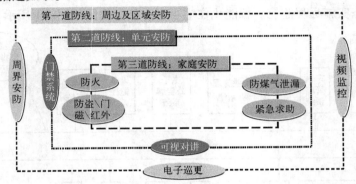

图 1-2　智能小区安全防范系统必备的 3 道防线

第 1 道防线：红外对射系统。在封闭的住宅小区四周围墙、栅栏上，设置主动红外入侵探测器，使用红外光束封闭周边的顶端，一旦有人翻墙而入，监控中心的小区电子地图便可迅速显示案发部位，并发出声光报警，提醒值班人员。值班人员根据电子地图所显示的报警部位，通过无线电台，呼叫就近的巡逻人员前往处置。

第 2 道防线：视频监控系统。在住宅小区的大门和停车场（库）出入口、电梯轿厢及小区内主要通道处，安装视频监控系统，并实行24h的监视及录像，监控中心的人员通过视频画面可以随时调看各通道的情况，一旦有案情，就可为警方提供有价值的图像证据资料。

第 3 道防线：电子巡更系统。在整个小区的房前屋后、绿化地带、走道等处都合理、科学地设置电子巡更系统的记录装置。记录装置能详细、准确地记录巡逻人员每一次巡逻到该装置前的时间，"铁面无私"地监督每一位巡逻人员按预定的巡逻线路和时间间隔完成巡逻任务，有效保证了巡逻人员在规定的时间内到达小区任何位置的报警点。

第 4 道防线：访客对讲系统。在小区的出入口、住宅楼栋口、每个楼宇入口铁门处安装访客对讲系统，当访客者来到小区的出入口时，由物业保安人员呼叫被访用户，确认有人在家并由住户确认访客者身份后，访客者方能进入小区。进入小区后，访客者需在楼栋口按被访者的户室号，通过与主人对讲认可后，主人通过遥控方式开启底层电控防盗门，访客者方可进入楼栋。该对讲装置与小区监控中心联网，随时可与其取得联系。

第 5 道防线：防盗报警系统。住宅小区内每户居民都安装了家庭报警或紧急报警（求助）联网的终端设备。一、二层楼住户的阳台及窗户安装了入侵探测器，阳台、窗户一旦有人非法入侵，控制中心立即能显示报警部位，以便巡逻人员迅速赶赴报警点处置。同时，在每户的卧室、客厅等隐蔽处还安装了紧急报警（救助）按钮，求助信息将直接传递到控制中心。用户一旦遇到险情或其他方面的紧急情况，可按电钮求助。控制中心还可与公安"110"报警中心实现联网。

1.4 住宅小区安全技术防范系统要求

国家标准 GB 31/294—2010 对住宅小区安全技术防范系统做了细致明确的要求，具体如下。

1.4.1 系统技术要求

1）安全技术防范系统应与小区的建设综合设计，同步施工，独立验收，同时交付使用。

2）安全技术防范系统中使用的设备和产品，应符合国家法律法规、现行强制性标准和安全防范管理的要求，并经安全认证、生产登记批准或型式检验合格。

3）小区安全技术防范系统的设计宜同本市监控报警联网系统的建设相协调、配套，当作为社会监控报警接入资源时，其网络接口、性能要求应符合相关标准要求。

4）各系统的设置、运行、故障等信息的保存时间应大于等于 30 天。

1.4.2 住宅小区安全技术防范系统基本配置

住宅小区安全技术防范系统的基本配置应符合表 1-1 的规定。

表 1-1　住宅小区安全技术防范系统的基本配置

序 号	项 目	设 施	安装区域或覆盖范围	配置要求
1	周界报警系统	入侵探测装置	小区周界（包括围墙、栅栏、与外界相通的河道等）	强制
2			不设门卫岗亭的出入口	强制
3			与住宅相连，且高度在 6m 以下（含 6m），用于商铺、会所等功能的建筑物（包括裙房）顶层平台	强制
4			与外界相通用于商铺、会所等功能的建筑物（包括裙房），其与小区相通的窗户	推荐
5		控制、记录、显示装置	监控中心	强制
6	视频安防监控系统	彩色摄像机	小区周界	推荐
7			小区出入口［含与外界相通用于商铺、会所等功能的建筑物（包括裙房），其与小区相通的出入口］	强制
8			地下停车库出入口（含与小区地面、住宅楼相通的人行出入口）、地下机动车停车库内的主要通道	强制
9			地面机动车集中停放区	强制
10			别墅区域机动车主要道路交叉路口	强制
11			小区主要通道	推荐
12			小区商铺、会所与外界相通的出入口	推荐
13			住宅楼出入口［4 户住宅（含 4 户）以下除外］	强制
14			电梯轿厢［两户住宅（含两户）以下或电梯直接进户的除外］	强制
15			公共租赁房各层楼梯出入口、电梯厅或公共楼道	强制
16			监控中心	强制
17		控制、记录、显示装置	监控中心	强制

序 号	项 目	设 施		安装区域或覆盖范围	配 置 要 求
18	出入口控制系统	楼宇（可视）对讲系统	管理副机	小区出入口	强制
19			对讲分机	每户住宅	强制
20				多层别墅、复合式住宅的每层楼面	强制
21				监控中心	推荐
22			对讲主机	住宅楼栋出入口	强制
23				地下停车库与住宅楼相通的出入口	推荐
24			管理主机	监控中心	强制
25		识读式门禁控制系统	出入口凭证检验和控制装置	小区出入口	推荐
26				地下停车库与住宅楼相通的出入口	强制
27				住宅楼栋出入口、电梯	推荐
28				监控中心	强制
29			控制、记录装置	监控中心	强制
30	室内报警系统	入侵探测器		装修房的每户住宅（含复合式住宅的每层楼面）	强制
31				毛坯房一、二层住宅，顶层住宅（含复合式住宅每层楼面）	强制
32				别墅住宅每层楼面（含与住宅相通的私家停车库）	强制
33				与住宅相连，且高度在6m以下（含6m），用于商铺、会所等功能的建筑物（包括裙房）顶层平台上一、二层住宅	强制
34				水泵房和房屋水箱部位出入口、配电间、电信机房、燃气设备房等	强制
35				小区物业办公场所，小区会所、商铺	推荐
36		紧急报警（求助）装置		住户客厅、卧室及未明确用途的房间	强制
37				卫生间	推荐
38				小区物业办公场所，小区会所、商铺	推荐
39				监控中心	推荐
40		控制、记录、显示装置		安装入侵探测器的住宅	强制
41				多层别墅、复合式住宅的每层楼面	强制
42				小区物业办公场所，小区会所、商铺	推荐
43				监控中心	强制
44	电子巡查系统	电子巡查钮		小区周界、住宅楼周围、地下停车库、地面机动车集中停放区、水箱（池）、水泵房、配电间等重要设备机房区域	强制
45		控制、记录、显示装置		监控中心	强制

序　号	项　目	设　　施	安装区域或覆盖范围	配　置　要　求
46	实体防护装置	电控防盗门	住宅楼栋出入口（别墅住宅除外）	强制
47		内置式防护栅栏	商铺、会所（包括裙房）等建筑物作为小区周界的，建筑物与小区相通的一、二层窗户	强制
48			住宅楼栋内一、二层公共区域与小区相通的窗户	强制
49			与小区相通的监控中心窗户	推荐
50			与小区外界相通的监控中心窗户	强制

注：表中"强制"的意思是指新建住宅在设计时就必须将其设计好，并和建筑主体一起施工、验收，否则将通不过相关部门的验收。"推荐"的意思是指新建住宅在设计和施工时可以给予适当考虑，参照该标准来进行建设，但不是强制性的。

1.5　实训

1.5.1　实训 1　参观小区安全防范系统

1. 实训目的

1）了解小区安全防范系统的作用。

2）了解小区安全防范系统的组成。

3）初步认识小区安全防范系统设备。

2. 实训场所

参观学校附近安全防范系统较为完善的小区。

3. 实训步骤与内容

1）提前与小区联系，做好参观准备。

2）教师组织学生进小区参观。

3）由教师或是小区的安防系统负责人为学生讲解。

4. 实训结果

实训收获、遇到的问题及实训心得体会。

1.5.2　实训 2　小区安全防范系统识图

1. 实训目的

1）了解小区安全防范系统的结构。

2）认识安全防范系统通用图形符号。

3）掌握系统图的读图方法。

4）能够读懂一幅简单的安全防范平面布局图。

2. 实训设备

1）中华人民共和国公共安全行业标准安全防范系统通用图形符号表。

2）小区安全防范系统结构图。

3）小区安全防范设备平面布局图。

3. 实训步骤与内容

1）让学生对照上次实训的实物认识各种通用图形符号。

2）识读小区安全防范系统结构图，并做好记录。

3）识读小区安全防范设备平面布局图，并做好记录。

4. 实训结果

实训收获、遇到的问题以及实训心得体会。

1.6 本章小结

本章介绍了安全防范技术的基本概念和安全防范技术在社会各个领域的应用。在此基础上引出人防、物防和技防这3种安全防范的基本防范手段，同时介绍了安全防范中探测、延迟与反应3个基本要素。在建立起安全防范系统的概念之后，介绍了智能小区，从而引出了智能小区安全防范系统，并详细介绍了小区安全防范系统的5道防线。最后引用了国家的相关规范，对智能小区安全防范系统的具体要求进行了介绍，让读者对小区安全防范系统有进一步的认识。

1.7 思考题

1. 什么是安全防范？

2. 什么是安全防范技术？

3. 人防、物防和技防之间是怎么相互配合的？

4. 安全防范的探测、延迟与反应3个基本要素之间的关系是什么？

5. 小区安全防范系统的5道防线分别是什么？

6. 智能小区主要包含了哪些系统？

7. 描述一下亲身体验到的安全防范技术。

第 2 章 视频监控系统

视频监控系统是安全防范技术体系中的一个重要组成部分，是一种先进的、防范能力极强的综合系统。它可以通过遥控摄像机及其辅助设备，使人们直接观看被监视场所的一切情况，并把被监视场所的图像传送到监控中心，同时还可以把被监视场所的图像全部或部分地记录下来，为日后事件处理提供了方便条件和重要依据。

2.1 电视技术

视频监控技术很大程度上依赖于电视技术，因此，在了解视频监控之前，有必要介绍一下电视技术。

2.1.1 彩色与人眼视觉特性

1. 彩色特性

（1）光的性质

光属于电磁辐射。电磁辐射的波长范围很宽，按从长到短的排列依次可分为无线电波、红外线、可见光、紫外线、X射线和宇宙射线等。波长在780～380nm范围内的电磁波能使人眼产生颜色的感觉，称为可见光，颜色感觉依次为红、橙、黄、绿、青、蓝、紫7色。可见光光谱如图2-1所示。

（2）物体的颜色

从光的角度可将物体分为发光体和不发光体两大类。发光体的颜色由其本身发出的光谱所确定，例如，激光二极管发红光是由于其光谱为780nm。不发光的物体颜色与照射光的光谱及其对照射光的吸收、反射、透射等特性有关，例如，绿叶反射绿色的光，吸收其他的光而呈绿色。

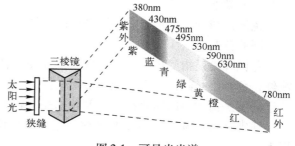

图 2-1 可见光光谱

2. 人眼视觉特性

人眼的视觉特性包括亮度视觉、色度视觉、对图像细节和对彩色的分辨力。

（1）亮度视觉

亮度视觉是指人眼所能感觉到的最大亮度与最小亮度的差别，以及在不同环境亮度下对同一亮度所产生的主观感觉。

人眼的亮度感是随光的波长改变的，并且昼夜也不同。人眼对光感的灵敏度常用人眼相对视敏度函数曲线表示，如图2-2所示。

（2）色度视觉

人眼的红、绿、蓝3种锥状细胞的视敏函数峰值分别在580nm、540nm和440nm波长，而且部分交叉重叠可引起混合色的感觉，不同波长的光对这3种锥状细胞的刺激量不同，因而产生的彩色视觉也不同。

（3）视觉惰性

人眼的主观亮度感觉与客观光的亮度并不同步，人眼的亮度感觉总是滞后于实际亮度的变化，这一特性称为视觉惰性或视觉暂留。

当人眼感受到重复频率较低的光强时，会有亮暗的闪烁感。通常将不引起闪烁感的最低频率称为临界闪烁频率。人眼的临界闪烁频率约为46Hz，高于该频率时人眼不再感觉到闪烁。

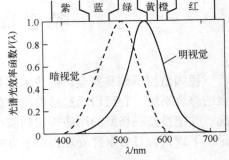

图2-2　人眼相对视敏度函数曲线

顺序制彩色电视正是利用人眼的视觉惰性，采用时间混色法将三基色〔即红（R）、绿（G）、蓝（B）〕光顺序出现在同一平面的同一位置上，只要三基色光点相距时间间隔足够短，人眼观察到的就是其混合后的彩色。

（4）分辨力

分辨力是指在一定距离处人眼能分辨两点间的最小距离。人们在观看景物时对细节的分辨能力取决于景物细节的亮度和对比度（图像所能达到的最大亮度和最小亮度之比），亮度越低，分辨力越差；细节对比度越低，分辨力也越差。

同时制彩色电视是利用人眼空间细节分辨力差的特点，采用空间混色法将三基色光在同一平面的对应位置充分靠近，只要光点足够小且充分近，人眼在一定距离外观察到的就是其混合后的彩色。

3. 色度学基本知识

（1）彩色三要素

色调是指颜色的种类。不同颜色的物体其色调是不同的，红色、绿色和蓝色等颜色都是指不同的色调。

色饱和度是指颜色的浓淡程度。色饱和度越大，该颜色就越浓。例如，通常说的深红和浅红，色调都是红色，但色饱和度不一样。

亮度是指颜色的明暗程度。颜色的亮度越大，色彩就越鲜艳。

通常又将色调、色饱和度总称为色度。色调、色饱和度和亮度这3个参量称为彩色三要素。

（2）三基色原理

自然界中的绝大多数色彩都可以分解为三基色，三基色按一定比例混合，可以得到自然界绝大多数的色彩。混合色的色度由三基色的混合比例决定，其亮度等于三基色亮度之和。色彩的这种分解、合成机理称为三基色原理。

（3）混色方法

在彩色电视系统中采用相加混色法。相加混色法又可分为空间混色法与时间混色法。

1）空间混色法。利用人眼空间细节分辨力差的特点，使三基色光在同一平面的对应位置充分靠近，且光点足够小，人眼在离开一定距离处观看时，就会感觉到是三基色光的混合色。

空间混色法是同时制彩色电视的基础。

2）时间混色法。利用人眼的视觉惰性，使三基色光在同一平面的同一处顺序出现，当间隔时间足够短时，人眼感觉到的就是三基色光的混合色。

时间混色法是顺序制彩色电视的基础。

（4）亮度方程式

直接相加混色实验：若用三基色按一定比例混合得到 100% 的白光，则红基色光亮度占 30%，绿基色亮度占 59%，蓝基色光亮度占 11%。这种关系可用下式表示，即

$$Y = 0.30R + 0.59G + 0.11B$$

(2-1)

该式称为亮度方程式。

2.1.2 图像的分解与顺序传输

当你拿一面高倍的放大镜仔细看一幅彩色图片或黑白图片时，让人匪夷所思的是原来一幅完整无瑕的图片，竟然是由密密麻麻的"点"构成的！如果再仔细看，这些"点"的颜色有深有浅，明暗不等。不难得出结论，图片的画面就是由众多的"点"组成的，在电视技术上，称这些"点"为"像素"或"像点"，像素也就是这幅图片的细胞。像素可以用一个数表示，譬如一个"30 万像素"的摄像机，它有额定 30 万像素；或者用一对数字表示，例如"640×480 显示器"，表示有横向 640 像素和纵向 480 像素，因此其总数为 640 × 480 像素 =307 200 像素。通常一幅图像被分解的像素数为 30 万～50 万个，对于高分辨率的图像则像素数可达 100 万个以上。可见，一幅完整的画面是可分解的，这一点很重要，实际上它为现代电视技术奠定了非常重要的基础。

图像的顺序传送是指在图像的发送端，把被传送图像上各像素的亮度、色度按一定顺序，逐一的转变为相应的电信号，并依次经过一个通道发送出去；在图像接收端，再按相同的顺序，将各像素的电信号在电视机屏幕相应位置上转变为不同亮度、色度的光点。当这种顺序传送的速度足够快时，人眼的视觉暂留和发光材料的余辉特性会使人感到整幅图像在同时发光，人看到的就是一幅完整的图像。而且整个图像只要一幅一幅地顺序传送得足够快，人眼睛感觉到的就是活动图像。这种顺序传送图像像素的电视系统，称为顺序传送制。

像素顺序传输示意图如图 2-3 所示。

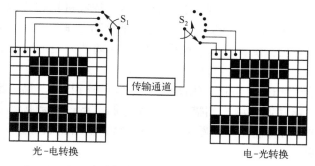

图 2-3　像素顺序传输示意图

2.1.3 光电转换

一幅图像是由众多的像素构成的，而且像素的亮度不等。电视技术的第二步就是如何把

亮度不等的像素转换成电流。像素转换为电流的过程，称为光电转换。用于转换的器件有两种方式，分别称为电真空管和固体摄像器件。

下面以 CCD 摄像机为例说明光电的转换过程。CCD 内用于光电转换的是具有光电效应的光电半导体单元，当光照射在这些单元表面时，会在半导体器件中产生一定的电流。在一定的条件下，电流大小与光照的强度成正比，也就是光照越强电流越大，反之光照越弱，电流就越少。电视技术就是利用这一原理把亮度不等的像素一一对应地转换为大小不同的电流。这一光电过程就是由摄像机来实现的。

2.1.4　电光转换

在电视技术上，把电转换为光称为荧光效应。荧光效应是指有些化合物（荧光粉）在电子束的轰击下能够发光的现象，而且发光的亮度高低与电子束的强度有关，即电子的数目越多，亮度越亮；电子的数目越少，亮度越暗；当电子束为零时，则不发光。电视机屏幕内侧涂敷的化合物就类似于这种荧光材料。

2.1.5　电子扫描

光电转换只是解决信号的获取问题，电光转换也只是解决图像再现的条件问题。我们知道，一幅画面可由众多的像素构成，但它们的分布并非是随意的、杂乱无章的，而是按一定的空间排列和组合而成的。在把像素转换成电流之后，用这些电流来轰击荧光屏（电光转换），如果不按一定的规则去轰击，那么我们还能看到复原的画面吗？答案是否定的。

首先了解一下未发送前的画面。其像素在空间上呈二维状态分布，当把这些像素转换为电流时，这种分布方式就被改变。像素转换过程不能在同一时刻转换，否则转换的电流就变成所有像素电流总和的平均值了，而体现不了每个像素的电流值，用这样的电流去轰击荧光屏其结果可想而知。

在电视技术中，将电子束在电磁场作用下按一定规律在摄像管或显像管的屏幕上进行周期性的运动称为扫描。水平方向上的扫描称为行扫描，垂直方向上的扫描称为场扫描。

1. 逐行扫描与隔行扫描

1）逐行扫描。逐行扫描是指电子束自上而下逐行依次进行扫描的方式，其规律是电子束从第一行左上角开始扫描，从左到右，然后从右回到左，再扫描第二行、第三行……直到扫完一幅（帧）图像为止。接着，电子束由下向上移动到开始的位置，又从左上角开始扫描第二幅（帧）图像。

2）隔行扫描。隔行扫描是指将一幅图像分成两场进行扫描，第一场（奇数场）扫描 1、3、5 等奇数行，第二场（偶数场）扫描 2、4、6 等偶数行，奇数场和偶数场均匀嵌套在一起，利用人眼的视觉暂留特性，人们看到的仍是一幅完整的图像（即一帧）。

2. 彩色电视制式

在电视台，彩色图像形成的 R、G、B 三基色信号并不是直接被发射的，而是按一定的方式处理，形成彩色全电视信号，这个处理过程称为编码。在彩色电视机中，将接收下来的彩色全电视信号按一定的方式进行还原处理，得到 R、G、B 三基色信号，这个还原处理过程称为解码。彩色图像信号的编码和解码的制式必须是对应的，否则就会出现电视台发射的彩色节目不能被彩色电视机接收观看的现象。目前世界上广泛采用的编码方式有 3 种，也称为彩色电视的 3 种制式，分别是 NTSC （National Television System Committee） 制、PAL （Phase Alternation Line） 制和 SECAM 制。

1）NTSC 彩色电视制式。这是 1952 年由美国国家电视标准委员会指定的彩色电视广播标准。它采用正交平衡调幅的技术方式，故也称为正交平衡调幅制。美国、加拿大等大部分西半球国家以及日本、韩国、菲律宾等国均采用这种制式。

2）PAL 制式。这是德国在 1962 年指定的彩色电视广播标准。它采用逐行倒相正交平衡调幅的技术方法，克服了 NTSC 制相位敏感造成色彩失真的缺点。德国、英国等一些西欧国家，新加坡、澳大利亚、新西兰等国家采用这种制式。PAL 制式中根据不同的参数细节，又可进一步划分为 G、I、D 等制式，其中 PAL—D 制是我国采用的制式。

3）SECAM 制式。SECAM 是法文的缩写，意为顺序传送彩色信号与存储恢复彩色信号制，是由法国在 1956 年提出、1966 年制定的一种新的彩色电视制式。它也克服了 NTSC 制式相位失真的缺点，但采用时间分隔法来传送两个色差信号。使用 SECAM 制的国家主要集中在法国、东欧和中东一带。

我国广播电视采用隔行扫描方式，帧频为 25Hz（每秒钟传送 25 帧图像）；每帧图像按奇数行和偶数行分成两场扫描，即每秒共扫 50 场图像，场频为 50Hz。每帧图像的总扫描行数为 625 行，每秒扫描行数为 625 行×25 帧＝15 625 行。

另外还规定：

行周期 $T_H = 64\mu s$，行正程 $T_{HS} = 52\mu s$，行逆程 $T_{Hr} = 12\mu s$，行频 $f_H = 15\ 625Hz$。

场周期 $T_V = 20ms$，场正程 $T_{VS} = 18.4ms$，场逆程 $T_{Vr} = 1.6ms$，场频 $f_V = 50Hz$。

帧周期 $T_Z = 40ms$，帧频 $f_z = 25Hz$。

对 NTSC 制而言，场频为 60Hz，而帧频为 30Hz。

注意：为了接收和处理不同制式的电视信号，人们设计了不同的彩色电视国际标准，并研制了不同制式的彩色电视接收机和录像机。

2.1.6　图像信号的显示

显像管 （CRT） 是实现图像转换的关键器件。

电视图像的重现主要靠显示器件将图像电信号还原成图像光信号，完成电—光转换。常用的有显像管、投影管、液晶显示器（LCD）和等离子显示器（PDP）等。

早期的黑白显像管主要由电子枪、玻壳等组成，其结构如图 2-4 所示。显像管外套有偏转线圈。

电子枪各电极的作用是，阴极 K，受热后能发射电子；调制级 G，控制电子束的电流大小；第一阳极加速极 A_1，其作用是拉出电子和聚焦；第二阳极 A_2、第三阳极 A_3、第四阳极 A_4 组成电子聚焦透镜，一方面拉出电子，另一方面起主聚焦作用。

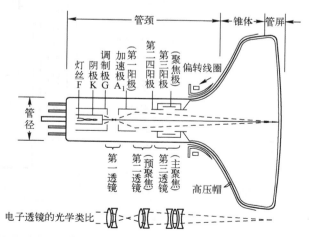

图 2-4　黑白显像管的结构图

彩色电视机中常用的是彩色自会聚显像管，其结构如图2-5所示。彩色自会聚显像管采用精密一字形排列电子枪，每个电子枪都有自己的阴极、控制栅极、加速极、聚焦极和高压阳极，除了阴极为3个独立的结构（对应控制着R、G、B三基色信号的强弱）外，其他均采用单片3孔或单一圆筒的一体化结构。

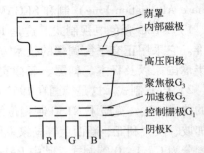

图2-5 彩色自会聚显像管电子枪的结构

使用阴极射线显像管（CRT）和液晶显示屏（LCD）在电视图像重现原理上是有区别的。前者采用磁偏转驱动行场扫描方式（也称为模拟驱动方式），往往使用电视线来定义其清晰度；而后者采用点阵驱动方式（也称为数字驱动方式），通过像素来定义其分辨率。二者的计算方法不同，但都是表示分辨图像细节的能力。

2.2 视频监控系统的组成与工作原理

视频监控简称为CCTV，是当今小区公共安全管理系统的重要组成部分。利用视频监控系统，实时、形象和真实地记录现场（如各个楼梯口、地下停车场、重要出入口和通道）画面，物业管理人员能及时、准确地处理现场发生的问题。此外，现场记录、存储的视频资料还可供警方处理案件时作为侦查依据。

小区视频监控系统通常由图2-6所示组成。

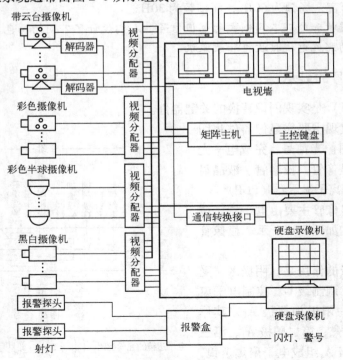

图2-6 小区视频监控系统

由图 2-6 可以看出，视频监控系统由 3 个大部分组成，即系统前端（主要由摄像机、解码器、云台及红外补偿灯组成）、传输网络（主要由控制信号线缆、视频同轴电缆组成）以及系统终端（又称为控制中心，主要由硬盘录像机、画面分割器或矩阵切换器、电视墙或监视器组成）。

系统前端负责信息的采集，系统终端负责信息的记录、存储、发布和人工技术处理，传输网络负责前端与终端之间的信息传递。

2.2.1 视频监控前端组成

视频监控系统的前端主要由摄像机、云台、防护罩、解码器、报警探头、安装支架和红外射灯等构成。

1. 摄像机

摄像机是视频监控系统最前端的设备，通常安装在小区进出口、楼梯口、电梯轿箱、走廊、过道、重要路口和营业大厅等重要场合，以进行图像的采集工作。摄像机根据摄像器件的不同，可分为电真空管和固体摄像器件（又称为图像传感器）。固体摄像器件已被广泛运用，下面主要介绍其工作原理。

摄像机根据固体摄像器件的不同，可分为 CCD（Charge Coupled Device）和 CMOS 两种。它们的共同特点，都是将光信号转换为电信号，只是在电荷的转移方式上有所不同。

（1）CCD 摄像机的工作原理

CMOS 摄像机是每个像素点均配有一个放大器，即刻把电荷转换为电压，然后利用 MOS 开关依次传输出去，而 CCD 摄像机是把各像素点产生的电荷依次以势阱方式接力传送（类似水桶传递方式），并在出口转换为电压。由于 CCD 摄像机具有高灵敏度和良好的信噪比，所以被广泛用于专业摄像机和视频监控系统中；而 CMOS 摄像机因其工作电压要求低，功耗小，已被广泛用在手机摄像中。

下面将围绕 CCD 摄像机相关的技术问题进行介绍。

1）CCD 的成像原理。1970 年美国贝尔实验室研制出了第一块 CCD 固体摄像器件，即电荷耦合器件。1983 年美国 RGA 公司推出了三片式（即 3 个 CCD 传感器，用于分别接收 R、G、B 三基色信号）CCD 彩色摄像机。

CCD 摄像机的关键部件是 CCD 芯片。在 CCD 芯片的单晶硅基片上，呈二维状排列着数量几十万乃至上百万颗光敏器件（通常称为像素），相当于人视网膜上的感光细胞。每个像素的尺寸仅有 0.008mm ×0.008mm，相当于人头发丝端面的 1/10 那么大。而且每个像素都是相对独立的光电转换单元。CCD 在外加电压（常称为驱动脉冲电压）驱动下，在光（图像）照射在芯片后被转换为电荷，电荷的数量与光照强度及照射时间成正比。光的强弱不同，与之相对应的光敏器件产生的电荷数量也不同。各个像素积累的电荷在视频时序的控制下，依次以势阱接力传送，经滤波、放大、处理后形成电视标准信号。

CCD 芯片电荷的积累与光的强弱、时间长短、CCD 芯片面积、光敏器件多少有关。故一定尺寸的 CCD 芯片，光敏器件数量越多，光敏器件单元的面积越小，摄像机的分辨率也就越高。

当 CCD 面对强光时，会在图像上产生纵向白色亮线影响图像质量，因此在实用中必须加以注意。例如，摄像机镜头应避免直对灯光。

2）CCD 尺寸。CCD 尺寸表示摄像机成像靶面的大小，CCD 面积越大，感光器件的面积越大，捕获的光子越多，感光性能就越好，信噪比就越低，成像效果就越好。

常用的规格有：1/3in、1/2in、2/3in 和 1in 等。常用的 CCD 尺寸见表 2-1。

表 2-1　常用的 CCD 尺寸

尺寸/in	靶面（宽×高）/mm	对角线长/mm
1	12.7×9.6	16
2/3	8.8×6.6	11
1/2	6.4×4.8	8
1/3	4.8×2.6	6
1/4	2.2×2.4	4

3）CCD 器件片数。理论上 CCD 传感器在采集红、绿、蓝三基色时，必须用 3 组 CCD 传感器件来承担，每组 CCD 转换一种颜色，才能完成三基色像素的转换。这样，图像的分辨率、信噪比都比较理想，但伴随而来的是，摄像机的结构复杂，造价升高，因此只有广播级和专业级使用的摄像机才采用三片式 CCD 传感器。三片式摄像机机身通常标有 3-CCD 字样。

视频监控摄像机多半采用单片式 CCD 传感器。不难看出，单片式 CCD 传感器所能转换的像素与三片式 CCD 传感器相比必然大为减少，因此它的分辨率也就比较低。故单片式摄像机通常用在图像清晰度要求不高的地方，如安防视频监控系统。

此外，还有介于单片式和三片式之间的产品，即二片式摄像机。二片式 CCD 传感器中的其中一片专用于采集绿光（因为 CCD 对绿光的感受度低），另一片用于采集红、蓝光。二片式摄像机属于专业级别。

（2）CCD 摄像机的基本结构

CCD 摄像机的基本结构大致可分为 3 部分，即光学系统（主要指镜头、光圈）、光电转换系统（主要指固体摄像器件——CCD 传感器）以及电路系统。

CCD 摄像机的成像系统如图 2-7 所示。图中自右至左，镜头组件依次由透镜、电子快门、透镜组 1、透镜组 2 以及 CCD 芯片组成。拍摄的图像是由右边沿着此条光路投射在 CCD 上的。组件中的焦距调节系统和快门系统是由透镜组 1 和电子快门构成的，二者连接在一起。在电动机的驱动下，透镜组 1 和电子快门可以左右移动，进行焦距调节，从而获得最清晰的图像。电子快门用来控制曝光时间的长短。多组透镜用来光学变焦成像。左边的 CCD

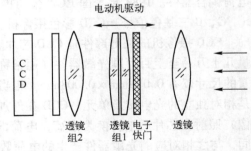

图 2-7　CCD 摄像机的成像系统

芯片，将光信号转换为电信号。CCD 芯片感光器件面积越大，成像面积也越大，同理，所记录的图像细节越多，清晰度也越高，各像素间的互扰小，图像质量好。

（3）摄像机的镜头及主要技术参数

摄像机的镜头由若干个光学透镜按一定的方式组合而成，其外形如图 2-8 所示。镜头的主要技术参数如下所述。

a)   b)   c)

图 2-8　摄像机镜头外形图

a）固定光圈定焦镜头　b）手动光圈（变焦）镜头　c）电动变焦（变倍）镜头

1）焦距。在一束平行光从凸透镜的主轴穿过凸透镜后，出射光线交汇于光轴的某一点，该点称为焦点（用 F 表示）。过入射光线与出射光线的交点作垂直于光轴的平面，平面与光轴的交点是镜头的中心，焦点到镜头中心的距离就是镜头焦距（用 f 表示）（如图 2-9 所示），通常以 mm 为单位。摄像机镜头就相当于一个凸透镜，CCD 就处在这个凸透镜的焦点上。

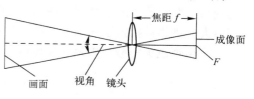

图 2-9　镜头焦距

2）视场角与焦距。我们常用视场角来表征观察视野的范围。摄像机的视场角可简单表述为镜头对这个视野的高度和宽度的张角。视场角与镜头的焦距 f 及摄像机靶面尺寸（水平尺寸 h 及垂直尺寸 v）的大小有关，镜头的水平视场角 ah 及垂直视场角 av 可分别由式（2-2）和式（2-3）计算，即

$$ah = 2\arctan(h/2f) \tag{2-2}$$
$$av = 2\arctan(v/2f) \tag{2-3}$$

由以上两式可知，镜头的焦距 f 越短，其视场角越大，物体的成像尺寸就越小，监视的范围就越宽；反之，焦距 f 越长，视场角越小，物体的成像尺寸就越大，监视的范围就越窄。变焦与视场角关系图如图 2-10 所示。

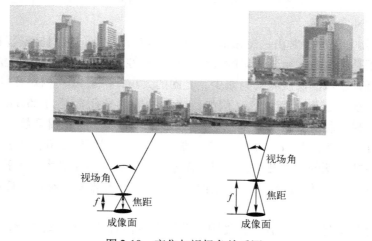

图 2-10　变焦与视场角关系图

在实际应用中，如果所选择的镜头的视场角太小，可能就会因此出现监视死角；而如果所选择的镜头的视场角太大，就又可能造成被监视的主体画面尺寸太小，清晰度变低而难以辨认。因此，只有根据具体的应用环境来选择视场角合适的镜头，才能保证既不出现监视死

角，又能使被监视的主体画面尽可能大而清晰。

镜头视场角可分为图像水平视场角以及图像垂直视场角，且图像水平视场角大于图像垂直视场角，通常所指的视场角一般是指水平视场角。

3）变焦镜头。通常将镜头分为定焦镜头和变焦镜头。定焦指的是焦距不可变，而变焦指的是可根据采集图像的需要随时改变焦距。

CCD 摄像机变焦有两种方式，即光学变焦和数码变焦。

① 光学变焦。光学变焦是通过改变镜头中镜片与景物的相对位置来改变物体成像倍数的过程。当镜头的镜片组件沿着水平方向移动的时候，焦距就会发生变化。如焦距拉长后，远处某一特定选中的景物就会变得更加清晰。图 2-11a 所示框内的楼宇，在焦距被拉长后，则给人以景物被拉近了的感觉，效果如图 2-11b 所示。

变焦距镜头的最长焦距与最短焦距之比称为焦倍数。

图 2-11　光学变焦效果
a）框内楼宇　b）焦距拉长后的图像

② 数码变焦。数码变焦又称为数字变焦，其工作原理是，通过数码相机内的处理器，把图片内的每个像素面积放大或缩小，给人以变焦的效果。这种手法如同用图像处理软件把图片的面积放大一样，把原来 CCD 影像感应器上的一部分像素使用"插值"处理手段，将CCD 影像感应器上的这部分像素放大到整个画面上。实际上数码变焦并没有改变镜头的焦距。从光学的角度看，由于焦距没有实质改变，所以画面粗糙，图像质量较差，因此数码变焦并没有太大的现实意义。

4）镜头光圈。光圈通常由一组很薄的弧型金属叶片组成，它们被安装在镜头的透镜中间。光圈的作用是控制进入镜头光量的大小，也就是控制 CCD 靶面照度大小，以适应不同的拍摄之需，否则图像的层次将大为减少。光圈的大小，一般以"相对孔径"来进行度量，其值是镜头光孔的直径和焦距之比。例如，镜头的最大光孔直径为 25mm，焦距为 50mm，那么这个镜头的最大相对孔径就是 1∶2。相对孔径的倒数称为光圈系数，通常用 F 来表示这一参数。例如，镜头的相对孔径是 1∶2，那么其光圈也就是 F2.0。由于光圈系数是相对孔径的倒数，并非光圈的物理孔径，所以光圈系数的标称值数字越大，也就表示其实际光圈越小。F 值越小，表明可通过镜头进入摄像机 CCD 的光线越多，随着 F 值的增大，其实际光孔随之减小。

在镜头的标环上将字母 F 省略，光圈调节环上常标有的 1.4，2，2.8，4，5.6，8，…，C 是光圈数，用 Close 的词头 C 表示。当光瞳直径为零时称全光闭。

5）电子快门。快门的作用是控制镜头通过光的时间，即改变曝光时间来实现控制电荷的累积量，即光像转变为电子的时间。主要用于拍摄捕捉快速移动的物体，能减少高速移动物体的模糊，提高动态清晰度，但会使灵敏度下降，时间控制范围在（1/50）~（1/100 000）s

之间。视频监控摄像机的电子快门一般设置为自动电子快门方式，有些摄像机允许用户自行设置手动调节快门时间，以适应某些特殊的应用场合。

　　光圈和快门的组合形成了曝光量，曝光量与通光时间（由快门速度决定）和通光面积（由光圈大小决定）有关。在相同快门时间内，不同的光圈有不同的效果。不同光圈的效果图如图 2-12 所示。

a)　　　　　　　　　　　　　　b)

图 2-12　不同光圈的效果图

a）同等快门大光圈　b）同等快门小光圈

　　6）镜头接口。镜头接口与摄像机接口要一致。摄像机和镜头的安装方式有 C 型和 CS 型两种。CS 型摄像机可以和 CS 型镜头直接配接，也可以和 C 型镜头配接，但不能直接安装使用。因为 C 型接口镜头从安装基准面到焦点的距离为 17.526mm，而 CS 型接口的镜头安装基准面到焦点距离为 12.5mm。因此，当 C 型镜头安装到 CS 型接口摄像机时，它们之间需要加装一个 5mm 厚的适配器（垫圈），切不可在无适配器的情况下强行安装，否则将损坏 CCD 传感器。镜头接口如图 2-13 所示。

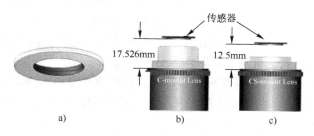

图 2-13　镜头接口

a）适配器　b）C 型镜头　c）CS 型镜头

　　在镜头规格及镜头焦距一定的前提下，CS 型接口镜头的视场角将大于 C 型接口镜头的视场角。

　　市面上摄像机镜头多半具有 C/CS 型两种接口方式，但以 CS 型接口方式为主。

　　（4）镜头的种类

　　1）按镜头视场角分。

　　① 标准镜头。视角在 30°左右，一般用于走道及小区周界等场所，使用范围较广。

　　② 广角镜头。视角在 90°以上，一般用于电梯轿厢内、大厅等短视距大视角场所，图像有变形。

　　③ 长焦距镜头。视角在 20°以内，焦距的范围从几十毫米到上百毫米，用于远距离监视。

　　2）按镜头焦距分。

① 固定光圈定焦镜头。这种镜头只设有一个供手工左右调整的对焦调整环，使成像在CCD靶面上的图像最清晰。这种镜头光圈固定不能调整，结构简单，价格便宜。

② 可变焦镜头，又称为伸缩镜头、变倍镜头。变焦是指镜头的焦距连续可变，变化范围介于标准镜头与广角镜头之间。有手动变倍镜头和电动变倍镜头。视频监控一般不用手动变倍镜头。常用的电动变倍镜头有 6 倍、16 倍、22 倍和 27 倍等多种倍率，主要用于一体化摄像机上。在视频监控中，可用手动变焦镜头根据需要和现场的条件来改变监控的视场角，在调整完毕后无特殊需要一般不再调整。

3）按镜头光圈分。镜头光圈有手动光圈（manual）和自动光圈（auto）之分。

① 手动光圈定焦镜头。在定焦镜头的基础上增加了光圈调节环。

② 自动光圈驱动控制方式有两种。一种是通过视频信号控制镜头光圈，称为视频（VIDEO）驱动型，它将摄像机采集的视频信号转换为光圈驱动电压。视频驱动信号正比于视频信号亮度的高低，根据驱动信号强弱来实现对光圈大小的调整。目前市场上的一体化摄像机一般都具有视频驱动型自动光圈调整功能。另一种是 DC 型即电源驱动型，将视频信号整流滤波为直流信号输出，以控制光圈，故又称为直接驱动。市面上有些 CCD 摄像机是两种驱动方式兼备，有些则只带其中的一种驱动方式。

一般在摄像机的侧面有插座提供自动光圈镜头用的电源与视频控制信号。有的摄像机有（自动光圈）镜头选择开关，一端标有 VIDEO，表示输出视频控制信号；另一端标有 DC，表示输出直流控制信号。

4）可变镜头。可变镜头分为单可变镜头、二可变镜头和三可变镜头。

① 单可变镜头。通常是自动光圈镜头，而聚焦和焦距需人为调节。

② 二可变镜头。一般是自动光圈和自动聚焦的镜头，而焦距需人为调节。

③ 三可变镜头。光圈、聚焦、焦距均为自动调整。

5）特殊镜头。针孔镜头。其镜头小如针孔，直径仅一至几毫米，镜头的后端与普通镜头相似，可与摄像机连接。在视频监控中常用于隐蔽拍摄，经常被安装在如顶棚或墙体内。类似于针孔镜头的还有光学纤维镜头。

（5）镜头的选择

1）参考以下各种使用环境进行配置。

① 手动光圈、自动光圈镜头的选用。

使用何种类型光圈，应视环境照度而定。

在照度相对稳定、光线变化不明显的环境下，如电梯轿箱内、无阳光直射的走廊和房间，可选用手动光圈镜头，调试时应根据现场环境的实际照度，一次性调定镜头光圈大小即可。顺便一提的是，调试时应注意光圈不宜调的过大，否则导致过载图像发白。

在照度变化较大的场合，如室外环境照度，白天应将光圈调在 50 000 ~ 100 000lx 之间，而夜间有路灯情况下则可调为 10lx。光线变化较大，在需要 24h 监看时，宜选用自动光圈镜头，以适应这一照度的变化。

② 定焦、变焦镜头的选用。定焦、变焦镜头的选用取决于被监视场景范围的大小以及所要求被监视场景画面的清晰程度。也就是说，对于狭小的监视场合，宜采用定焦镜头，如走廊、电梯轿箱；在开阔的监视环境，如小区广场、休闲草坪、道路、工厂的厂房和车间，既需要监视大范围视场，又需要监视远处某一特定画面的细节，则应考虑选用变焦（倍）

镜头（如电动三可变镜头）。

2）镜头尺寸的选择。镜头尺寸选择，可参照图 2-14 所示的镜头与实物关系图图解，按式（2-4）和式（2-5）计算。

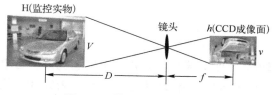

图 2-14　镜头与实物关系图

$$f = vD/V \tag{2-4}$$
$$f = hD/H \tag{2-5}$$

式中，f 是摄像机镜头尺寸，单位为 mm；V 是景物实际高度，单位为 m；H 是景物实际宽度，单位为 m；D 是镜头至景物之间实测距离；v 是图像高度，单位为 mm；h 是图像宽度，单位为 mm。

例如，摄像机镜头为 1/2in，CCD 尺寸为 $v = 4.8$ mm，$h = 6.4$ mm，镜头至景物距离 $D = 2.5$ m，景物的实际高度为 $V = 2.5$ m。将以上参数代入式（2-4）中，可得

$$f = 4.8\text{mm} \times 2.5\text{m}/2.5\text{m} = 4.8\text{mm}$$

对计算得出的焦距数值，不一定有相应数值的焦距镜头，这时可根据产品目录所提供的技术参数选择最接近的规格。通常选用数值小的，这样获得的视场角大一些。在此例中，据此宜选用 4mm 的定焦镜头。

（6）CCD 摄像机的主要技术指标

以下为市面上主流摄像机厂家的规格参数。

- **MODEL 型号**：YH-270。
- **成像器件**（Pickup Device）：1/4 Sony CCD。
- **感光面积**（Photosensitive Area）：3.6mm×2.4mm。
- **像素**（Number of Pixels）：PAL：752(H)×582(V) NTSC：768(H)×492(V)。
- **信号制式**（System of Signal）：PAL/NTSC。
- **水平解晰度**（Horizontal Resolution）：480 线。
- **最低照度**（Minium Illumination）：0.5lx/F1.2。
- **光学变焦**（Optical Zoom）：27x（3.9~105.3mm）。
- **电子变焦**（Digital Zoom）：10x。
- **背光补偿**（Backlight Compensation）：Auto/自动。
- **自动增益补偿**：AGC Auto/自动。
- **白平衡**（White Balance）：Auto/自动。
- **电子快门**（Electronic Shutter）：1/50（1/60）~1/100 000。
- **信噪比**（S/N Ratio）：>52dB。
- **伽玛校正**（Gamma Correction）：>0.45。
- **工作温度**（Operation Temperature）：-20~50℃。
- **同步方式**（Sync. System）：Internal/内同步。

- 视频输出幅度（Video Output）：≤1.0V(p-p)/75Ω　Y/C Output。
- 所需电源（Power Supply）：DC12V，200mA。
- 尺寸 Dimensions（mm）：104(L)×60(W)×69(H)。
- 重量 Weight（g）：300。
- 可视距离（IR View Distance）：100m。

1）摄像机分辨率。

摄像机分辨率通常指的是水平分辨率。它是表示摄像机分辨图像细节的能力。分辨率取决于 CCD 芯片的分解力和摄像视频系统的带宽。其单位为线对，用电视线（TVL）表示，即成像后可以分辨的黑白线对的数目。该数值越高，说明图像的清晰度越高。常用黑白摄像机的分辨率一般为 380～600 线，彩色为 380～480 线。

在很多场合，人们喜欢用像素来表达摄像机的清晰度，那么两者如何对应呢？根据测算，摄像机像素在 25 万左右，对应彩色摄像机分辨率为 330 线左右，黑白摄像机分辨率为 400 线左右，属于低档机；摄像机像素在 25 万～38 万之间，对应彩色摄像机分辨率为 420 线左右，黑白摄像机分辨率在 500 线左右，属中档机；摄像机像素在 38 万点以上，彩色摄像机分辨率大于或等于 480 线，黑白摄像机分辨率在 600 线以上，属高档机。

一般监视场合，用 400 线左右的黑白摄像机就可以满足我国行业标准 GB/T 16676—1996 中规定 380 线的要求。因为人眼对彩色分辨率较低，彩色摄像机水平清晰度一般选择大于 350 线即可。

2）成像灵敏度（照度）。

摄像机成像灵敏度指的是，当光圈大小一定时，在保证图像达到一定标准的情况下，摄像机成像器件（CCD）所需的最低照度，此时所需要的靶面照度值，称为摄像机成像灵敏度，又称为照度，用 lx（勒克斯）表示。其值越小，灵敏度越高；其值越大，灵敏度越低。

黑白摄像机的灵敏度在 0.02～0.5lx（勒克斯）之间；彩色摄像机多在 1lx 以上。最低照度为 1～3lx 的属于普通型；0.1lx 左右的称为月光型；0.01lx 以下的称为星光型。

另外，摄像的灵敏度还与镜头大小有关，例如，0.97lx/F0.75 相当于 2.5lx/F1.2，也相当于 2.4lx/F1。这里 F0.75、F1.2、F1，表示摄像机的镜头大小，故灵敏度高的摄像机的镜头可以取小一点，反之，镜头要取大点的。

3）信噪比。

信噪比即信号电压与噪声电压的比值，通常用符号 S/N 来表示，它是摄像机的一个重要技术指标。信噪比之值越高越好，意味着干扰噪点对画面的干扰不明显。CCD 摄像机信噪比的典型值在 45～55dB 之间，一般视频监控系统选择在 50dB 左右，行业的标准规定信噪比不小于 38dB。

经验值是，信噪比在 48dB 以上的摄像机质量较高，适合于摄取较暗场景；信噪比在 45～48dB 之间的摄像机质量一般，可用于光线比较充足或照度变化不大的场合。

4）白平衡。

白平衡装置只用于彩色摄影机中。彩色摄像机在采像过程中，输出的信息为红（R）、绿（G）、蓝（B）三原色，当三者的分量相等（即 $U_R = U_G = U_B$ 时），将其混合后为白色。

我们不难发现：彩色摄像机所摄图像在荧光灯下偏绿，在钨丝灯光下偏黄，拍摄纯白的物体时则偏红色，问题就出在"白平衡"上，也就是三者之间的幅度出现了差异。导致三者幅度值差异很大的因素是，投射到景物上的光线的光谱特性以及光功率。因为 CCD 不能像人眼一样自动跟随光线的变化而变化，所以摄像机设置了白平衡装置，用来修正外部光线所造成的误差，即无论环境光线如何变化，摄像机都默认为白色，以平衡其他颜色在有色光线下的色调。

白平衡的调整就是让摄像机的红、绿、蓝 3 个通道的信号增益相等，即 $U_R = U_G = U_B$。摄像机在白平衡调整中，简单有效的办法是，在荧光灯下，摄像机对准白色墙壁，然后分别调节红、绿、蓝 3 个电路，直至所拍摄的图像（白色墙壁）呈白色为止。当然，视频监控通常为 24h 不间断式，环境的照度变化比较大，加上摄像机的技术条件，这种调整方式有它的局限性。因此白平衡装置除了有手动白平衡外，还设有自动白平衡方式。视频监控通常采用自动跟踪方式。

5）背景光补偿。

首先了解一下什么是"背光"。

通常所说的"背光"，是指被采集的物体背面有强光，导致主体曝光不足而变黑的情况。如夜间汽车开大灯，车体被背光所掩饰，尤其是车牌部分更是模糊不清，不利于视频监控效果，如图 2-15a 所示。背景光补偿（也称为逆光补偿或逆光补正）正是基于这一特殊现象提出的一项技术措施。所谓的背景光补偿，就是对画面进行分割和检测。根据经验，通常一幅画面第 80～200 行之间为监控的重点区域，多为过度感光部分，其余部分如车体、车牌处于黑暗状态，对两个区域分别进行检测后，不难得出，两者所测得的平均电平是不等的，前者的电平高于后者，故 AGC 电路起控，过度感光部分降低增益，黑暗部分则提高增益，从而提高了黑暗区域的感光灵敏度，导致输出视频幅值加大，因此使监视器显示的主体画面得到明显改善，如图 2-15b 所示。

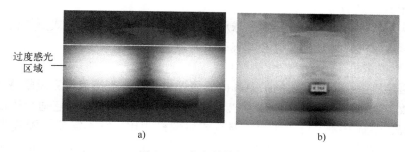

过度感光
区域

a)   b)

图 2-15　背光补偿效果图

6）同步方式。

"同步"是指操作人员在切换监视画面时，画面不应出现扭曲或上下移动，而应是一幅完好的画面。要实现这一目标，摄像机除了发送视频信号以外，还必须向监视器发送同步信号，即视频信号 + 同步信号。

产生同步信号的方式如下。

① 内同步方式。指 CCD 摄像机除了采集图像外，自身还内置有同步信号产生电路，两者叠加后，发送到终端的监视器上。当摄像机单机工作时，采用内同步方式即可。

② 外同步方式。即摄像机只负责采集图像，自身不产生同步信号，所需的同步信号由一个外部同步信号发生器提供，用它统一指挥系统内多台摄像机的同步状态，以保证每台摄

像机在监视器上的图像"步调"一致。这种同步方式适用于大型摄像机监视系统。这是因为摄像机的工作条件不同，如各台摄像机工作电源可能不在同一相上而造成相位差，当切换画面时，无法在统一时间内同步。当采用外同步方式时，外同步信号应分别送到各台摄影机的"外同步输入（SYNC）"端，再与视频信号混合后发送。外同步信号连接图如图2-16所示。

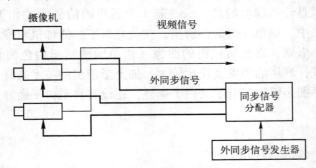

图2-16　外同步信号连接图

③电源同步方式。它是利用摄影机的交流电源频率来完成垂直驱动同步的。这种同步方式也是出于大型监控的需要，原理与外同步方式类似。值得一提的是，采用电源同步方式，每台摄像机应接在同一相线上，否则也会因相位差而导致彼此无法同步。

（7）供电方式

摄像机常见供电电压有几种，即DC 12V、AC 24V、AC 110V和AC 220V。不同摄像机采用的电源有所不同。例如，有的一体化摄像机直接使用交流220V/110V供电，当需要直流电源时再由其转换。非一体化摄像机通常采用DC 12V供电。

（8）摄像机的类别

摄像机从外形、功能大致可分为半球形摄像机、球形摄像机、枪式摄像机、一体化摄像机和其他特形摄像机（如烟感、针孔和飞碟）等。

1）半球形摄像机。

半球形摄像机由一个半球式的护罩和内置摄像机组成。因摄像机完全隐藏在一个半球式的外壳中，故名半球形摄像机（俗称为"半球"），如图2-17所示。它适合于图像质量要求不高及以美观、隐蔽安装为目的的场合，与枪式摄像机相比，它不需要另配镜头（可根据需要另外选配）、防护罩和支架，安装方便，但在成像效果以及照度要求方面与枪式摄像机相比稍有不同。

a)　　　　　　　　b)　　　　　　　　c)

图2-17　半球形摄像机
a）普通半球形摄像机　b）红外补偿半球形摄像机　c）内置云台半球形摄像机

半球形摄像机可根据以下几个常用物理参数加以区分。

按其直径大小可分为5in、7in、9in等；按色彩可分为彩色、黑白、彩色转黑白；按照明补偿可分为普通、红外补偿（日夜型）。

基于工作的需要，有的半球形还内置了云台，如图 2-17c 所示。

2）全球形摄像机。

全球形摄像机通常由摄像机、内置云台、内置解码器、防护罩和摄像机吊架组成，又称为智能球摄像机。

全球形摄像机最具代表性的功能是，具有扫描预制点设置及连续无限位旋转。

预置点的功能是，用户可根据需要，对监控画面的某些场景提前进行预先编号预置，使用中可调用预置点，这时无论摄像机镜头停留在任何地方，预置点的场景都会立即出现在监视器（显示器）上，而无需其他复杂的操作。

无刷电动机的无限位连续旋转是指云台的转动不再是从左到右或从右到左的旋转，而是可以沿一个方向连续的旋转，突破了云台只能旋转 0°~355° 的范围，实现了无盲点监控。

全球形摄像机的分类如下。

① 按云台的转速划分。

高速球形摄像机俗称为高速球，如图 2-18 所示。其主要特点是具有高速的旋转能力，水平转动 0°~300°/s（有的可达 480°/s）；上下（垂直）转动达 0°~120°/s，使用时旋转的速度可自由选择。

图 2-18　高速球形摄像机

a）高速全球形摄像机　b）室外中速球形摄像机　c）室内中速球形摄像机　d）室外恒速球形摄像机

中速球形摄像机俗称为中速球，通常水平转动 0°~80°/s，上下转动 0°~40°/s 可选。

恒速球形摄像机俗称为恒速球，水平为 0°~350°/s；垂直为 0°~90°/s。

② 按使用环境划分。可分为室内球形摄像机和室外球形摄像机。

③ 按安装方式划分。吊装，通过支架吊于屋顶及顶棚；侧装，通过支架固定在墙面或立杆；嵌入式，直接在顶棚开孔安装，无支架。

相对于传统的摄像机、镜头、云台、防护罩以及解码器组合，智能球机安装结构简单，所需连接的线缆数量少，几乎不需要调试，降低了安装难度。

3）枪式摄像机。

枪式摄像机（如图 2-19 所示）适合于大部分监控场合。之所以称为枪式摄像机（俗称为"枪机"），是因为就它的外形而言，从外表是分不出它的品质高低的。

图 2-19　枪式摄像机

枪机由摄像机和镜头两大部分组成，在销售场合两者通常是分开的（一体化摄像机和红外一体机除外），因此在实际应用中，应根据监控的实际环境及用户的要求，为摄像机配置合适的镜头。

枪式摄像机由于自身结构上的原因，不适合用于隐蔽监控的场合。

4）一体化摄像机。

习惯上，人们经常把某一功能结合到摄像机就称之为XXX一体机，如：半球形一体机、快速球形一体机、云台一体化摄像机和红外一体机都被称为一体化摄像机。类似这样的产品应该说它们只是功能上的简单组合而已。业内比较一致看法的是，一体化摄像机应将高清晰度、内置电动三可变（光圈、聚焦、焦距）镜头、防水、内置云台和解码器（带有 RS-485 通信接口）等功能集于一身。一体化摄像机如图 2-20 所示。

一体化摄像机可分为彩色高清晰度型和昼夜型。

由于一体化摄像机镜头为内建式，所以维护时更换镜头较为不便。另外，当其运行时，镜头伸缩频繁，机身磨损较大，相对来说，一体机寿命要比传统摄像机短。

a)　　　　　　b)

图 2-20　一体化摄像机

5）特形摄像机（如图 2-21 所示）。

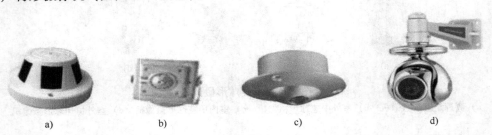

a)　　　　　b)　　　　　c)　　　　　d)

图 2-21　特形摄像机

a）烟感型摄像机　b）针孔型摄像机　c）飞碟型摄像机　d）抗爆型摄像机

① 抗爆型摄像机。抗爆型摄像机外罩的材料及密封都优于普通球形摄像机，因此适用于易燃、易爆环境。

② 飞碟型摄像机。飞碟型摄像机集摄像机、防护罩和镜头于一体的飞碟型设计，适合隐蔽安装，主要应用于电梯轿箱、楼道等场所。

③ 烟感型摄像机。烟感型摄像机的工作状态其实与烟雾丝毫无关，只不过是外形借烟感探头的外壳进行了巧妙的伪装而已，其工作原理、技术指标与普通半球形摄像机并无多大差异。

④ 针孔型摄像机。

针孔型摄像机如图 2-21 所示。它在用途上与烟感型摄像机有相似之处，用于需要伪装和隐蔽的地方。为隐蔽上的需要，它的体型显得更小，因此机内配置的 CCD 图像传感器尺寸也较小，通常只有 1/4in，内置纽扣式镜头直径仅为 0.7mm（不同机型参数略有差异）。

为配合伪装上的需要，针孔摄像机通常还与其他物品结合，制成领带式、纽扣式、公文包式以及其他形形色色的式样。

6）红外一体化摄像机。

红外一体化摄像机指的是摄像机与红外灯组合在一起的一种摄像机，如图2-22所示。安装时无需再配置红外补偿灯。

在摄像机安装之前镜头可选配安装。光圈为固定式，不可调。在选购时，要确定好监视的距离，一般有10m、20m、30m、50m和60m。

红外补偿灯

图 2-22　红外一体化摄像机

7）网络摄像机。

可将网络摄像机看做是一台普通摄像机与网络技术的结合体，它能够像其他任何一种网络设备一样直接接入到网络中。网络摄像机拥有自己独立的 IP 地址，除了具备一般传统摄像机所具有的图像捕捉功能外，机内还内置了数字化压缩控制器和基于 Web 的操作系统，使得视频数据经压缩加密后，不仅可基于计算机局域网，而且可通过互联网送至终端用户。远端用户也可在自己的 PC 上根据网络摄像机带的独立 IP 地址，无需专业软件，即可对网络摄像机进行实时监控现场、图像编辑和存储的操作，还可以通过授权控制摄像机的云台和镜头。

网络摄像机由镜头、图像传感器、声音传感器、A-D 转换器、图像、声音、控制器和网络服务器、外部报警以及控制接口等部分组成，与前面介绍的摄像机工作原理基本相同，只是视频信号后期处理有所不同。普通摄像机把转换获得的电信号加工成电视标准信号，传至终端显示；而网络摄像机则是把这些电信号压缩编码转换为可在网络上进行传输的数字信号。网络摄像机如图2-23所示。

网络摄像机用于住宅小区、办公楼、银行、商场和生产单位的现场监控场所。由于采用网络进行视频信号的传输，所以在很大程度上省去了布设同轴电缆的工程量。

图 2-23　网络摄像机

8）DSP 摄像机（数码摄像机）。

数码摄像机是在模拟制式摄像机的基础上，引入部分数字化处理技术，故也称为数字信号处理（Digital Signal Processor，DSP）摄像机。

DSP 摄像机具有以下优点。

DSP 摄像机通常把各种参数存放在存储器里，调节时采用数字设定、计算机控制，取消了大量的调节电位器，减少了调节点，也减少了调节量。另外，许多无法以模拟方式处理的工作可以在数字处理中实现，例如采用二维数字滤波、肤色轮廓校正、细节补偿频率微调、准确的彩色矩阵和精确的 γ 校正等技术，因此大大提高了图像的质量。在背光补偿方式上，常规摄像机需要被摄景物处于画面中央，且要占有较大的面积才能获取较大的信息量，否则会影响背光补偿的效果，而 DSP 摄像机由于采用了数字检测和数字运算技术，所以不再只是提取画面的中央部分（如松下摄像机，是将一个画面划分成48个小区域，同时对每个小区域的平均亮度进行检测，对比各个区域的电平幅度，对太高的，表现为感光过度，就降低增益；对太低的，表现为亮度不足，就提高增益），即使监视物体不在画面的中央，哪怕所占的画面很小，让背光掩饰了的画面照样可被检出，达到了补偿的效果。

DSP 摄像机在自动跟踪白平衡技术上也有很大不同，如松下 DSP 摄像机采用的办法是，将一个画面分成 48 个小区域（与背光补偿的方式类似），只要其中的一块画面上有很小的白色，就可以被检出，并以它为参照系，对系统的白平衡进行调整。

9）昼夜型摄像机。视频监控使用的昼夜型摄像机，在昼夜两用技术上采用的办法是，摄像机内置红外滤光片，白天或光源充足时滤光片启用，避免白光过冲，造成图像偏色，这时它是一台良好的彩色摄像机；当夜晚降临或照度不足时，滤光片自动移开，让红外光进入，以提高 CCD 的感知度，但所摄图像为黑白，此时它又成为一台地地道道的黑白摄像机。

10）无线小型摄像机。无线小型摄像机由 3 大部分构成，即图像和音频信号采集、无线发射器以及接收系统，如图 2-24 所示。

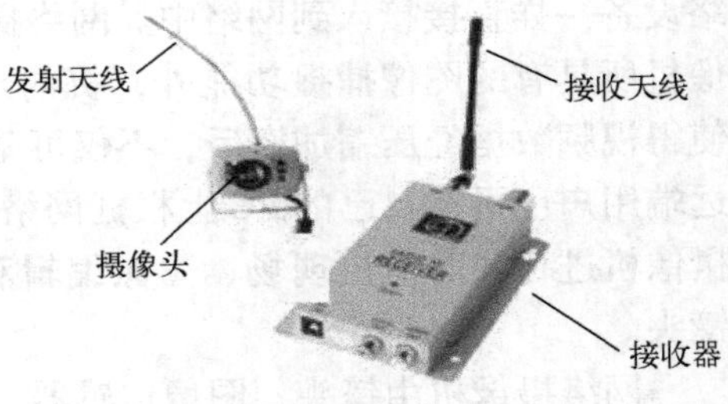

发射器的工作频率在 2.4 ~ 2.483GHz 之间，属于 S 频段。通常发射器与接收器成对使用，也可以一台发射器多个接收器同频道接收使用；一台发射器通常置有多个频道供用户选择。

图 2-24　无线小型摄像机

此外，发射器信号输入端口除了可输入摄像头采集的图像外，也可用来接入其他视频信号，如 DVD、VCD 和录像机等节目。发射功率一般控制在 500mW 以内，发射距离不超过 1 000m。

接收器有的自带显示屏，经过调谐可直接收听、观看；有的则需通过电视机才能收看。

豪华型接收机还具有 USB 和 A/V 插口，除可现场收看外，还可通过计算机编辑、录制和存储。

无线小型摄像机的特点是，前端与后端之间不需要布线，使用灵活方便，可以自由移动，特别适用于临时应急情况。

（9）摄像机的选用

根据环境照度选用摄像机，分为以下几种情况，基本原则如下。

1）根据现场光线选用。对于光线不理想（地下车库、浓荫下）场合，应尽量选用照度较低的摄像机，如带红外补偿的彩色摄像机，或昼夜型摄像机、两用型摄像机以及黑白摄像机。

一般的监视场合，选用照度 0.1lx 的摄像机即可。

2）根据清晰度要求选用。若遇用户对图像的清晰度有特别要求的情况，则宜选用黑白摄像机。黑白摄像机的分辨率一般可达 380 ~ 600 线，彩色为 380 ~ 480 线。不难看出，黑白摄像机在清晰度上要优于彩色摄像机，需要高清晰度画面的场合，推荐采用黑白摄像机，而不要追求画面是否为彩色。

3）根据使用时段选用。若遇需要摄像机全天候工作的情况，则应特别关注夜间或光线较弱情况下的监视效果，宜选用白天和晚上都能使用的昼夜两用摄像机，或黑白摄像机。

4）根据特殊场合选用。在某些场合下，监控主体会被强烈亮光所掩蔽，如夜间汽车大灯照射下的车体、车牌部分就难以辨别，这时应选用具有强光抑制功能的摄像机。

另外，需要隐蔽的场合可选用半球形或针孔摄像机。

5）根据安装方式选用。对于固定安装及无特殊要求的场合，可选用普通枪式摄像机或半球形摄像机。

如采用云台安装方式，可选用一体化摄像机，其特点是，内置电动变焦镜头，小巧美观，安装方便。也可采用普通枪式摄像机再另配电动变焦镜头的方式，但价格相对较高，安装时也不及一体化摄像机方便。

若遇安装空间狭小的情况，则可选择内置云台、解码器的球形摄像机。

6）根据安装地点选用。普通枪式摄像机，既可壁式安装又可吊顶安装，不受室内、室外的限制。

半球形摄像机，只能顶棚安装，故多用于室内且安装高度受到一定限制。但和枪式摄像机相比，不需另配镜头、防护罩和支架，安装方便，美观隐蔽，同时有较好的性价比。

根据上述要点，整理为常用摄像机使用场合参考表，根据安装地点选用摄像机参考表和室内、外照度参考表，分别如表2-2～表2-4所示。

表2-2　常用摄像机使用场合参考表

摄像机类型	应用场合
半球形摄像机	电梯、有吊顶且照度变化不大的室内
枪式摄像机	室内外任何场合，但不适合环境狭窄的场合
一体化摄像机	在室内监控动态范围较大的场合
红外一体化摄像机	照度变化大的室内、室外
网络摄像机	远程监控
昼夜型摄像机	环境亮度变化较大场合，如室内、外晚上灯光较弱，白天亮度正常的场合

表2-3　根据安装地点选用摄像机参考表

安装地点	监控需求特点	选用摄像机类型	选用原因
小区入口	车辆监控	定焦、背光补偿	便于车型、车牌的采集，进出图像对照
室内停车场	照度稳定	红外一体化摄像机	停车场照度变化不大
大堂	照度稳定、人员流动量大	一体化摄像机	一体化摄像机内置变焦镜头，适合动态范围大的场合，可对现场进行细节放大
主要路口	全天候监控	红外一体化或昼夜型摄像机	适合全天候监控人流、物流
休闲景观	照度变化大	昼夜球形摄像机	利于昼夜和人性化监控
电梯	监控范围固定，照度稳定	小型半球形摄像机	电梯轿箱狭小，宜安装小型半球形摄像机
楼道走廊	监控范围固定，光线较为稳定	半球形摄像机	过道上方顶棚安装半球形摄像机，与环境相协调，安装、调试和维护简单

表 2-4　室内、外照度参考表

室内照度/lx		室外照度/lx	
仓库	20～75	夏日阳光下	100 000
通道	30～75	阴天	10 000
楼梯走廊	75～200	黎明、黄昏	10
商店	75～300	满月之夜	0.1～1
办公室	300～500	多云之夜	0.01～0.1
银行营业厅	200～1000	晴天星光之夜	0.001～0.01
会议室	300～1000	阴天无星光之夜	0.0001

2. 云台

云台是用于承载摄像机的工作平台。常用云台如图 2-25 所示。

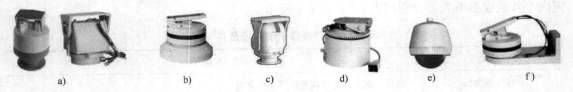

图 2-25　常用云台

a）全方位室内云台　b）吸顶式云台　c）重载室外云台　d）室内水平云台　e）室外球形云台　f）壁装式云台

（1）云台的分类

1）按照调节方式划分。云台按调节方式可划分为固定式和电动式两种。

固定式云台所承载的摄像机，不能随意调整方向和角度，安装时必须根据监视要求，只要调好摄像机的水平和俯、仰角度，然后固定即可。固定云台与安装支架是做在一起的，适用于无需经常变动监视角度的场合。

不言而喻，电动式云台是可转动的，通常可进行水平和垂直两个方向的转动。电动式云台由两台电动机驱动，一台用于水平方向运转，另一台用于垂直方向转动，承载在云台上的摄像机随之既可进行水平运行，又可进行垂直运行。电动机运转状态受控于控制中心的指令，管理中心的控制设备主要是音、视频矩阵控制器或硬盘录像机。

图 2-26 所示为采用矩阵控制器控制云台模式的控制框图，适合用于只需视频监控无需录像的场合。

2）根据云台转动特点划分。

① 水平旋转云台。水平旋转云台只能在水平方向上作左右旋转，旋转角度在 0°～350°之间。

② 全方位云台。全方位云台内部置有两台小型交流电动机，分别负责云台的上、下（垂直）和左、右（水平）方向的转动，其工作电源一般有交流 24V、交流 220V 及直流 24V 3 种。

通常，云台水平旋转角度为 0°～355°，垂直旋转角度为 +90°。水平旋转速度一般在

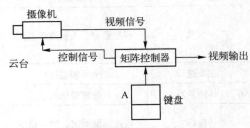

图 2-26　采用矩阵控制器控制
云台模式的控制框图

3°~10°/s，垂直旋转速度为4°/s左右。顶装式云台的垂直转动角度一般为+30°~-90°，侧装的垂直转动角度可以达到±180°。不过正常使用时的垂直转动角度在+20°~-90°之间。

③ 恒速云台。恒速云台一般采用交流电源，其水平旋转速度一般在3°~10°/s，垂直速度在4°~6°/s之间。

④ 变速云台。变速云台通常采用直流电源水平，旋转速度一般在0°~32°/s范围内，垂直旋转速度在0°~16°/s左右。

⑤ 高速云台。高速云台通常采用交流电源，其转速可达：水平方向为15°/s，垂直方向为9°/s，其承载能力要比同一类型云台低。

需要说明的是，云台都有水平、垂直的限位栓，分别由两个微动开关实现限位功能。当转动角度达到预先设定的限位栓时，微动开关动作切断电源，云台即停止转动。有的产品的限位装置位于云台外部，调整过程简单；也有的产品限位装置位于云台内部，需要设置时通过外设的调整机构进行调整，调整过程相对复杂，而且外置限位装置的云台密封性能不如内置的好。

3）根据安装云台的地点、场合划分。根据安装云台的场合可划分为室外云台与室内云台。两者之间在技术上并无多少区别。由于室外防护罩重量较大，所以云台的载重能力必须相应提高。考虑到气候因素，室外云台一般都设计成密封防雨型。

（2）云台的选用

在视频监控系统中，需要巡回监视的场所（如大厅等）应选用电动云台。

用于固定监视场合（如电梯轿箱），可选用固定云台。

另外，所选云台的负荷能力要大于实物重量的1.2倍，就是说云台上所有设备重量之和应小于云台的负荷能力，否则会出现起动时惰性大（特别是垂直转动时更为明显）的情况，影响巡视效果，还容易损坏设备。

必须注意的是，在日常使用中，电动云台不宜长时间置于自动工作状态。非全方位云台，云台机心的水平传动角度一般不得超过356°，否则会导致机内接线发生缠绕而引发故障。

3. 防护罩

防护罩用于保护摄像机和镜头，一是确保设备可靠性；二是为延长设备使用寿命；三是提防摄像机和镜头的人为破坏。防护罩一般可分为通用型防护罩和特殊用途型防护罩两种，还可分为室内型防护罩和室外型防护罩两种。

（1）按安装环境划分

1）室内型防护罩。室内型防护罩的主要作用是防止沙尘、杂质、腐蚀性气体入侵和外力损坏。

室内型防护罩一般使用涂漆、塑料或经氧化处理的铝材、涂漆钢材制成。

塑料防护罩应满足以下要求，即耐火或阻燃，且具有足够的强度和清晰透明。

2）室外型防护罩。选用室外型摄像机防护罩必须使之适应各种气候，如风、雨、雪、霜、低温、曝晒和沙尘等。为适应不同使用环境，可选择配置相应功能的防护罩，如遮阳罩、降温电风扇、加热器、除霜器、刮水器和清洗器等。

防护罩内装加热器，用于温度较低时进行加热，以提高防护罩内的温度，确保摄像机/

镜头正常工作；内装或外装风扇可以使防护罩内空气流通，降低防护罩内的温度。

目前较好的全天候防护罩是采用半导体器件加温和降温的防护罩。这种防护罩内装有半导体元器体，可自动加温，也可自动降温，并且功耗较小。

室外型防护罩的辅助设备控制功能分自动控制和手动控制两部分：加热器/除霜器、风扇由防护罩内部的温度传感器自动启闭；刮水器、清洗器等动作则由管理人员通过控制设备完成。

另外，为增加防护罩的安全性能，防止人为破坏，很多防护罩上还装有防拆开关，一旦防护罩被非法打开就会发出报警信号。

（2）按外形分类

按防护罩的形状划分，一般可分为枪式、半球形、球形和坡形等防护罩，摄像机防护罩如图 2-27 所示。

图 2-27　摄像机防护罩

a）枪式防护罩　b）半球形防护罩　c）全球防护罩　d）坡形防护罩

1）枪式防护罩。枪式防护罩是视频监控系统最为常见的防护罩。它的开起结构有顶盖拆卸式、前后盖拆开式、滑道抽出式、顶盖撑杆式和顶盖滑动式等。

由于枪式防护罩视窗为平板状，所以光学失真小，图像保真度高。在室外使用时，还便于安装刮水器。

枪式防护罩可使用在非隐蔽和无特殊要求的任何场合。

2）球形防护罩。球形防护罩有半球形和全球形之分。室外通常采用全球形球罩，室内则根据现场需要可选择半球形或全球形。全球形防护罩通常采用支架悬挂，半球形防护罩多为吸顶式和顶棚嵌入式安装。

根据透光要求，塑料球罩有 3 种类型，即透明、镀膜（半透明）和茶色。当选用只作为保护摄像机而不需要隐蔽监视目标时，通常采用透明球罩；而对一些要求隐藏摄像机的监视场合，可选用镀膜或茶色球罩。

球形防护罩视窗与枪式防护罩视窗使用的平板塑料（或玻璃）透光不同。由于结构上的原因，采用球形罩所摄的图像都会带来一定程度的光学失真。此外，球形罩不能像枪式防护罩那样安装刮水器，因此一般都配有防雨檐。

3）坡形防护罩。坡形防护罩通常采用吸顶嵌入式安装，防护罩的后半部分隐藏在顶棚内，只暴露正面窗口部分，比较隐蔽。坡形防护罩由于其结构的原因，俯、仰角度不能调整，所以使用环境受到限制，只适合于楼道走廊和电梯轿箱使用。

此外，还有一些特殊用途的防护罩，如防尘防护罩、防爆防护罩和高温防护罩等。这些防护罩很少用于小区安防系统，这里就不作详细介绍了。

4. 安装支架

安装支架用于固定摄像机的部件，有壁装式、顶棚、壁装式及顶棚嵌入式等多种形式，如图 2-28 所示。支架的选择比较简单，首先应根据安装环境选择支架的形式，其次选择支架的承载能力应大于支架上所有设备总重量，否则易造成支架变形及云台转动时产生抖动，影响监视图像质量。

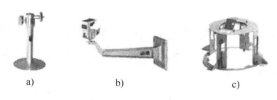

图 2-28　安装支架
a）壁装式　b）顶棚、壁装式　c）顶棚嵌入式

5. 立杆

立杆用做室外摄像机的支撑物。立杆要求摄像机离地高度一般不低于 3.5m，立杆下端管径应在 220 mm ± 10mm，端管径应在 120mm ± 5mm，管壁厚度应 ≥ 4mm。立杆表面应进行防腐处理，杆基础深度应不低于 1.0m，基础直径应大于 0.5m，采用混凝土灌筑，以确保立杆的抗台风能力。

6. 解码器

解码器是电视摄像监控的常用设备，用于对前端摄像机、镜头和云台姿态的控制。每台解码器只能控制一路云台和一路摄像机镜头，通常将其安装在摄像机的附近或内置于球形防护罩内，属于管理控制主机（矩阵控制器或 DVR）与前端设备的配套产品，不能单独使用。解码器如图 2-29 所示。

图 2-29　解码器
a）室外云台解码器　b）室内云台解码器

对固定的监控点，无需使用解码器。

（1）解码器功能

摄像机一般远离控制中心，被安装在监控点的云台上，根据监控需要，有时需要对其姿态进行远程调整，如下所述。

1）镜头左右、俯仰巡视。

2）巡视过程定速、变速调整。

3）镜头光圈大小、聚焦、变焦调整。

4）云台预置位的设置。

5）防护罩刮水器、降温电风扇的起闭。

（2）解码器工作原理

显然，对上述的功能操作不可能采用线缆——对应的控制，否则势必加大施工难度和成本提升，系统的可靠性也必然受到影响。目前采用的办法是，控制主机与摄像机之间通过编、解码的传输方式进行。通信方式为 RS-485 半双工。具体要求是，在控制中心或分控中心，将所有控制信号进行 DTMF 编码，然后发送到监控前端；在监控前端，解码器的角色是将控制中心发送来的数据接收并进行解码，而后转换为相应的模拟控制电压，驱动云台、摄像机作出相应动作。

解码器的核心是单片机，其中包括电平转换、单片机处理器、光电隔离、镜头驱动电路、云台驱动电路、防护罩控制电路、电源控制电路、云台位置控制电路以及自动复位电路等。解码器电路框图如图 2-30 所示。

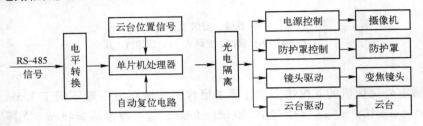

图 2-30　解码器电路框图

（3）解码器的类型与选用

1）单路型和多路型。

单路型解码器仅控制一路摄像机。

多路型解码器则可分别控制多路摄像机。

2）室外控制型解码器、室内控制型解码器和内置型解码器。

室外控制型解码器除可控制云台、镜头的状态外，出于环境工作的需要，通常还可以控制防护罩刮水器、除霜加热器的起闭。

室内控制型解码器一般只是控制云台和镜头的动作，功能上与室外解码器相比，则较为简单。

内置型解码器通常与摄像机安装在球形防护罩内，一体化机也属于这类产品，也有的是作为选购件，根据需要进行组合。

系统中如有多台解码器，应进行编号区分，故每个解码器上都有一个拨码开关，它决定了该解码器在该系统中的编号（即 ID 号）。在安装解码器时，首先应利用拨码开关设置本解码器编号（地址），在一个系统里，每个解码器的地址不能重复，若不一致，则会出现操作混乱，例如，当摄像机的信号连接到管理中心主机（硬盘录像机、矩阵控制器）的第一视频输入口时，相对应的解码器的编号就应设为 1。

从主机到解码器通常采用屏蔽双绞线，一条线上可以并联多台解码器，总长度不超过 1500m（视现场情况而定）。如果解码器数量太多，就需要增加一些辅助设备，如增加控制码分配器。

考虑到通信协议的匹配，解码器在选用时最好与主机为同一品牌的产品。不过近来，厂家已推出支持多种协议的解码器，对这种解码器，用户可通过其内部的拨码开关自行拨码，以实现与控制主机兼容。

（4）解码器的供电系统

1）解码器除自身用电之外，还负责向有关设备供电。

2）解码器的电源电压为 AC220V。

3）云台电动机供电：AC220V、AC24V 或 DC12V（不同厂家的云台，电压也有所不同）。

4）镜头的光圈、聚焦、变倍 3 个电动机的直流电压一般为 6~9V。

5）摄像机工作电压为 DC12V。

（5）码转换器（码转器）

码转换器又称为码转器，（如图 2-31 所示），用于 RS-232C 串口数据与半双工 RS-485 信号的转换，是远距离控制设备或点到多点总线通信的关键接口设备。在视频监控中，用于 PC 硬盘录像机与前端解码器之间控制信号的转换。

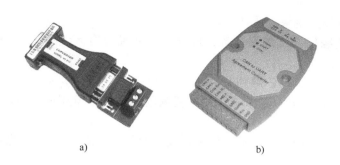

a)   b)

图 2-31   码转换器
a）无源码转换器   b）有源码转换器

码转换器分有源码转换器和无源码转换器。有源码转换器用于距离稍长的控制线路的传输转换。无源码转换器广泛应用在视频监控、门禁和考勤等各种系统工程中，传输距离可达 1 200m。

（6）云台控制器

云台控制器功能类似解码器，通常将它安装在控制中心，用户直接可通过面板上的按键，由传输线缆输出交流或直流控制电压，分别去控制云台的运转和摄像机的镜头。图 2-32 所示为云台控制器连接图，前端只有一台带云台的摄像机简陋型视频监控系统，终端配置了一台云台控制器。

云台控制器用于配置简单的小型视频监控系统。

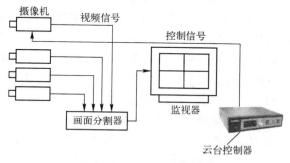

图 2-32   云台控制器连接图

2.2.2   传输系统

传输系统的作用是将视频监控系统的前、后端设备可靠的连接起来。传输的信号有音、视频信号和控制信号。常用的传输线缆有同轴电缆、双绞线和光纤。传输方式有视频基带传输、宽频共缆传输、网络传输和无线传输等。

1. 同轴电缆传输

（1）同轴电缆

同轴电缆有射频同轴电缆和视频同轴电缆之分。视频电缆（Coaxial）和射频电缆通常用于有线电视传播，视频电缆则是目前视频监控系统应用最广的传输线。

同轴电缆结构图如图2-33所示。由内及外看分别是，单根或多根铜线绞合的内导体、塑料绝缘介质和软铜线或镀锡丝编织层，最外层为聚氯乙烯护套。

同轴电缆的命名通常由以下4部分组成。

图2-33 同轴电缆结构图

第1部分，用汉语拼音字母表示，分别代表电缆的代号、芯线绝缘材料、护套材料和派生特性。

芯线绝缘材料按其绝缘介质划分如下。

SYV型，其绝缘层为实芯聚乙烯，按导线的线径分有SYV-75-3、SYV-75-5、SYV-75-7和SYV-75-9。

SYK型，其绝缘层为聚乙烯藕芯。

SBYFV型，其绝缘层为泡沫聚乙烯。视频监控系统中常用的是SYV和SBYFV型75Ω的同轴电缆。

第2、3、4部分均用数字表示，分别代表电缆的特性阻抗（Ω）、芯线绝缘外径（mm）和结构序号。

例如，SYV-75-7-1的含义如下。

"SYV"表示该电缆护套材料为塑料聚氯乙烯。

"75"表示电缆的特性阻抗为75 Ω，常见的特性阻抗有50Ω、75Ω和150Ω等，视频监控系统常用的是75Ω。

"7"表示芯线绝缘外径为7 mm，常用的有3mm、5mm、7mm和9mm等规格。

"1"表示芯线结构序号，"1"表示单芯；若是"2"，则表示为多股细线，用在经常处于移动状态的地方，如电梯视频线等。

同轴电缆内芯铜线（单根或多根铜线构成），型号扩展名的数字（如3、5、9）越大，内芯直径越粗。可见，SYV-75-5比SYV-75-3直径粗。同轴电缆越细越长，损耗就越大，传输的距离也就短。当使用同轴电缆传输图像时，距离在300m以下的一般可以不考虑信号的衰减问题。当传输距离增加时，可以考虑使用大直径、低损耗的同轴电缆，如SYV75-9、SYV-75-18等，或者加入衰减补偿器。

同轴电缆有效传输距离参考值是，SYV75-3型最远传输200m之内；SYV75-5型最远传输400m之内；SYV75-7型最远传输500m之内。

（2）同轴电缆传输视频基带信号

视频基带（视频信号）传输，即对0～6MHz视频基带信号不作任何处理，直接通过同轴电缆（非平衡式）传输模拟信号，摄像机与画面分割器之间用视频线直接连接。

其优点是，在短距离传输时图像信号损失小，造价低廉。缺点是，传输距离短，当传输距离在300m以上时，高频分量衰减较大，信噪比下降，图像质量变劣。

如果小区视频监控系统传输范围属中短距离，也没有特殊要求，那么，采用同轴电缆传输视频基带信号方式，是比较理想的选择。此外，由于采用一对一的视频传输方式，所以系统造价成本低，施工调试方便、维护简单，系统可靠。

另外，同轴电缆一般只能传视频信号，如果在系统中需要同时传输控制数据、音频等信号时，就需要另外布线或采取其他技术措施。

（3）宽频共缆传输（共缆监控、一线通监控）

所谓的宽频共缆传输（也称为射频传输），是相对于采用视频基带传输而言的，适用于点散、远距离（400～3 000m）的监控系统。同轴电缆带宽特性一般为 0～1 000MHz，而视频监控信号只占用其中的 0～6MHz，具备了较大的利用空间。在图像信号传输之前，首先将不同的图像信号、音频信号调制到不同频率的载波上，然后通过信号耦合器将多路监控信号混合（也称为频分复用）到一根宽频同轴电缆上，进行远距离传输，实现宽频共缆"一线通"。射频信号传输至管理中心后，再由多路解调器对同轴电缆中的信号进行解调，还原成标准基带视频信号和音频信号。宽频共缆传输框图如图 2-34 所示。

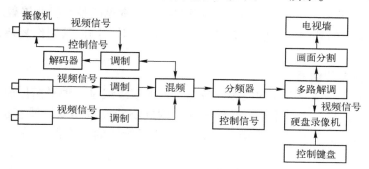

图 2-34　宽频共缆传输框图

来自硬盘录像机、控制键盘等设备的 RS-232/RS-485 控制信号，需要通过数据调制器进行数据封装，打包后调制在载波上，通过同轴电缆传输到前端，由前端的解码模块解调出 RS-485 控制信号，再传输至云台解码器，输出控制电平，驱动云台、摄像机做出相应动作。这种调制方式又称为"双调制"（调制信号为控制信号和视频信号两种），信号为双向运行，即视频信号由前端传至终端，而控制信号自终端传输至前端。此外，还有一种是"单调制"，办法是，只对视频信号进行调制，然后与控制信号一起发送，由于视频信号的频率高于控制信号，衰减比较大，所以传输距离比较短。

综合前述，可以看出，当系统较小、传输距离较短时，采用同轴电缆传输还是有优势的，若要长距离传输，则必然要增添设备，加粗线缆，相应会带来调试复杂、穿管布线等困难。

此外，当采用共缆传输时，建议采用射频电缆（SYWV-75），因为其高频特性较好，适合远距离传输。

2. 双绞线视频传输

视频信号除了采用同轴电缆传输外，也可采用双绞线传输（平衡差分传输），它是电磁环境复杂或工程已进行了综合布线情况下较为理想的传输方式。

一对双绞线只能传输一路图像，但因有较强的共模干扰抑制能力，却可以共缆传输，如在一根 5 类以上的非屏蔽双绞线的 4 对线中，任何一对都可以用来传输一路视频信号，4 对的双绞线，即可以用来传输 4 路视频信号或其他弱电信号，如控制信号、低压电源，它们之间不会产生互扰，从而提高了线缆利用率。

双绞线传输高频分量衰减较大，因此图像颜色保真度会受到一定的影响，此外双绞线质地脆弱抗老化能力较差，不适于野外传输。

（1）双绞线

双绞线是综合布线工程中最常用的一种传输介质。双绞线由两根互相绝缘的铜导线按一定密度和方向互相扭绞在一起而成。这样会使每一根导线在传输中所辐射的电波被另一根导线上发出的电波抵消，即便在强干扰环境下，双绞线也能传送较好的图像信号，具有较强的抗干扰能力。

双绞线可以分为屏蔽双绞线（STP）与非屏蔽双绞线（UTP）两大类。其中，屏蔽双绞线分别有3类和5类两种，非屏蔽双绞线分别有3类、4类、5类、超5类甚至6类等多种。3类双绞线的传输速率为10Mbit/s；5类双绞线的传输速率可达100Mbit/s；超5类双绞线的传输速率可达1000Mbit/s。采用双绞线代替视频线，最常见的是5类非屏蔽双绞线。

屏蔽双绞线电缆的外层有一层铝箔包裹用以减小辐射，因此其制作复杂，价格高于非屏蔽双绞线。

（2）双绞线视频传输器

视频信号是一种非平衡方式的视频基带信号，而双绞线是一种平衡传输方式的线缆，一个是非平衡式信号，另一个是平衡式传输模式，因此不能简单用双绞线直接传输视频信号。首先，必须先把视频信号转换成平衡信号，在符合双绞线的传输模式后，才能使用双绞线传输。

此外，由于录像、显示器等终端监控设备的输入端口都是非平衡方式的，所以又得把双绞线传输过来的平衡式信号转换成非平衡式信号，以满足终端设备的信号输入要求。

技术上采用的措施是，在双绞传输线的前、后端分别设置"非平衡"/"平衡"和"平衡"/"非平衡"转换器，前者称为视频发送器，或者称为视频接收器，统称为视频传输器。工作流程是，摄像机输出（非平衡信号）→平衡转换（发送器）→平衡信号→双绞线传输（黑色线条部分）→平衡/非平衡转换（接收器）→非平衡信号→监控中心（监视器等）。双绞线传输器结构图如图2-35所示。

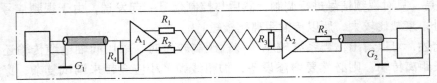

图 2-35　双绞线传输器结构图

视频传输器分无源视频传输器和有源视频传输器两种。

1）无源视频传输器。其结构很简单，即在一个高磁通量、高带宽的磁环上，平行绕制一对视频互感线圈，它只起到平衡/非平衡转换的作用。因为是无源器件，所以不会引入新的失真，但对信号有衰减，故信噪比会下降。使用无源转换器，成本低廉，抗干扰能力较弱，传输距离有限（一般传输距离可达200m）。

无源双绞线视频传输器及双绞线传输器连接图如图2-36所示。

通常使用线缆为3类或3类以上的非屏蔽双绞线对。安装简单，只要将一台传输器连接

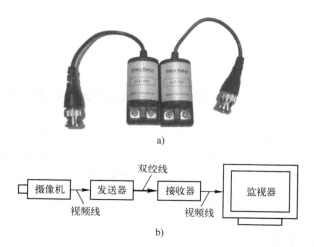

图 2-36 无源双绞线视频传输器及双绞线传输器连接图

a）无源双绞线视频传输器 b）双绞线传输器连接图

到摄像机的 BNC 接口上，将另一台传输器连接到监视器，中间用双绞线对连接即可。无电源，免调试，不分发送器和接收器，可互换使用。

2）有源视频传输器。有源视频传输器与无源视频传输器的区别在于，它具有放大和频率均衡处理的功能，另外一点是必须向传输器提供直流电源。有源视频传输器的传输距离比无源视频传输器长，一般可达 1 000 ~ 1 500m。有源视频传输器如图 2-37 所示。

图 2-37 有源视频传输器

有源传输器的传输线缆采用 5 类或 5 类以上的非屏蔽双绞线。

3）双绞线视频传输器的选用。对于不同的传输距离，有不同的选择。

不超过 200m，可以选用无源收发器；距离在 1 000m 内，可以选用前端无源发送器，后端配置有源接收器；传输在距离 1 000m 以上，应将有源发送器和有源接收器配套使用。如果传输的距离更长，就应考虑增加配置中继器。

（3）双绞线控制信号传输

如前所述，解码器一般放置在带云台的摄像机附近，距离控制中心比较远，控制中心与摄像机之间的通信，通常采用 RS-485 电平传输方式，前端与硬盘录像机的 RS-485 端口连接，终端与各解码器总线型连接图，如图 2-38 所示（视频信号另行单独传输）。如主机挂有多台的解码器，最后一个解码器的 A、B 端之间并接 120Ω 的电阻。

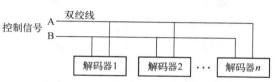

图 2-38 终端与各解码器总线型连接图

双绞线控制信号的传输过程是，发送端将串行口的 TTL 信号转换成平衡差分信号 A、B

两路输出，经过线缆传输之后，在接收端将平衡差分信号还原成 TTL 信号。由于传输线用的是双绞线，又是差分传输，所以有极强的抗共模干扰能力，总线的收、发器灵敏度很高，故传输的距离较长，最大距离可达 1 219m，最大传输速率为 10Mbit/s。RS-485 采用半双工工作方式，支持多点数据通信。

单片机对控制信号解码后，其输出信号端口到驱动电路加有光电隔离器件，以防止驱动电路中的继电器、晶闸管等器件对单片机产生干扰。

此外，还有一种传输方式，即摄像机的视频信号与控制信号公用一根同轴电缆，采用所谓的频分复用技术。也就是视频信号按基带方式传输不变，把控制信号调制到某一频率上，形成特定的代码，由控制主机发送到解码器后，经解码器解调、解码再转换为模拟控制电压传输给云台或摄像机，产生相应动作。这种传输方式的线缆敷设简单，但相应设备比较复杂，小区安防系统较少使用。

（4）双绞线使用注意事项

1）对于干扰特强的地方，如电厂、变电站和发射基站附近，宜选用屏蔽网线，或在普通网线外套金属管。若采用屏蔽网线，则还要注意传输距离不可太长，一般控制在 1 000m 以内。

2）对于电梯的干扰，建议选用电梯专用双绞线电缆。

3）由于双绞线传输采用"虚地"技术，比同轴电缆更容易感应静电或雷电，如果在多雷区，最好在前端就做好防雷接地。

4）当 RS-485 总线空闲或开路时，阻抗不匹配会引起信号反射，导致接收器误触发。为此，必须在电缆的末端跨接一个与电缆的特性阻抗同样大小的终端电阻（通常为 120 Ω），而在通信距离短、通信速率不高的场合则不需要加终端电阻。

3. 光纤传输

（1）光及其特性

1）光是一种电磁波。可见光部分波长范围是 390～760nm。大于 760nm 部分是红外光，小于 390nm 部分是紫外光。

光纤中应用的是 850nm、1310nm、1550nm 共 3 种波长，都是红外光。

2）光的折射、反射和全反射。因光在不同物质中的传播速度是不同的，所以当光从一种物质射向另一种物质时，在两种物质的交界面处会产生折射和反射。而且，折射光的角度会随入射光的角度变化而变化。当入射光的角度达到或超过某一角度时，折射光会消失，入射光全部被反射回来，这就是光的全反射。不同的物质对相同波长光的折射角度是不同的（即不同的物质有不同的光折射率），相同的物质对不同波长光的折射角度也是不同的。

光纤通信就是基于以上原理而形成的。

（2）光纤结构及种类

1）光纤结构。光纤裸纤一般分为 3 层，即中心高折射率玻璃芯（芯径一般为 50μm 或 62.5μm），中间为低折射率硅玻璃包层（直径一般为 125μm），最外是加强用的树脂涂层。

2）数值孔径。入射到光纤端面的光并不能全部被光纤所传输，只是在某个角度范围内的入射光才可以被传输，这个角度就称为光纤的数值孔径。光纤的数值孔径大些对于光纤的对接是有利的。

不同厂家生产的光纤的数值孔径不同。

3）光纤的种类。按光在光纤中的传输模式可将光纤分为单模光纤和多模光纤。

单模光纤。中心玻璃芯较细（芯径一般为9μm或10μm）只能传一种模式的光。因此，其模间色散很小，适用于远程通信，其色度色散起主要作用，这样单模光纤对光源的谱宽和稳定性有较高的要求，即谱宽要窄，稳定性要好。

多模光纤。中心玻璃芯较粗（50μm或62.5μm）可传输多种模式的光。但其模间色散较大，这就限制了传输数字信号的频率，而且随距离的增加此现象会更加严重。

例如，600MB/km的光纤在2km时就只有300MB的带宽了。因此，多模光纤传输的距离比较近，一般只有几千米。

4）常用光纤规格。

- 单模：8/125μm、9/125μm、10/125μm。
- 多模：50/125μm为欧洲标准；62.5/125μm为美国标准。
- 工业、医疗和低速网络：100/140μm、200/230μm。
- 塑料：98/1000μm，用于汽车控制。

（3）光缆传输系统的主要特点

1）因为传输的是光信号，所以光缆不容易分支，一般用于点到点的连接。

2）传输距离长、损耗低。如单模光纤每公里衰减在0.2～0.4dB以下，是同轴电缆每公里损耗的1%。采用多模光纤可达4km，采用单模光纤达60km。

3）传输容量大。一根光纤就可以传送监控系统中所需（如多路图像、音频和控制数据）的全部信号，这是双绞线和同轴电缆无法比拟的。如果采用多芯光缆，其容量就将成倍增长。这样，用几根光纤就完全可以满足相当长时间内对传输容量的要求。

4）传输质量高。长距离的光纤传输不必像同轴电缆那样需要多个中继放大器，因而没有噪声和非线性失真叠加。加上光纤系统的抗干扰性能强，基本上不受外界温度变化的影响，从而保证了传输信号的质量。

5）抗干扰性能好。光纤传输不受电磁干扰，不会产生电火花，适合在有强干扰的环境中使用。

6）在施工过程中容易人为造成弯曲、挤压和对接的损耗，因此施工技术难度较大，且造价高。

（4）光纤视频传输原理

光纤传输系统（如图2-39所示）由3部分组成，即光源（光发送机）、传输介质、检测器（光接收机）。其中光源和检测器的工作都是由光端机完成的。

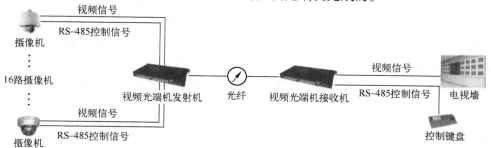

图2-39 光纤传输系统

按传输信号划分，可将光纤视频传输分为模拟传输系统和数字传输系统。

在模拟传输中，模拟光端机采用的是基带视频信号直接进行发光强度调制（简称为AM）。光源的调制功率随调制信号的幅度变化而变化。由于光源的非线性较严重，所以信噪比、传输距离和传输频率都受到限制。

数字传输系统是把输入的信号变换成"1"和"0"表示的脉冲信号，并以它作为传输信号。在接收端再把它还原成原来的信号。这样光源的非线性对数字码流影响很小，再加上数字通信可以采用一些编码纠错的方法，且易于实现多路复用，因此得到广泛的应用。

4. 网络传输

网络传输采用音视频压缩方式来传输监控信号，适合远距离及监控点位分散的监控。

其优点是，采用网络视频服务器作为监控信号的上传设备，有互联网网络的地方，安装上远程监控软件就可进行监看和控制。网络监控示意图如图2-40所示。

随着互联网速度的提升以及国家网络的改造，目前国家的"3111"工程和"平安城市"都采用了网络传输的方式。

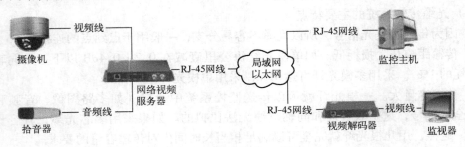

图 2-40 网络监控示意图

5. 微波传输

微波传输是解决几千米甚至几十千米不易布线场所监控传输的解决方式之一。它采用调频调制或调幅调制的办法，将图像搭载到高频载波上，转换为高频电磁波在空中传输。

优点是，省去了布线及线缆的维护费用，可动态实时传输广播级图像。

缺点是，采用微波传输，频段在1GHz以上常用的有L波段（1.0～2.0GHz）、S波段（2.0～4.0GHz）、Ku波段（10～12GHz）。由于传输环境是开放的空间，所以很容易受外界电磁干扰（微波信号为直线传输，中间不能有山体或建筑物遮挡）。

6. 无线传输

无线传输又称为开路传输方式。无线传输流程是，音、视频信号 → 调制 → 高频信号→接收 → 解调 → 音、视频信号→在终端设备上播出或显示。

无线传输主要用于线缆敷设不便的场合（如河流、高大障碍物及移动的检测点）以及在一些特殊的场合（如暗访侦察）。

它的特点是安装简便，但发射功率受严格控制，距离一般不超过500m。

无线传输一般用于单监控点，即只有一个前端和一个后端。

2.2.3 视频监控终端组成

视频监控终端设备的主要任务是，把前端摄像机输出的图像信号送到监视器，供控制中心管理人员现场监视。另外，管理人员根据监视情况，通过控制中心，把控制信号传递到前端的解码器，再由解码器输出模拟信号控制云台和摄像机，以便对现场进行监视及人工技术处理。

视频监控终端主要由视频分配器、视频放大器、画面分割器（或视频矩阵切换器和画面切换器）、硬盘录像机（或磁带录像机）、显示器和监视器（或电视墙）以及报警处理器等组成，其组成框图如图 2-41 所示。

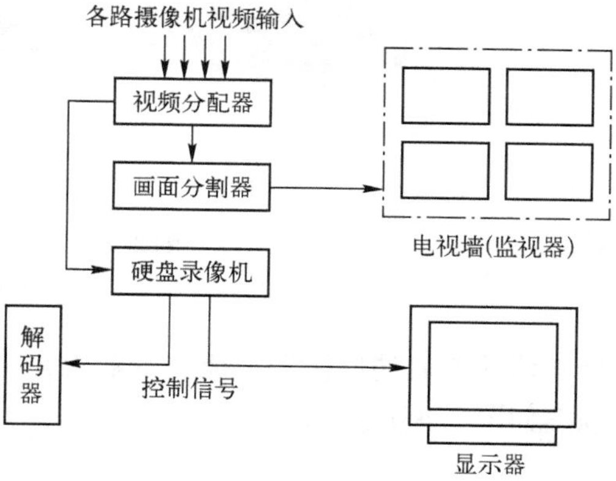

图 2-41　视频监控终端的组成框图

1. 视频分配器

分配器的任务是将单路信号在没有信号损失的情况下分成多路相同的信号，供给多个用户使用。

视频监控系统常用分配器可分为 AV 分配器、VGA 视频分配器及一些专用分配器（如长距离分配器）。

（1）普通视频分配器

当系统中某一路图像需要供给多个设备（如监视器、矩阵切换器和录像机）使用时，就需要对视频信号进行等量分配，类似有线电视的分配器。图 2-42 所示为一进二出视频分配器连接图。

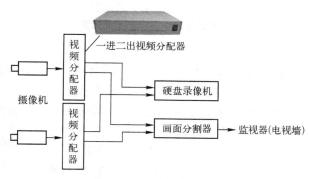

图 2-42　一进二出视频分配器连接图

分配器输出的每一路视频信号仍与输入的信号完全相同，即保留原来的视频带宽（6MHz）、电压幅度值 1V（p-p）和特性阻抗（75Ω）。

普通视频分配器一般为无源设备。

（2）VGA 信号分配器及延长器

VGA 信号分配器是专门分配 VGA 信号和转换信号接口形式的设备，它可将一路信号分配给 4 台显示器，如图 2-43a 所示，从而显示 4 组相同的画面。图 2-43b 所示为只接两路显示的 VGA 分配器接线框图。

VGA 分配器传送的距离一般在 5m 以内。

在视频监控中，经常遇到管理中心以外还需建立一个分控中心，而且两地的距离比较远，显然 VGA 分配器的传输距离受到一定的限制。通常的办法是，采用 VGA 延长器代替 VGA 分配器，如图 2-44a 所示。将硬盘录像机出来的 VGA 视频信号接到 VGA 延长器上，将

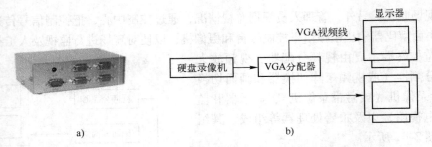

a)   b)

图 2-43　VGA 信号分配器及其接线框图

a) VGA 分配器　b) 接线图

延长器的普通端口接到本地显示器上，将延长端口接到远端的显示器上。VGA 延长器配置框图如图 2-44b 所示。

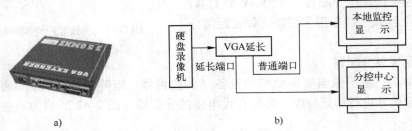

a)   b)

图 2-44　VGA 延长器及其配置框图

a) VGA 延长器　b) VGA 延长器配置框图

2. 视频放大器

　　视频信号经过同轴电缆长距离传输后会造成一定的衰减，视频信号高频分量部分的衰减尤为严重。根据 SYV-75-5 型的同轴电缆传输特性，通常视频信号传输距离在 400m 左右（若线径更小的同轴电缆，则其传输距离还要短），超过这一距离后，图像质量明显下降。因此，当进行长距离视频信号传输时，必须采用视频放大器，如图 2-45 所示。经放大补偿的视频信号，其传输距离可由几百米有效扩展到数千米，它是视频同轴电缆的配套产品。

图 2-45　视频放大器

　　视频放大器常见的类型有单路视频输入/单路视频输出、单路视频输入/多路视频输出、多路视频输入/多路视频输出。

　　视频放大器通常采用末端补偿方式，应将其安装在传输同轴电缆的末端，即安装在矩阵切换设备、画面分割器及记录、显示等设备之前。

3. 视频切换器

　　在多路摄像机组成的视频监控系统中，如果不要求在同一时段内实施全部画面的监控，也就不必使摄像机与监视器在数量上一一对应，即一台摄像机用一台显示器，而可采用按一定的时序，让监控画面轮流在一台监视器上显示的方法。负责这一功能的设备称为视频切换器。图 2-46 所示为 2 路视频切换器及其连接图。

　　在多路视频信号被送到监控中心、进入视频切换器后，管理人员根据需要，即可选择将任一路视频信号送到监视器上显示。

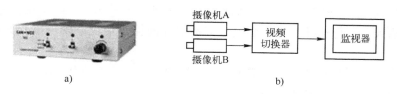

图 2-46　2 路视频切换器及其连接图

a）2 路视频切换器　b）2 路视频切换器连接图

视频切换器的输入路数有 2、4、6、8、12 和 16 路；输出端有单路、双路或多路。有的切换器还可以同步切换音频信号。当监控现场安装有监听探头时，在视频切换过程中，音频也被同步切换，用以监听现场的声音。

切换器有手动切换、自动切换两种工作方式。手动方式是由监控人员调看任意一路视频信号。自动方式是可通过预设，使多路摄像机的输入信号经过时序切换开关后送出，轮流显示各个摄像机的图像，这样可以节省监视器的数目和线路，也便于值班人员集中监视。对于时序的顺序和显示的时间间隔，在一定范围内可由管理人员设定。

时序选择方式可划分如下。

- 顺序方式：所有的摄像机图像按指定的顺序依次进行显示。
- 旁通方式：只选几路信号，未选中的信号跳过不显示。
- 停驻方式：只监看某一个摄像机的画面，与报警设备联动，当某一个摄像机监视的场所发生报警时，可停驻在该摄像机的画面上

视频切换器连接简单，操作方便，但在同一个时间段内不能看到多幅画面。如果要在一台监视器上同时观看多个画面，就需要用画面分割器。

视频切换器适用于小型视频监控系统。

4. 视频矩阵切换器

视频矩阵切换系统是视频监控系统常用的视频切换设备之一。视频矩阵切换器实物图如图 2-47 所示。

矩阵的概念引用高数中线性代数的概念，一般指在多路输入的情况下有多路的输出选择，形成的矩阵结构，即每一路输出都可与不同的输入信号"短接"，每路输出只能接通某一路输入，但某一路输入都可（同时）接通不同的输出。矩阵切换示意图如图 2-48 所示。

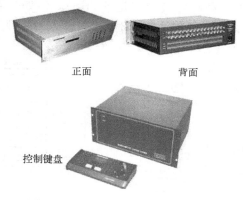

正面　　　背面

控制键盘

图 2-47　视频矩阵切换器实物图

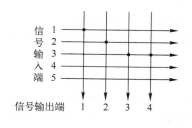

图 2-48　矩阵切换示意图

输出 1 = 输入 1，输出 2 = 输入 2，而输出 3 = 输出 4 = 输入 3，或者说，每一路输出可"独立"地在输入中进行选择，而不必关心其他通道的输出情况，既可以与其他输出不同，也可以相同。

例如，8 选 4 是指有 4 个独立的输出，每个输出可在 8 个输入中任选，或者说有 4 个独立的 8 选 1，只是 8 个输入是相同的。

经常与此混淆的是分配的概念，比如 8 选 1 分 4，是指在 8 个输入中选择出 1 个输出，并将其分配成 4 个相同的输出，虽然外观上看有 4 个输出，但这 4 个输出是相同的，而不是独立的。一般习惯中，将形成 $M \times N$ 的结构称为矩阵，而将 $M \times 1$ 的结构称为切换器或选择器，其实不过 $N = 1$ 而已，我们在讨论时都当作矩阵对待。

矩阵切换器的功能是在多路信号输入的情况下，可独立地根据需要选择多路（包括 1 路）信号进行输出，以完成信号的选择。

此外，矩阵一般还有以下功能：

- 有 LED 显示器，用于显示编程内容、操作工作状态。
- 设有控制键盘，利用控制键盘的操作杆可控制云台水平和垂直方向运转以及镜头聚焦、变倍和光圈调整。
- 有一定权限设置，每一个操作者都能按权限分区操作。

选用时需注意，视频输入的路数应大于实际所需要的路数，同时带有 RS-232 和 RS-485 通信接口，可任意接驳键盘主控机、键盘分控机及多媒体主控机、多媒体分控机。

视频监控系统一般采用 AV 切换矩阵，对矩阵的要求也比较特别，如带有云台控制、报警等功能。矩阵切换器的连接框图如图 2-49 所示。

常用的矩阵切换器有 AV 矩阵切换器、RGB 矩阵切换器和 VGA 矩阵切换器。

一般对矩阵的输入数量没有限制。目前的大型矩阵可以做到 1 024 路，而矩阵的输出数量一般是 4 的倍数，例如 4 输出、8 输出等。

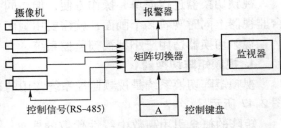

图 2-49　矩阵切换器的连接框图

5. 画面分割器

原则上，录一个信号的方式是 1 对 1，也就是用一个录影机录取单一摄影机摄取的画面，每秒录 30 个画面，不经任何压缩，解析度越高越好（通常是 S-VHS）。但如果需要同时监控很多场所，用一对一方式就会使系统庞大、设备数量多、耗材以及使人力管理上费用大幅提高。为解决上述问题，画面分割器应运而生。画面分割器最大程度的简化系统，提高系统运转效率。一般用一台监视器显示多路摄像机图像或一台录像机记录多台摄像机信号。

四画面分割器接线图如图 2-50 所示。

画面分割器是在视频信号的行、场时间轴上进行图像压缩，同时进行数字化处理，经像素压缩法将每个单一画面压缩成全屏的 1/4 画面大小，这样全屏就能容纳 4 路的视频信号，实现一台监视器可

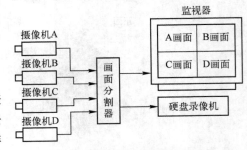

图 2-50　四画面分割器接线图

显示 4 个不同的小画面。

图 2-51a 所示为画面分割器实物图。图 2-51b 所示为最常用的四画面分割器原理框图。由图可见，画面分割器的核心是单片机。摄像机送入（也可以是 VCD 或 DVD）的视频信号，经缓冲、A-D 转换，并按电视帧为单位（也有以电视场为单位）进行切割。

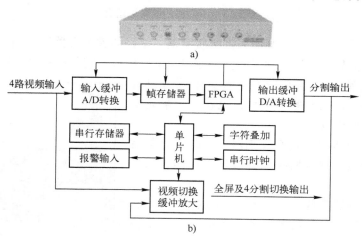

图 2-51　画面分割器实物图及画面分割器原理框图
a）实物图　b）原理框图

画面分割器有的还带有内置顺序切换器的功能，可将各摄像机输入的全屏画面按顺序和时间间隔轮流输出，显示在监视器上（如同前面谈到的矩阵切换主机轮流切换画面那样），同时录像机按顺序和时间间隔（间隔时间可调）进行记录，并进行字符和当前时间的叠加。

画面分割器通常有两个混合输出端口。其中一个为监视器接口，监视器可以同时显示 4 个画面，也可以单独显示一个画面；另一个混合输出端口的信号输出接到硬盘录像机。输出的信息与另一个的接口完全相同。

四画面分割器一般还设置有 4 路报警输入及联动功能。联动的目的是，当连接在报警输入口的某一路探测器发生报警时，此时监控系统出现这样一个局面，即无论画面分割器处于何种显示状态，都将自动切换到报警画面，并全屏显示；画面分割器内的蜂鸣器发出鸣叫声；录像机自动转入报警记录；现场灯光被打开。

由于监视器屏幕的宽高比为 4∶3，因此为使分割后的小画面仍然保持 4∶3 状态，画面分割器在对画面分割后，应必须满足在水平方向和垂直方向上，小画面的数量相等，即 2×2（4 个画面）、3×3（9 个画面）、4×4（16 个画面），如图 2-52 所示。而不能是 2×3 或 2×4。如图 2-53 所示，屏幕上的小画面水平方向要么被压缩，要么被拉长，图像明显失真。这里有个问题，如果监控点是 8 个画面，就可用两个四画面分割器，或采用一个九画面分割器，余下一个窗口可作为备用。

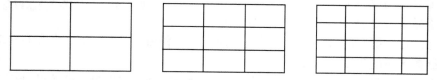

图 2-52　正确的宽高比画面组合

 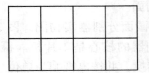

图 2-53　不合理的宽高比组合

值得一提的是，上述所谓画面分割实质上是"多路图像组合器"，它使多路的视频信号得以在一个屏幕上显示。另一种画面分割器与之正好相反，它是把一路的视频信号分割后送到大屏幕上，由图 2-54 所示的大屏幕分割图可以看出，一个完整的画面被分割为 4 块，也就是一幅完整的画面由 4 个画面组成。

常见画面分割器有四画面分割器、九画面分割器和十六画面分割器。视频监控系统多半采用四画面分割器。

多数画面分割器具备以下所述的全部或部分功能。

1）除同时多画面显示图像外，还可以显示单幅画面。

图 2-54　大屏幕分割图

2）通常有两个视频输出端子，一路输出供硬盘录像机使用；另一路输出，供监视器使用。

3）可以显示当前时间、摄像机号及位号。

4）具有双工性能，回放时既可放送四分割画面，又可只播放单一画面。由于图像经过压缩，细节大为减少，所以当播放单一画面时，需采取电子放大才能满屏播放，但画质相对粗糙，因此画面分割器分割的数量越多，单一画面回放时画面就越显得粗糙。

5）蜂鸣器与警报输入联动。

6）影像移动自动侦测（Motion Detection）与报警探测器报警系统联动。

7）快速放像功能、静止画面功能和单声道音频输出功能。

8）图像丢失报警功能，但保留最后画面。

9）具备 RS-232 接口与计算机的连接功能。

6. 控制键盘

控制键盘是视频监控系统重要的人机对话设备。在图 2-55 所示的图像系统控制键盘上，设有多个数字键及功能键，其中数字键用于选择摄像机输入及监视器输出。功能键则用于对选定的前端设备进行各种控制操作。面板键盘、主控键盘允许对系统进行编程设置。有的控制键盘上还设有 LED 显示屏或液晶显示屏，用于显示控制指令或系统内各监视点的工作状态。控制键盘的另一个重要设施是操纵杆，利用人工上、下、左和右转动，可非常方便地控制摄像机的焦距、光圈和采像取向。

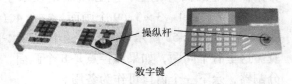

操纵杆

数字键

图 2-55　图像系统控制键盘

一个系统通常只设一个主控键盘，但可以分设若干个分控键盘。分控键盘可设置在各主管人员的办公室，用于非本地视频监控的控制。

控制键盘通常设有用户密码管理，必须输入正确密码才能对键盘进行操作。与软键盘相比，控制键盘具有功能直观、操作方便的特点，在小型视频监控中运用较多。

控制键盘是通过2芯、3芯或4芯屏蔽线以RS-485通信方式与主机（矩阵控制器或硬盘录像机）相连的。在不配系统主机的小型视频监控系统中，如果前端摄像机配有云台及电动镜头，就可直接用云台控制键盘进行控制。云台控制键盘连接图如图2-56所示。

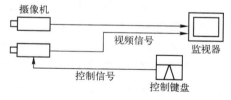

图2-56　云台控制键盘连接图

7. 录像机

视频监控系统用于记录、存储的设备常见的有磁带录像机（VCR）、硬盘录像机（DVR）。

硬盘录像机根据其操作系统不同，分为PC式硬盘录像机、类PC硬盘录像机和嵌入式硬盘录像机。其中磁带式录像机由于检索困难，维护费用高，录像带重复使用差，所以已呈退市之势，后面就不再作介绍。

硬盘录像机与传统的模拟录像机相比具有较大优越性，具体表现在，录像时间长，最长录像时间取决于连接的存储设备的容量，一般可达几百小时；支持的视音频通道数多，可同时进行几路、十几路、甚至几十路同时录像；记录图像质量不会随时间的推移而变差；功能更为丰富。因此已成为视频监控的主流产品。本书重点介绍硬盘录像机。

（1）PC式硬盘录像机

PC式硬盘录像机又称为工控机、插卡机，一般基于Windows操作系统，文件系统一般采用NTFS或FAT32。其应用框图如图2-57所示。通常是在计算机内插有一块或几块视频采集卡，它是介于摄像机与PC硬盘录像机之间的一个A-D转换和图像压缩设备。

采集卡的工作流程是，视频信号首先经低通滤波器滤波，之后按照应用系统对图像分辨率的要求，对视频信号进行采样/保持，和对连续的视频信号在时间上进行间隔采样，由时间上连续的模拟信号变为离散的模拟信号，进而将这些音、视频转换为数字化的信息流，但这些数据流是不能直接进行传送和存储的，因为未经压缩的图形、视频和音频数据会占据非常多的存储容量。

例如，用PAL制式采集的视频信号在一般清晰度情况下要求为25帧/秒；352×288像素/帧；彩色图像每像素占用空间24bit；则该数据流速度为352 × 288 × 25 × 24bit/s = 60 825kbit/s。显然这样庞大的数据流对大多数传输线路来说是无法承受的，而且也是无法存储的。下一步就是将这些视频、音频数据流进行压缩。压缩编码标准主要有JPEG/M-JPEG、H.261/H.263、H.264和MPEG-4等标准。JPEG标准主要是用在静止图像的压缩。M-JPEG是将JPEG改进后用到运动图像上，在压缩比不高时有较好的图像重现质量，但占用存储空间大；在压缩比高的情况下，图像重现质量差。H.261/H.263标准是专门为用于图像质量要求不高的视频会议和可视电话。

目前流行的视频采集卡是视频采集和压缩同步进行，也就是通过特殊芯片进行硬件实时数据压缩处理，通常称之为硬压缩。不具备实时硬件压缩功能的卡，则可通过软件和CPU的运算对视频信号进行压缩处理，这种处理方式通常称之为软压缩。

视频采集/处理卡在具有模数转换功能的同时，还具有对视频图像进行分析和处理的功能。

一般的视频采集卡采用帧内压缩算法，把数字化的视频存储成 AVI 文件，高档一些的视频采集卡可直接把采集到的数字视频数据实时压缩成 MPEG-1 格式的文件。

视频采集卡按其连接类型来划分，可以分为外置式采集卡和内置式 PCI 接口视频采集卡。这两种产品各有优缺点。内置式 PCI 接口采集卡不占用外部桌面空间，而且不需外接电源。内置式视频卡的弱点是安装采集卡时必须要拆开机箱才可以进行安装，且在安装软件时容易和其他计算机设备发生冲突。外接式采集卡的主要优点是，安装简单，且在外置采集卡盒面板上有各种运行状态指示灯，操作直观。主要缺点是，它还需要外接专门的电源和占用计算机上的一个资源口，且价格较高。

按照用途可将视频采集卡划分为广播级、专业级和民用级。它们的主要区别是采集的图像指标性能不同。

PC 式硬盘录像机硬件可由人员自行组装，因此可根据实际需要对硬件进行扩充。PC 式硬盘录像机往往附带的功能多，兼容性好，接口齐全，单机路数最高可达 64 路，维修方便，界面直观。

在 PC 式硬盘录像机中，由于运行软件的很多功能是监控系统不需要的，这些功能不但影响运行速度，而且是引起监控系统不稳定的主要原因之一（如死机），所以当采用 PC 式硬盘录像机时，切忌使用非法的软件或上网下载资料。

PC 式硬盘录像机工作原理框图如图 2-57 所示。图 2-58 所示为显示器显示的四画面效果。

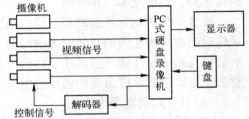

图 2-57 PC 式硬盘录像机工作原理框图

图 2-58 显示器显示的四画面效果图

（2）嵌入式硬盘录像机

嵌入式硬盘录像机（又称为一体化硬盘录像机）及其接口如图 2-59 所示。与 PC 式硬盘录像机不同，它已完全脱离 PC 平台，有自己的操作系统，常用的有 PSOS、Linux、Vx-Works 等，采用的文件系统则有较多种类，如 MS-DOS 兼容文件系统、UNIX 兼容文件系统、Windows 兼容文件系统，还有各种专用的文件系统等。

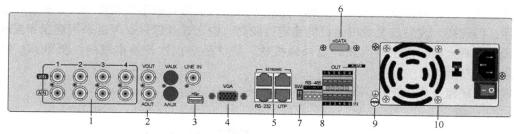

图 2-59　嵌入式硬盘录像机及其接口

嵌入式硬盘录像机接口说明如表 2-5 所示。

表 2-5　嵌入式硬盘录像机接口说明

序　号	物 理 接 口	连 接 说 明
1	视频输入（VIDEO IN）	连接（模拟）视频输入设备，标准 BNC 接口
	音频输入（AUDIO IN）	连接（模拟）音频输入设备，标准 BNC 接口，音频输入电压在 2～2.4V，如有源送话器、拾音器等
2	视频（VOUT）、音频（AOUT）输出	视频（VOUT）：连接监视器、本地视频信号及菜单输出；音频（AOUT）：连接音频设备，本地音频信号输出
3	语音输入（LINE IN）	连接有源语音输入设备，要求音频输入电压在 2～2.4V，如有源送话器、拾音器等
	USB 接口	连接 USB 存储设备，如用于备份或升级。可以热插拔
4	VGA 接口	连接 VGA 显示器，如计算机 VGA 显示器等
5	键盘接口（KEYB-OARD）	两个，任意选择其中一个用于连接（485）控制键盘，使用 RJ-45 接口的 3、4 线（接收信号）接控制键盘的 Ta、Tb；另外一个用于设备间的级联，级联的设备两端均使用 RJ-45 接口的 3、4 线
	RS-232 接口	连接 RS-232 设备，如调制解调器、计算机等
	UTP 网络接口	同 LAN 网络接口，连接以太网络设备，如以太网交换机、以太网集线器（HUB）等
6	eSATA（可选）	外接 SATA 硬盘口
7	匹配电阻开关（SW1）	485 总线的终端匹配电阻开关，开关向上（出厂默认）断开电阻连接，开关向下接通本端电阻（120Ω）

序　号	物　理　接　口	连　接　说　明
8	RS-485 接口	连接 RS-485 设备，如解码器等，可使用 RS-485 接口的 T +、T − 线连接解码器
	报警输入（IN）	接报警输入（4 路开关量）
	报警输出（OUT）	接报警输出（2 路开关量）
9	接地端	硬盘录像机接地端子
10	电源	输入的交流电压为 220V

嵌入式硬盘录像机的功能基本上与 PC 相似，两款相比，各有长短。

嵌入式实际上是把视频卡以芯片的模式集成在机器里面，配上专门的操纵系统，所以嵌入式录像机不再赋有计算机的其他功能，避免了操作人员将其他不良软件携入，具有较好抗病毒性，因此嵌入式硬盘录像机运行的稳定性较高。嵌入式录像机也可以采用键盘和鼠标操作，操作直观方便。由于嵌入式硬盘录像机软、硬件是一次性开发集成的，所以其扩展性低，附带的功能也较少。

嵌入式硬盘录像机工作原理图如图 2-60 所示。

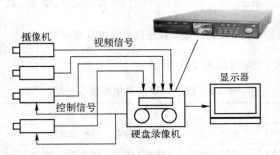

图 2-60　嵌入式硬盘录像机工作原理图

（3）硬盘录像机的主要技术参数

硬盘录像机的主要技术参数如表 2-6 所示。

表 2-6　硬盘录像机的主要技术参数

型　　号	HF-S
视频压缩标准	H. 264
实时监视图像分辨率	PAL：704 × 576 像素　　NTSC：704 × 480 像素
回放分辨率	QCIF/CIF/2CIF/DCIF/4CIF
视频输入	1/2/4/6/8/10/12/16 路，BNC（电平为 1.0V（p - p），阻抗为 75Ω），支持 PAL、NTSC 制
视频输出	1 路（DS-8001HF − S），2 路（DS-8002/4/6/8/10/12/16），BNC（电平为 1.0V（p − p），阻抗为 75Ω）
视频环通输出	4/8/16
视频帧率	PAL：1/16 ~ 25 帧/秒，NTSC：1/16 ~ 30 帧/秒
码流类型	视频流/复合流

型　　号	HF-S
压缩输入码率	32kbit/s～2Mbit/s 可调，也可自定义（上限为 8Mbit/s）
音频输入	1/2/4/6/8/10/12/16 路，BNC（电平为 2V(p-p)，阻抗为 1kΩ）
音频输出	1 路（DS-8001HF-S），2 路（DS-8002/4/6/8/10/12/16），BNC（线性电平，阻抗为 600Ω）
音频压缩标准	OggVorbis
音频压缩码率	16kbit/s
语音对讲输入	1 路，BNC（电平为 2V(p-p)，阻抗为 1kΩ）
通信接口	1 个 RJ-45 10Mbit/s/100Mbit/s 自适应以太网口，1 个 RS-232 口，1 个 RS-485 口
键盘接口	1 个（支持级联）；1/2/4 路设备两个（支持级联）
硬盘接口	8 个 SATA 接口，支持 8 个 SATA 硬盘，每个硬盘容量支持高达 2000GB
USB 接口	1 个，支持 U 盘、USB 硬盘、USB 刻录机、USB 鼠标
VGA 接口	1 个，分辨率为 800×600 像素/60Hz、1024×768 像素/60Hz、1280×1024 像素/60Hz
报警输入、输出	报警输入为 4/16 路，报警输出为 2/4 路
电源	AC 90～135V 或者 AC 180～265V，47～63 Hz
功耗（不含硬盘）	20～51W
工作温度	-10～+55℃
工作湿度	10%～90%
机箱	19in 标准机箱
尺寸	90mm（高）×441mm（宽）×470mm（深）

知识拓展：H.264 数据压缩编码的优点

H.264 最大的优势是具有很高的数据压缩比率，在同等图像质量的条件下，H.264 的压缩比是 MPEG-2 的两倍以上，是 MPEG-4 的 1.5～2 倍。举个例子，原始文件的大小如果为 88GB，那么在采用 MPEG-2 压缩标准压缩后就变成 3.5GB，压缩比为 25：1，而采用 H.264 压缩标准压缩后变为 879MB，从 88GB 到 879MB，H.264 的压缩比达到惊人的 102：1。H.264 为什么会有这么高的压缩比呢？低码率（Low Bit Rate）起了重要的作用，与 MPEG-2 和 MPEG-4 ASP 等压缩技术相比，H.264 压缩技术将大大节省用户的下载时间和数据流量收费。尤其值得一提的是，H.264 在具有高压缩比的同时还拥有高质量流畅的图像。

1）低码流（Low Bit Rate）。与 MPEG2 和 MPEG-4 ASP 等压缩技术相比，在同等图像质量下，采用 H.264 技术压缩后的数据量只有 MPEG-2 的 1/8、MPEG-4 的 1/3。显然，采用 H.264 的压缩技术将大大节省用户的下载时间和数据流量收费。

2）高质量的图像。H.264 能提供连续、流畅的高质量图像。

3）容错能力强。H.264 提供了纠正在不稳定网络环境下容易发生丢包等错误的必要工具。

4）网络适应性强。H.264 提供了网络抽象层（Network Abstraction Layer），使得 H.264 的文件能容易地在不同网络上进行传输（例如互联网、CDMA、GPRS、WCDMA 和 CD-MA2000 等）。

（4）硬盘录像机的选用与配置

1）硬盘录像机的选用。

前面对 PC 硬盘录像机和嵌入式硬盘录像机进行了对比，可见这两种设备各有优缺点。有几点比较突出。

从使用、管理和维护的角度看，嵌入式硬盘录像机使用简单，设备运行稳定，日常一般免维护，反之，PC 硬盘录像机操作相对复杂，需要有较高素质的操作及管理人员。从设备扩充性能看，PC 硬盘录像机要优于嵌入式录像机，如监控输入路数增减十分方便，而嵌入式硬盘录像机如果要增加输入路数，就非得增加一台设备不可。

上述选择主要基于硬盘录像机的自身特点。实际上，在选用中还必须根据视频输入的路数、录像的存储时间、配套的外围设备（如报警联动）来选择机型，否则会造成功能闲置或不足。

2）硬盘的配置。

PC 嵌入式硬盘录像机机动性比较好，它可以根据用户的需求改变硬件。在录像保存时间上同样表现出它的优势，即可根据录像保留时间和配置硬盘的大小。

计算方法如下。

一般情况下，一路视频信号以每小时大概需要 80～120MB 的图像文件计，设某监控点有 6 台摄像机连续记录，每天 24h，一个月 30 天，产生的图像文件为

$$120 \times 6 \times 24 \times 30MB = 518.4GB$$

因此要选用 1 个 1TB 硬盘。

如果采用移动侦测录像，当没有出现移动目标时，录像机是不录像的（存储一副静态画面即可），从这一点上考虑，还可以节省许多硬盘空间。

值得一提的是，摄像机采集的图像质量还与记录的信息量有关，如信噪比很低噪点很多的时候，将会翻倍占用硬盘的空间。此外，硬盘录像机的性能也会影响录像占用的硬盘空间，这些都是在配置硬盘时必须充分加以考虑的。

8. 显示器

显示器是主机的终端设备，人们戏称它是计算机的"面孔"，人机对话的"窗口"。显示器分电真空管显示器（简称为 CRT 显示器）和液晶显示器（简称为 LCD 显示器）。

（1）CRT 彩色显示器

CRT 彩色显示器又称为阴极射线管显示器，是电—光转换装置，目前 CRT 显示器仍然是安防市场的主流设备。

根据显色不同，可分为单色显示器和彩色显示器。在安防视频监控中一般不使用单色显示器，这里不作介绍。

CRT 彩色显示器电路主要由场扫描电路、行扫描电路、视频放大、显像管附属电路、显示器及电源电路等组成。

CRT 彩色显示器的工作原理与家用电视机基本相同。传统显示器的显像管，是一个大型的真空管，管径内装有 3 支用于发射 R、G、B 电子束的电子枪，显像管的正面则是显示屏（荧光屏）。电子枪发射出来的电子束在行、场扫描电路的作用下做水平和垂直方向运动。由于电子束被视频信号所调制，其分量大小与视频信号（像素）相关，所以当这些电子束打到荧光屏上时，荧光屏的荧光粉受强弱不等电子束的轰击，表现为明暗（彩色）不

同且有规律的排列，从而完成一幅完整的画面。

视频放大及显像管附属电路主要是用于对视频信息进行补偿、放大。

CRT 彩色显示器的电源电路，就是提供显示器稳定电源供应的设备。

显示器内的接口电路只能识别表示高低电平的 I/O 码串行视频信号，而主机内部数据总线的信号是并行信号，要完成主机控制下在屏幕显示相应的字符和图像这一任务的设备就是显卡。显示卡把主机的二进制输出的数字信息变为显示器能够处理的视频信号，同时再加入行、场同步信号（即 R、G、B、和 H、V）。这样，由显示卡送过来的数据经过处理，再由显示器中的行、场偏转线圈、显像管荧光屏显示出图像或者文本。

可见显示器与电视机有所不同，但带有 VGA 插口的两用电视机在市面上已屡见不鲜。CRT 彩色显示器根据显像管的结构可分为球面显像管、柱面显像管，普平显像管和纯平面显像管。纯平显像管已是市场的主流产品。

（2）LCD 显示器

大家知道物质有固态、液态和气态 3 种形态。液晶则是介于固体与液体之间的一种状态。液体分子的排列是不具有任何规律性的，但是如果这些分子呈长形或是扁形，它们的分子指向就可能具有某种规律性。分子方向没有任何有规律性的液体称为液体，而具有方向性的液体则称为液态晶体，简称为液晶（Liquid Crystal Display，LCD）。

LCD 显示器和 CRT 一样，是显示器家族的一种。它由两块相隔 5μm 的玻璃板构成，液晶灌入两个平板玻璃之间。因为液晶材料本身并不发光，所以在液晶背面设有一块背光板。背光板由荧光物质组成，提供均匀的背景光源。对于液晶显示器来说，亮度往往与其背景光源有关。玻璃板与液晶材料之间装有透明的电极，电极分为行和列，在行与列的交叉点上，通过改变电压即可改变液晶排列状态，同时也改变了它自身的透光度，作用类似于一个小光阀。当 LCD 显示器工作时，LCD 电极被施与工作电压，液晶分子随之产生扭曲（相当光阀开启或关闭），由背光板发出来的光，得以有规则的折射，然后通过滤色过滤，最后，在置于液晶前面的显示屏显示出图像或符号。17in 液晶显示器如图 2-61 所示。

LCD 显示器的许多优势是很明显的，主要有：

- 体积小、能耗低，这是 CRT 显示器无法比拟的。一般一台 15in LCD 显示器的耗电量也就相当于 17in 纯平 CRT 显示器的 1/3。

- 彩色 CRT 通常有 3 个电子枪，射出的电子束必须精确聚集，否则就会出现聚焦不良、图像模糊的现象。而 LCD 则不存在聚焦问题，因为每个液晶单元与每个像素相对应，液晶处于开或关的状态，反应的也就是像素的状态。

图 2-61　17in 液晶显示器

- LCD 工作时采用的是点阵驱动的方式（也称为数字驱动方式），液晶单元要么处于开、要么关闭这两个状态，因此它没有 CRT 显示器因为电子扫描频率而伴生的光栅闪烁问题。

- LCD 完全没有辐射，所以长时间观看 LCD 显示器与 CRT 显示器相比，对人眼的伤害要小很多。

不过，LCD 显示器的液晶单元也会出现些小问题，如液晶单元出现"短路"，表现为亮点，或者"开路"表现为黑点，通常称它们为坏点，由于"坏点"的面积很微小，所以对于一个画面的影响还是很有限的。

由于技术的限制，液晶的透光不可能为零，因此在背光灯发光的模式下，液晶板不可能完全的黑屏。与 CRT 显示器相比，LCD 显示器在色彩、饱和度、亮度、可视角度（侧面观看时图像变暗、彩色偏色）、使用寿命和响应时间（指液晶单元从一种分子排列状态转变成另外一种分子排列状态所需要的时间，即屏幕由暗转亮或由亮转暗过程的速度）上还是有差距的。

此外，CRT 与 LCD 某些技术定义也存在一定区别，主要有：
- CRT 往往使用电视线来定义其清晰度，而 LCD 则通过像素数的数量来定义其分辨率。
- CRT 显示器的清晰度主要由通道带宽、显像管聚焦等因素决定，而后者则取决 LCD 显示屏的像素数。

9. 监视器

监视器是视频监控系统的终端设备，其作用是将前端摄像机拍摄的画面再现出来。监视器的配置，涉及监视器本身的技术指标、屏幕尺寸、监视器数量与摄像机的配比等方面。下面介绍这几个方面。

（1）CRT 彩色监视器

由于监视系统的前端（摄像机）清晰度比较高（通常大于 400 线），监视器监视的图像画面又多数处于静态（动态的色彩要求相对低），并且是连续工作（24h，全年无休），所以监视器在功能上虽然比电视机简单（少了高频头和中放电路），但在性能上却比电视机要求更高，其主要区别反映在图像清晰度、色彩还原度及整机稳定度方面。此外，由于监视器工作环境的特殊性，如金属机柜的漏磁等均会使电子枪电子束产生附加偏转，影响色纯度和电子枪 R、G、B 共 3 束电子束的运动轨迹精度，造成色纯不良，所以监视器还必须采用金属外壳加以屏蔽，减少外界磁场对电子束偏转的影响。CRT 彩色监视器如图 2-62 所示。

钢板外壳

图 2-62　CRT 彩色监视器

（2）LCD 彩色监视器

在小型视频监控系统中，当只有数路的监控点时，配上分割器，把几路的画面集合到一个屏幕上，就组成一个理想的监视系统。但由于造价的原因，用 LCD 组合电视墙的例子并不多见。

（3）监视器的分类与主要技术指标

1）监视器的分类。

① 从使用功能上分可分为黑白监视器与彩色监视器、带音频与不带音频监视器和专用监视器与收/监两用监视器（接收机）。

② 从监视器的屏幕尺寸上分有 9in、14in、17in、18in、20in、21in、25in、29in 和 34in 等 CRT 监视器，还有 34in、72in 等投影式监视器。

此外，还有便携式微型监视器及电视墙监视器等。

③ 从性能及质量级别上分有广播级监视器、专业级监视器和普通级监视器。其中以广播级监视器的性能最高。

④ 从扫描方式划分有隔行扫描和逐行扫描两种监视器。

隔行扫描是指将一幅图像分成两场进行扫描，第一场（奇数场）扫描 1 、3 、5 等奇数行，第二场（偶数场）扫描 2 、4 、6 等偶数行，两场合起来构成一幅完整的图像（即一帧）。因此对于 PAL 制而言，每秒扫描 50 场，场频为 50Hz，而帧频为 25Hz；对 NTSC 而言，场频为 60Hz ，而帧频为 30Hz。虽然在人的视觉上屏幕重现的是连续的图像，但由于奇数场与偶数场切换时间有先后之分，行与行之间并不是同时再现，所以造成闪烁现象，使人观看时容易疲劳，损伤眼睛。

逐行扫描则指其扫描行按次序一行接一行进行扫描。隔行扫描监视器有图像质量差、清晰度低和图像闪烁严重等缺点。为了消除隔行扫描的缺陷，逐行扫描监视器将模拟视频信号转换为数字信号，通过数字彩色解码，借助数字信号存储和控制技术实现一行或一场信号的重复使用（即低速读入、高速读出）的 50Hz 逐行扫描方式。还有一种办法是提高帧频，实现 60Hz 、75Hz 乃至 85Hz 的逐行扫描方式。

逐行扫描技术将输入信号通过 A-D 转换变成数字视频信号，再通过解码和数字图像处理电路对行、场扫描进行处理，通道带宽、清晰度和噪声都得到改善，同时消除了行间隔线和行间闪烁，而帧频的提高（如 60～85Hz）则减轻或消除了大面积的图像闪烁现象。

2）监视器的主要技术指标。

① 清晰度（分辨率）。清晰度即指"中心水平清晰度（或分辨率）"。按我国标准最高清晰度以 800 线为上限。在视频监控系统中，根据 GB 50198—1994《民用闭路监视电视系统工程技术规范》的标准，对清晰度（分辨率）的最低要求是：黑白监视器水平清晰度应≥400 线；彩色监视器应≥270 线。

此外，监视器的清晰度（分辨率）不同于计算机显示器的分辨率。计算机显示器的分辨率通常以像素为指标给出（如 1024×768 像素等）。这是因为两者的工作方式及分辨率的计算方法不同，二者不能混淆。

② 灰度等级。这是衡量监视器能分辨亮、暗层次的一个技术指标。最高为 9 级。一般要求≥8 级。

③ 通频带（通带宽度）。这是衡量监视器信号通道频率特性的技术指标。因为视频信号的频带范围是 6MHz，所以要求监视器的通频带应≥6MHz。

除上述 3 个主要的技术指标之外，对监视器还有亮度、对比度、信噪比、色调及色饱和度和几何失真等方面的技术指标与要求。

（4）监视器的选用

监视器的选择总原则是，符合系统技术要求及长时间连续工作。

若系统前端采用黑白摄像机的，则应选用黑白监视器；若系统前端采用彩色摄像机的，则应选用彩色监视器；若摄像机为彩转黑的，则也可选择黑白监视器。

监视器屏幕尺寸的选择原则如下。

- 监视 4 个画面，监视器屏幕不宜小于 18in。
- 监视 9 个画面，监视器屏幕不宜小于 25in。
- 监视 16 个画面，监视器屏幕不宜小于 29in。

对抗干扰性能选择，应选用金属外壳（主要是薄钢板类外壳）的监视器，因为它具有较好的屏蔽性能（特别是在其外壳接地之后），一是它不易受空间磁场干扰；二是其机内的电磁场，不会辐射干扰系统的其他设备。

另外，关注一下监视器是否采用隔离变压器。因为监视器电源若采用隔离变压器，则可较好把电源的一、二次进行隔离。如果有隔离变压器的隔离，在电网与监视器内部电路之间就不构成闭合回路，可克服"地环路"引入的50Hz交流干扰。

在一些要求不高的场合，可采用带视频（AV）输入端子的普通电视机，而不必采用造价较高的专用监视器。

（5）摄像机与监视器的配比关系

一个小区视频监控防范系统往往需要配置多台的摄像机，那么是否必须一台摄像机对应一台监视器呢？由多台摄像机组成的视频监控系统，一般不是一台监视器对应一台摄像机显示的，而是几台摄像机的图像信号，用一台监视器轮流切换或同时显示在同一屏幕上。这样处理，一是为节省设备，减少占有空间；二是现实中没有必要——对应显示。因为被监视场所同时发生意外情况的概率极低，所以监视器平时只需间隔一定的时间（比如几秒、十几秒或几十秒）显示一次即可。

当被监视场所发生情况时，可以通过切换器将这一路信号切换到监视器的主画面上，并给予保持，同时跟踪记录。因此，系统中摄像机与监视器的配比通常都为4:1（4台摄像机配一台监视器）、9:1（9台摄像机配一台监视器），甚至16:1（16台摄像机配一台监视器）。

采用画面分割器，大大节省了监视器的数量，但不宜在一台监视器上同时显示太多的分割画面，否则画面太小，影响监视效果。在视频监控系统中，摄像机与监视器的比例数为4:1居多，效果比较好。

（6）彩色监视器与计算机显示器的区别

1）输入信号不同。彩色监视器输入AV模拟视频信号，计算机显示器输入R、G、B三原色的VGA信号。

2）分辨率不同。普通彩色监视器的分辨率一般是420线或480线，而计算机显示器至少是800×600像素的分辨率。

3）辐射程度不同。彩色监视器一般没有防辐射处理，而计算机显示器必须有辐射检测认证，或采用液晶显示器（根本就没有辐射）。

4）刷新频率不同。普通彩色监视器的刷新频率应在50Hz以下，一般的计算机显示器的刷新频率轻松达到75Hz。

（7）电视机与监视器的区别

监视器在功能上要比电视机简单，但在性能上却要求比电视机高，其主要区别反映在3个"度"上。

1）图像清晰度。由于传统电视机接收的是电视台发射出来的射频信号，这一信号对应的视频图像带宽通常小于6MHz，所以电视机的清晰度通常小于400线。而监视器具有较高的图像清晰度，故专业监视器在通道电路上比起传统电视机而言应具备带宽补偿和提升电路，使之通频带更宽，图像清晰度更高。

2）色彩还原度。如果说清晰度主要是由视频通道的幅频特性决定的话，那么色彩还原度则主要由监视器中有红（R）、绿（G）、蓝（B）三基色的色度信号和亮度信号的相位所决定。由于监视器所观察的通常为静态图像，所以对监视器色彩还原度的要求比电视机更高，专业监视器的视放通道在亮度、色度处理和R、G、B处理上应具备精确的补偿电路和延迟电路，以确保亮/色信号和R、G、B信号的相位同步。

3）整机稳定度。监视器在构成闭路监控系统时，通常需要每天24h、每年365天连续无间断的通电使用（而电视机通常每天仅工作几小时），并且某些监视器的应用环境可能较为恶劣，这就要求监视器的可靠性和稳定性更高。与电视机相比而言，在设计上，监视器的电流、功耗、温度及抗电磁干扰和抗电冲击的能力和裕度以及平均无故障使用时间均要远大于电视机，同时监视器还必须使用全屏蔽金属外壳以确保电磁兼容和抗干扰性能。在元器件的选型上，监视器使用的元器件的耐压、电流、温度及湿度等各方面特性都要高于电视机使用的元器件。而在安装、调试尤其是元器件和整机老化的工艺要求上，为确保整机的稳定性，对监视器的要求也更高：电视机制造时整机老化通常是在流水线上常温通电8h左右，而监视器的整机老化则需要在高温、高湿密闭环境的老化流水线上通电老化24h以上。由上面的分析可见，如果使用电视机作为监控系统的终端监视器，那么除了可能感觉到图像较为模糊（清晰度较低、色彩还原度较差）之外，电视机使用的元器件也不适合无间断连续使用的要求。若强行使用电视机作为监视器，轻则易于产生故障，重则可能会由于电视机的工作温度过高而引起意外事故。

（8）CRT监视器与LCD监视器的区别

使用阴极射线显像管（CRT）的彩色监视器和使用液晶显示屏（LCD）的彩色监视器在图像重现原理上是有区别的。前者采用磁偏转驱动实现行场扫描的方式（也称为模拟驱动方式），而后者采用点阵驱动的方式（也称为数字驱动方式）。因而前者往往使用电视线来定义其清晰度，而后者则通过像素数来定义其分辨率。

CRT监视器的清晰度主要由监视器的通道带宽、显像管的点距和会聚误差决定，而后者则由所使用LCD屏的像素数决定。CRT监视器具有价格低廉、亮度高、视角宽和使用寿命较高的优点，而LCD监视器则有体积小（平板形）、重量轻、图像无闪动和无辐射的优点。LCD监视器的主要缺点是造价高、视角窄（侧面观看时图像变暗、彩色飘移甚者出现反色）和使用寿命短（通常LCD屏幕在烧机5 000h之后其亮度下降为正常亮度的60%以下，但CRT的平均寿命可达30 000h以上）等。

应该肯定的是，价格、视角和使用寿命是影响LCD监视器普及的3大瓶颈。当然，LCD作为平板显示器的一个最为成熟的前沿产品，已越来越受到国内外有关厂家的重视，其技术正在不断地进步。目前新采用的面内切换技术的薄膜晶体（TFT）工艺的LCD屏的水平视角已可达到160°，垂直视角已可达到140°。与此同时，LCD屏的价格正随着产品的逐步普及和产量的逐步上升而逐渐下降，LCD屏的使用寿命也正随着LCD背光源及液晶材料技术的不断进步而得到提高。

10. 电视墙的组成

当视频监控系统的监控点比较多时，虽然采用了画面分割器，但已超过监视器画面尺寸的容许度，这时候就应当考虑使用"电视墙"。这也是当今较大小区视频监控系统常用的办法。所谓的电视墙，指的是用多台（几台、十几台甚至几十台）监视器组合一个监视平面体。

电视墙的监视器数量一般是这样确定的，即摄像机与监视器数量配比为4∶1，也就是4台摄像机应配一台监视器。若有24台摄像机，则配6台监视器及6台四画面分割器；若摄像机只有22台，则监视器和画面分割器的数量不变，余下的两个画面（黑屏）只是空置而已，不会影响系统的使用，还可为以后系统扩充预留空间。

在监控系统中，每路前端设备（如摄像机）等输出的图像信号中的场同步信号如果存在相位差，那么当矩阵控制器切换各路图像信号时，监视器便会出现一段时间的不同步现象，相位差越大，不同步的时间就越长。因此建议在构建电视墙监控系统时，应尽量选用带有外同步（GEN-LOOK）输入的前端设备，并且所有的前端设备均使用外同步方式，即各路图像信号的同步都受同一同步信号的控制。

11. 报警处理器

报警处理器是将所有前端报警信号收集起来，并对发生报警通道的信号进行处理，同时输出多个开关量，以控制灯光、录像机等设备的联动。

报警处理器按处理方式不同，可分为总线式和多线式。

1）总线式。由一对双绞线负责传输前端各探头的信号，同时每个探头配有解码器和自己相应的地址码；处理器则有对应的识别电路用来处理各探测器的信息，然后根据探测器的地址码作出相应的响应。总线式的优点是可大大节省电缆，降低费用，并给施工带来方便，适用于前端探头多且集中的情况。缺点是设备多，调试相对复杂。

2）多线式。处理方式是各个探头互不干扰地将信号线和电源线汇集至控制室，并分别将探头信号线与报警处理器对应通道的输入端相连。多线式仍为现今报警处理的主导方向。

报警处理器既可作为单一的控制设备使用，又可与切换器等其他设备共同组成综合性监控系统。

2.2.4 视频监控中心

视频监控系统的终端设备置于视频监控系统的指挥中心（或称为监控中心、监控室和主控台），它通过集中控制的方式，将前端设备传送来的各种信息（图像信息、声音信息、报警信息等）进行处理和显示，并向前端设备或其他有关的设备发出各种控制指令。因此，中心控制室的终端设备是整个视频监控系统的中枢，视频监控中心如图 2-63 所示。

此外，视频监控中心还应该是人防与技防的完美结合点。因此，对于管理中心的建设，在注重设备配置的同时，也必须考虑设备与人之间的友好相处。

图 2-63 视频监控中心

1. 视频监控中心的布局和基本要求

视频监控中心设备布局的基本要求如下。

（1）有利于监控画面的监视

监视器或电视墙的安装必须符合人视觉生理要求，如应考虑电视墙的宽高比、电视墙与管理人员的视觉距离。受到现实的限制，监控室的空间很难保证有足够的宽高比和视距，但应尽量满足电视墙宽高比为 4∶3；主监控人员与主监视器的视距应为该监视器对角线的 3～6 倍。

（2）方便设备操作

设备的开关、按钮位置与操作人员的操作半径布置要合理，操作路径要顺畅。也就是说，除了一些不常用的设备外，其他大部分设备都应安放在主操作控制台上。

（3）方便日常设备维护

通常，视频监控系统处于不间断工作状态，设备的通风、散热问题就显得十分重要，如电视墙设置时，应与墙体保持有 60～80cm 的距离，一来可通风，二来便于设备的技术维护。

此外，由于监控室的线缆较多，如不进行合理的规划，既影响室内美观，又会影响系统运行的可靠性，所以敷设在中心控制室的视频线缆和电源线缆，可采用桥架方式，以便于对所有线缆统一防护。

2. 监控中心的主要设备

对于一个综合型的视频监控系统而言，监控室的主要设备应包括视频分配、放大器、视频矩阵（或画面分割器、视频切换器）、监视器（电视墙）、监听器、硬盘录像机、报警盒、扩音机、音源、电源（含 UPS）、通信及控制柜等。

监控中心设备的配置应根据系统的大小、功能要求全面考虑，不可生搬硬套。如在信号比较正常且传输距离较短的情况下，视频信号需要 2 路输出时，可直接用同轴电缆并联，传输给两个终端用户，这时视频分配器就可用可不用，同时视频放大器也可省去。但必须指出，这种连接方法，对电路会造成一定的负面影响，如信号衰减、特性阻抗发生变化。具体配置在第 2.3.3 中有较详细介绍，请参考该节内容。

视频监控系统的建立，最终以监控中心管理人员的正确操作得以实现。典型的视频监控系统为管理人员提供如下功能。

1）确定摄像机序号（位置）与监视器间的对应关系，以便管理人员识别。

2）通过画面分割器，实现视频信号的重新组合。

3）通过采集卡、硬盘，对前端已采集到的信号进行、A-D 转换、压缩、记录和存储。

4）控制监视器（电视墙）的画面。

5）通过键盘显示某路的摄像机图像。

6）通过键盘控制某路摄像机的动作方向（含预置位的设定）。

7）通过键盘调整某路摄像机的画面。

8）通过键盘调看显示器全路画面或单路画面。

9）经授权回放记录画面。

10）经授权处理布防和撤防。

3. 分控制台的主要设备及其功能

由于工作上的需要，监控系统只设立一个监控中心是不够的，往往还设立一个甚至几个分控制台（或称为分控台、分控点）点。分控点实际上就是一个小型的监控中心。一个分控点一般只设一台监视器和一个分操作控制键盘。由于主操作控制键盘与分操作控制键盘一般采用总线连接方式，所以两者之间具有相同的功能。如果系统主控台不接主控键盘，利用分控键盘也可以对整个系统进行权限范围之内的任意控制。各分控制台与主控制台之间，根据需要和可能还可设定优先控制权。

例如，某一分控制台专供主管使用，就可把它设置为第一优先控制权。当该分控制台对系统进行操作控制时，主控制台和其他的几个分控制台将暂时失去对系统的操作和控制能力。

2.3 网络视频监控系统

2.3.1 网络视频监控系统的原理

利用 TCP/IP 网络作为传输媒介的视频监控系统称为网络视频监控系统。

网络监控系统通过 IP 网络把原来分散的模拟视频监控组成一个互联互通、具有灵活权限管理的有机的系统，借助 IP 网络实现多级远程监控，从而使用户可以在任意位置通过网络实现视频监控和视频图像的存储、查看。

网络视频监控系统主要功能包括远程图像控制、录像、存储、回放、实时语音、图像广播、报警联动、电子地图、云台控制、数据转发、拍照以及图像识别等。目前主流的网络视频监控产品有网络视频服务器、网络摄像机（IP-CAMERA）、网络硬盘录像机（NVR）、IP 网络的视频管理服务器、IP SAN 网络存储平台、高清网络矩阵、智能网络矩阵键盘、高清网络解码器和网络视频监控管理平台软件。

网络远程视频监控系统如图 2-64 所示。

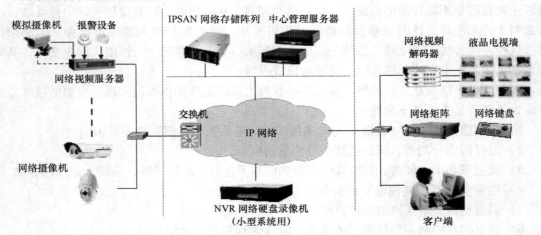

图 2-64　网络远程视频监控系统

2.3.2　网络视频监控组成

网络视频监控系统主要由前端系统、远程传输系统及中心控制系统 3 部分组成。

1. 前端系统

前端系统主要由网络摄像机或是模拟摄像机与网络视频服务器的组合构成，配以安装支架和供电电源。

（1）网络摄像机（IP-CAMERA）

1）网络摄像机简介。

网络摄像机是传统摄像机与网络视频技术相结合的新一代产品，除了具备一般传统摄像机所有的图像捕捉功能外，机内还内置了数字化压缩控制器和基于 Web 的操作系统，使得视频数据经压缩加密后，通过局域网，Internet 或无线网络送至终端用户。而远端用户可在自己的 PC 上使用标准的网络浏览器，根据网络摄像机带的独立 IP 地址，对网络摄像机进行访问，实时监控目标现场的情况，并可对图像资料实时编辑和存储，另外还可以通过网络来控制摄像机的云台和镜头，进行全方位地监控。

从外部结构来看，目前市面上的网络摄像机有一种为内嵌镜头的一体化机种，这种网络摄像机的镜头是固定的，不可换；另外一种则可以根据需要更换标准的 C/CS 型镜头，只是 C 型镜头必须与一个 CS-C 转换器搭配安装。但从内部构成上说，无论是哪种机型，网络摄像机的基本结构大多都是由镜头，滤光器、影像传感器、图像数字处理器、压缩芯片和一个具有网络连接功能的服务器所组成。

网络摄像机作为摄像机家族中的新成员，也有着与普通摄像机相同的操作性能，例如，具有自动白平衡、电子快门、自动光圈、自动增益控制和自动背光补偿等功能。另一方面，由于网络摄像机带有的网络功能，因此又可以支持多个用户在同一时间内连接，有的网络摄像机还具有双通道功能，可同时实现模拟输出和网络数字输出。

常见的网络摄像机如图 2-65 所示。

图 2-65 常见的网络摄像机

a）带云台网络摄像机 b）网络半球摄像机 c）网络球形摄像机 d）网络枪机

2）网络摄像机的主要技术参数（海康 DS-2CD4032FWD 为例）。

网络摄像机的主要技术参数见表 2-7。

表 2-7 网络摄像机的主要技术参数

型　　号	DS-2CD4032FWD-（A）（P）（W） 300 万 1/3" CMOS 超宽动态 ICR 日夜型枪型网络摄像机
摄像机	
传感器类型	1/3" Progressive Scan CMOS
最低照度	彩色：0.1 Lux @（F1.2，AGC ON）　　黑白：0.01Lux @（F1.2，AGC ON）
快门	1s 至 1/100,000s
慢快门	支持
镜头接口类型	C/CS 接口
自动光圈	DC 驱动　-P：支持 P-Iris
日夜转换模式	ICR 红外滤片式
数字降噪	3D 数字降噪
宽动态范围	120dB
聚焦	-A：支持 ABF 辅助聚焦
压缩标准	
视频压缩标准	H.264 / MPEG4 / MJPEG
H.264 编码类型	BaseLine Profile / Main Profile / High Profile
视频压缩码率	32kbit/s ~ 16Mbit/s
音频压缩标准	G.711/G.726/MP2L2
音频压缩码率	64kbit/s（G.711）/ 16kbit/s（G.726）/ 32 ~ 128kbit/s（MP2L2）
图像	
最大图像尺寸	2048 × 1536
主码流分辨率与帧率	50Hz：20f/s（2048 × 1536），25f/s（1920 × 1080），25f/s（1280 × 720） 60Hz：20f/s（2048 × 1536），30f/s（1920 × 1080），30f/s（1280 × 720）

（续）

型　号	DS-2CD4032FWD-（A）（P）（W） 300 万 1/3" CMOS 超宽动态 ICR 日夜型枪型网络摄像机
第三码流分辨率与帧率	独立于主码流设置，最高支持： 50Hz：20f/s（2048 × 1536）　　60Hz：20f/s（2048 × 1536）
图像设置	走廊模式，饱和度，亮度，对比度，锐度通过客户端或者浏览器可调
背光补偿	支持，可选择区域
透雾	支持
电子防抖	支持
日夜转换方式	自动，定时，报警触发
图片叠加	支持 128 × 128 大小 BMP 24 位图像叠加，可选择区域
感兴趣区域	ROI 支持三码流分别设置 4 个固定区域或动态跟踪
网络功能	
存储功能	支持 Micro SD/SDHC/SDXC 卡（64G）断网本地存储，NAS
智能报警	越界侦测，场景变更侦测，区域入侵侦测，音频异常侦测，虚焦侦测，移动侦测；人脸侦测，动态分析，遮挡报警，网线断，IP 地址冲突，存储器满，存储器错
支持协议	TCP/IP, ICMP, HTTP, HTTPS, FTP, DHCP, DNS, DDNS, RTP, RTSP, RTCP, PPPoE, NTP, UPnP, SMTP, SNMP, IGMP, 802.1X, QoS, IPv6, Bonjour
接口协议	ONVIF, PSIA, CGI, ISAPI, GB28181
通用功能	一键恢复，防闪烁，三码流，心跳，镜像，密码保护，视频遮盖，水印技术，匿名访问，IP 地址过滤
接口	
音频接口	1 对 3.5mm 音频输入（Mic in/Line in）/输出外部接口，1 个内置传声器（可关闭）
通信接口	1 个 RJ45 10M / 100M 自适应以太网口，1 个 RS-485 接口，1 个 RS-232 接口
报警输入	1 路
报警输出	1 路
视频输出	1Vp-p Composite Output（75Ω/BNC）
无线参数（适用于支持 Wi-Fi 机型）	
无线标准	IEEE802.11b, 802.11g, 802.11n Draft
频率范围	2.4 ~ 2.4835 GHz
信道带宽	支持 20/40MHz
安全	64/128-bit WEP, WPA/WPA2, WPA-PSK/WPA2-PSK, WPS
传输速率	11b：11Mbit/s　　11g：54Mbit/s　　11n：上限 150Mbit/s
传输距离	室外：200 m，室内：50 m（无遮挡无干扰，因环境而异）

（2）网络视频服务器（DVS）

1）网络视频服务器简介。

网络视频服务器主要功能是，将输入的模拟音、视频信号经数字化和视频 MPEG-4 压缩算法和音频 G.729/ADPCM 压缩算法处理后（或其他如 MJPEG、MPEG-1 压缩算法），通过 IP 网将低码率的视音频编码数据以 IP 包的形式传送给多个远端 PC 或网络视频解码器，实现音视频的远程传送、网络视频监控和存储，从而实现远程实时监控。

从某种角度上说，视频服务器可以看作是不带镜头的网络摄像机，或是不带硬盘的DVR，它的结构也大体上与网络摄像机相似，是由一个或多个模拟视频输入口、图像数字处理器、压缩芯片和一个具有网络连接功能的服务器所构成。由于视频服务器将模拟摄像机成功地"转化"为网络摄像机，因此它也是网络监控系统与当前CCTV模拟系统进行整合的最佳途径。

视频服务器除了可以达到与网络摄像机相同的功能外，在设备的配置上更显灵活。网络摄像机通常受到本身镜头与机身功能的限制，而视频服务器除了可以和普通的传统摄像机连接之外，还可以和一些特殊功能的摄像机连接，例如：低照度摄像机、高灵敏度的红外摄像机等。

目前市场上的DS-6704HW网络视频服务器（如图2-66所示）以1路和4路视频输入为主，通常具有在网络上远程控制云台和镜头的功能。另外，有些视频服务器还可以支持音频实时传输和语音对讲功能以及动态侦测和事件报警功能。

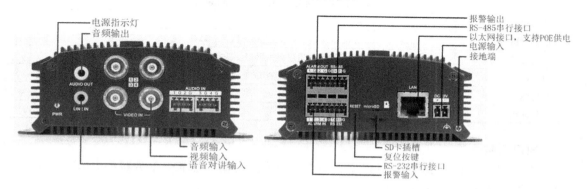

图 2-66　DS-6704HW 网络视频服务器

2）网络视频服务器的主要技术参数（海康 DS-6704HW）。

网络服务器的主要技术参数见表2-8。

表 2-8　网络服务器的主要技术参数

型　　号	DS-6704HW
视音频输入输出	
模拟视频输入	4 路，BNC 接口（电平：1.0Vp-p，阻抗：75Ω）PAL/NTSC 自适应
音频输入	4 路，绿色针脚接口（电平：2.0Vp-p，阻抗：1kΩ）
音频输出	1 路，3.5mm 接口（线性电平，阻抗：600Ω）
视音频编解码参数	
视频压缩标准	H.264/MPEG4/MPEG2/MJPEG
视频编码分辨率	WD1/4CIF/2CIF/CIF/QCIF
视频帧率	H.264 编码时：PAL：1/16~25 帧/秒，NTSC：1/16~30 帧/秒；MPEG4/MPEG2 编码时：PAL：1~25 帧/秒，NTSC：1~30 帧/秒；MJPEG 非实时编码
视频码率	32~3072kbit/s，最大可自定义 8192kbit/s
音频压缩标准	G.711u
音频码率	64kbit/s

型　　号	DS-6704HW
码流类型	复合流/视频流
双码流	支持，子码流分辨率：WD1/4CIF/2CIF/CIF 非实时，QCIF 实时
存储	
网络存储	NAS、IPSAN
存储本地	支持 1 个 microSD 存储卡插槽
最大容量	网络硬盘单盘支持容量最大 4TB，microSD 卡最大支持 32G
网络	
安全	密码保护、IP 地址过滤、HTTPS 加密
支持网络协议	IPv4/v6、HTTP、HTTPS、QoS layer3 DiffServ、FTP、SMTP、Bonjour、UPnP、SNMPv1/v2c/v3、DNS、DynDNS、hkDDNS、NTP、RTSP、RTP/RTCP、TCP、UDP、IGMP、ICMP、DHCP、ARP 、SOCKSv4/v5
外部接口	
语音对讲输入	1 个，3.5mm 接口（电平：2.0Vp-p，阻抗：1kΩ）
网络接口	1 个 RJ45 10M/100M 自适应以太网口，支持 PoE 供电（802.3af）
串行接口	1 个，标准 RS-485 串行接口，半双工；支持 1 个标准 RS-232 串行接口
报警输入	4 路
报警输出	2 路

知识拓展：

D1、CIF 是常用的标准化图像格式中，视频采集设备的标准采集分辨率。CIF = 352 × 288 像素，D1 = 720 × 576 像素

码流：经过视频压缩后每秒产生的数据量。

帧率：每秒现实图像的数量。

分辨率：每幅图像的尺寸（即像素数量）。

设置帧率表示想要的视频实时性，设置分辨率是表示想要看的图像尺寸大小，而码率的设置取决于网络、存储的具体情况。

标清与高清的区别如图 2-67 所示。

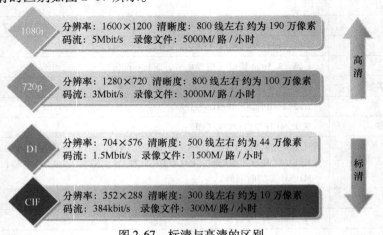

图 2-67　标清与高清的区别

2. 远程传输系统

由于网络视频监控是建立在网络的基础上，因此只要网络可以覆盖的地方，信号就能畅通无阻。若是基于广域网的远程视频监控系统，在世界上任何一个地方只要有网络就可以监控。可以看出，远程监控不需要有自己的专用传输线，它需要的是一个良好的网络环境。

（1）网络视频监控传输方式

网络视频监控主要的传输方式是通过有线网络、无线 IP 网络和光纤通信技术等把视频信息以数字化的形式来进行传输。只要是网络可以到达的地方就一定可以实现视频监控和记录，并且这种监控还可以与很多其他类型的系统进行完美的结合。

（2）实现远程视频监控传输的关键技术

在远程网络视频监控系统中，需要采用许多先进的技术，主要有数字视频压缩编码技术、网络传输技术、组播技术以及多线程技术。

1）数字视频压缩编码技术。

由于流媒体信息源所产生的数据量非常大，如果直接进行传输或存储，将会对网络带宽和存储空间带来很大的负担。因此，流媒体数据在传输或存储之前，先要进行压缩处理，以便存储和传输，传送到目的地后再解压缩播放出来。在本系统中采用 MPEG-4 编解码技术。

MPEG 是活动图像（Moving Picture Expert Group）的简称，是一个国际标准化组织，它制定了一系列的音频和视频压缩标准，主要有 MPEGI、MPEG2、MPEG4、MPEG7 和 MPEG21。MPEG-4 是超低码率运动图像和语言的压缩标准，它不仅是针对一定比特率下的视频编码，更加注重多媒体系统的交互性和灵活性。与其他视频压缩编码标准相比，MPEG-4 标准对传输速率要求比较低，网络传输占用带宽小，能通过各种方式进行远程视频图像传输，是适合于网络视频传输的佼佼者。

2）网络传输技术。

视频图像的传输质量直接影响系统的监控质量，数字视频信号虽然已经过压缩，但数据量还是很大，特别是当几路视频信号同时在网络上传输时，大量的数据传输会使得传输网络变得拥挤，这会造成数据的延迟及丢失，因此良好的网络通信通道和通信协议的选择至关重要，IP 协议是 IP 层通用的协议；常用的传输层协议有 TCP、UDP、实时传输协议 RTP（Realtime Transport Protocol）和实时传输控制协议 RTCP（Real-time Transport Control Protocol）等。

TCP 是传输控制协议，它是面向连接的，提供可靠流服务，提供确认与超时重传机制、滑动窗口机制等。但是 TCP 的这些机制增加了网络开销，不适合传输突发性的大量数据或者实时性数据，如音视频流。

UDP 是无连接的传输协议，不提供可靠性措施，不必在数据报丢失或出错时要求服务器再重发，因此紧凑快速，特别适合于实时性要求高的数据传输场合。由于音频数据和视频图像数据的传输往往要求实时传输，同时又允许在性能要求范围内存在数据错误率和丢失率，因此 UDP 协议适合对音频和视频数据传输。

但是由于 UDP 存在不可靠性，基于 UDP 的应用程序，必须自己解决诸如报文丢失、重复、失序和流量控制等问题。因此，在 UDP 协议之上，还必须使用多媒体数据传输的 RTP和 RTCP 协议。RTP 协议提供实时的、端到端的数据传送服务，采用 RTP 协议对音频、视频数据进行封装，即使在某些包被丢失的情况下也能对其他包进行解码，另外，时间戳信息便于解码时保持音频和视频信号的同步。RTCP 是 RTP 的控制协议，用于监视网络的服务质量和数据接收双方的信息传递，RTCP 提供关于数据传输质量的反馈，该功能与其他传输协议的流量控制和拥塞控制机制相对应。

3）IP 组播技术。

在 IP 协议下，视频数据的传送采用组播（Multicast）方式，对那些要接收视频流的客户机，传输端通过一次传输就可以将信息同时传送到一组接收者；这样可以有效地减轻网络负担，避免网络资源的浪费；也使发送端编程更简洁。IPv4 中的 D 类地址即是组播地址，最高位为 1110，范围是 224.0.0.0 ~239.25-5.255.255。

4）多线程技术。

为了使编解码和数据的传输能同步进行，应用程序采用多线程结构。进程是应用程序的执行实例，线程是 Win32 的最小执行单元，一个进程包含一个主线程，可以建立另外的多个线程。线程是系统分配处理器时间的基本单元，并且一个进程中可以有多个线程同时执行代码。Win32 API 可提供多线程编程，但是开发难度大，MFC 对其进行了封装，并且封装了事件、互斥和其他 Win32 线程同步对象，提供了 CwinThread 类，使编程更加方便、快捷。

3. 中心控制系统

中心控制系统是整个远程监控系统的大脑，包含控制子系统、存储子系统以及显示子系统等。

（1）控制子系统

控制子系统主要指的是视频监控系统的管理平台软件和配套设备，如网络矩阵、网络键盘等。

1）管理平台软件。

视频监控系统的管理平台软件是整个视频监控系统的核心。系统内任何的操作、配置和管理都必须在平台上完成，或通过平台注册，由其他设备或软件客户端完成。软件具备 C/S、B/S 两种架构，支持报警系统与视频监控系统的联动管理。软件采用模块化设计，可以分服务器安装系统模块，以降低服务器的资源处理压力。

天地伟业 Easy7 平台版 CS 客户端如图 2-68 所示。

图 2-68　天地伟业 Easy7 平台版 CS 客户端

2）网络键盘。

系统可采用网络键盘，支持中/英文操作界面和中/英文 Web 设置界面，接入系统中的交换机，经平台注册后，可以通过网络方式控制智能网络矩阵、嵌入式 DVR、NVR、网络高清球机、网络标清球机、客户端软件、网络高清解码器和数字矩阵（虚拟矩阵），可以通过 RS-485 通信方式的直接控制前端球云台/解码器、控制串口矩阵和控制主流品牌嵌入式 DVR。

天地伟业 TC-5820B 网络键盘如图 2-69 所示。

3）网络音视频矩阵。

智能网络音视频矩阵为视频监控系统提供强大灵活的智能管理，可实现数字视频多格式编码接入、高清画面分割显示、多机网络堆叠级联、报警联动处理等功能，与中心管理服务器、录像存储单元、网络键盘和管理平台软件等组成视频综合管理平台，完成对网络视频的统一管理和指挥调度，满足大中规模安防视频监控系统的应用。

图 2-69　天地伟业 TC-5820B 网络键盘

TC-88HD104-V2 网络音视频矩阵如图 2-70所示。

图 2-70　TC-88HD104-V2 网络音视频矩阵

网络音视频矩阵的主要参数（天地伟业 TC-88HD104-V2，见表 2-9）。

表 2-9　网络音视频矩阵的主要参数

型　　号	TC-88HD104-V2
接口	
视频输入	前端 IP 连接数量不少于 10000 路
视频输出	4 路 DVI/VGA 最大分辨率 1920×1200，支持窗口比例自适应（4∶3 和 16∶9）
音频输出	1 路输出
USB 接口	2 个 USB2.0
以太网接口	2 个 1000Base-T
串　　口	1 个 RS-232 接口
产品功能	

型　　号	TC-88HD104-V2
显示分辨率	QCIF、CIF、2CIF、4CIF、D1、VGA、720p、1080p
显示方式	每路输出均支持1/4/9/16等多种视频显示模式和快速切换，支持显示窗口自定义尺寸和组合布局方案，布局方案支持时间模板自动启用
模块化扩展	支持多台网络级联组合，由总控管理单元统一集中控制
切换方式	支持对摄像机的分组轮询、定时轮询、窗口轮询、报警轮询和手动切换，支持模拟数字图像的混合编组轮询和突发事件应急轮询
输出方式	支持视频切换显示、录像回放显示、音频解码
网络接口	双千兆网络接口
控制方式	支持智能网络键盘/客户端软件/网页浏览器等多种操作界面
网络键盘控制功能	支持对前端快球旋转及镜头变倍控制，键盘控制64级云台变速，8级镜头变速
鼠标控制	通过鼠标支持对前端网络快球的3D定位，支持对指定画面区域的快速定位和景深变倍聚焦
一般规范	
工作温度	0～40℃
工作湿度	<90%（非凝露）
电　　源	AC220V/50Hz（±10%）
功　　率	300W
重　　量	15kg
尺　　寸	44mm（高）×483mm（带耳板）/430mm（宽）×464mm（深）

4）网络解码器。

网络视频解码器从网上接收视频流，进行解码，输出到监视器或电视机进行显示。

一般来说一台网路解码器可以解1～8路的数字视频信号。输出信号的形式有HDMI、VGA和BNC等，满足现有的显示设备的视频输入信号需要。

网络解码器的主要参数见表2-10（天地伟业TC-ND921S3）：

表2-10　网络解码器的主要参数

型　　号	TC-ND921S3
输出接口参数	
HDMI输出	1路
HDMI输出分辨率	1920×1080@60/50Hz，1600×1200@60Hz，1280×1024@60Hz，1280×720@60/50Hz，1024×768@60Hz，1366×768@60Hz，1440×768HZ@60Hz，1280×800@60Hz
VGA输出	1路
VGA输出分辨率	1920×1080@60/50Hz，1600×1200@60Hz，1280×1024@60Hz，1280×720@60/50Hz，1024×768@60Hz
BNC输出	1路
音频输入	1路，3.5mm音频接口（电平：2.0Vp-p，阻抗：1kΩ）
音频输出	1路，3.5mm音频接口（电平：2.0Vp-p，阻抗：1kΩ）
网络接口	1个，10M/100M/1000Mbit/s自适应以太网口

型　　号	TC-ND921S3
报警输出	1 路
串行接口	1 路标准 RS-485 接口（透明通道）
系统特性	
操作系统	Linux
视频压缩算法	H. 264
音频压缩算法	G. 711/ADPCM/G. 726/AAC
产品功能	
视频输出	VGA 和 HDMI 非同源输出，VGA 和 BNC 同源输出
解码能力	4 路 1080p/8 路 720p/16 路 4CIF
画面分割数	1/4/6/8/9/16
解码分辨率	1080p/720p/4CIF
解码通道	20 个，每通道最多可添加 64 个 IP
解码方式	支持联机和脱机
切换方式	手动和自动序列切换，时间间隔 10～999s 可设
远程录像解码	支持
网络键盘控制	支持
ONVIF 协议	支持
支持协议	RTP/RTSP
对　　讲	支持
报警联动	支持联动继电器输出
动态域名解析	支持
系统升级	支持网络远程升级

（2）存储子系统

存储子系统是为监控点提供存储空间和存储服务的系统，是为用户提供录像检索与点播的系统。网络视频监控系统提供前端存储、中心存储和客户端存储 3 种方式。

前端存储就是将视频录像存储在 DVR 自带的硬盘中；中心存储是将视频录像存储在中心平台的录像服务器所支持的硬盘陈列中或者是网络存储所支持的磁盘陈列中；客户端存储是将视频录像存储在客户端浏览地监控机器中的磁盘。

一般确定存储地点的原则如下：前端存储，如果用户对存储图像实时性要求较高，同时前端设备的可靠性能够得到保证，采用前端存储；中心存储，如果前端没有存储功能一般采用中心存储，另外中心存储可以做为前端存储的备份；客户端存储，一般做为临时性的视频图像的存储，如抓拍、手动录像。

目前视频监控的存储技术有硬盘录像机（DVR）硬盘存储、直接附加存储（DAS）、网络附加存储（NAS）和存储区域网络（SAN）等，各有利弊。视频监控系统主要包括本地存储和网络存储两种存储模式，除 DVR 硬盘存储为本地存储模式外，其余均为网络存储模式。

1）数字硬盘录像机（DVR）硬盘存储。

DVR 硬盘存储为本地存储模式，数字硬盘录像机内设置硬盘，DVR 根据硬盘地址顺序规划逻辑盘符。图像数据根据盘符顺序，依次写入硬盘。DVR 视频数据的存储结构大多使用 IDE 硬盘和 E-IDE 硬盘总线完成硬盘控制和扩展功能，对硬盘在振动、散热等方面均有较高要求。具体来说主要存在以下弊端。

① 故障率高：采取硬盘顺序储存的方式，故障较多，而且发生故障就需要更换硬盘，数据丢失不可恢复。

② 数据分散：视频图像管理存在困难，难以实现集中控制。

③ 存储量小：无法在线扩容。

但是由于其设备便宜，维护成本低，目前仍较为广泛地应用于视频监控系统中，适合用于数据安全性、实时性要求不高，传输量较小的视频监控系统。

2）DAS 存储。

直接附加存储（Direct Attached Storage，DAS）存储架构出现比较早，指将存储设备通过 SCSI 接口或光纤通道直接连接到一台计算机上，是通过硬盘录像机或服务器，直接连接磁盘阵列柜实现存储的模式。DAS 存储示意图如图 2-71 所示。

DAS 存储技术的适用条件为：

① 数台服务器在地理分布上很分散，通过其他方式使它们之间建立联系非常困难。

② 存储系统必须直接连接到应用服务器。

③ 存储设备无需与其他服务器共享。

DAS 技术主要优点是存储容量扩展的实施简单，投入成本少，见效快。但这种存储技术中存储设备依赖服务器，与服务器主机之间的连接通道通常采用 SCSI 连接，带宽为 10MB/s、20MB/s、40MB/s 和 80MB/s 等。其本身是硬件的堆叠，不带有

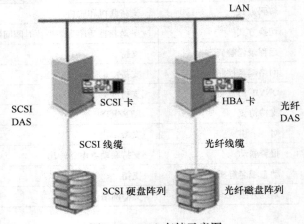

图 2-71　DAS 存储示意图

任何存储操作系统，SCSI 通道资源有限会成为系统 I/O 的瓶颈。具体来说主要存在以下弊端：

① 资源无法实现共享，尤其是跨平台文件。

② 服务器效能低，而且因数据量存在差异而造成各服务器管理存储空间使用不均衡。

③ 用户需要不断及时备份数据和存储数据，存在一定困难，容易造成数据丢失。

④为了拓展业务增加服务器或者存储设备，使得数据管理更加复杂，无法实现集中管理。

3）NAS 存储。

网络附加存储（Network Attached Storage，NAS）是一种将分布、独立的数据整合为大型、集中化管理的数据中心的技术，其服务器与存储之间的通信使用 TCP/IP 协议，以便于对不同主机和应用服务器进行访问。简单来说，NAS 拥有独立嵌入式操作系统，通过网线连接的磁盘阵列（RAID），不需要依靠任何其他主机设备，可以无需服务器直接上网。

RAID 是 Redundant Array of Independent Disks 的缩写，意思是独立磁盘的冗余阵列。RAID 允许多个独立的硬盘组成一个逻辑的大硬盘，利用专业的算法，数据跨硬盘分布并作冗余。如此降低由于一个硬盘损坏而丢失所有数据的风险。NAS 存储示意图如图 2-72 所示。

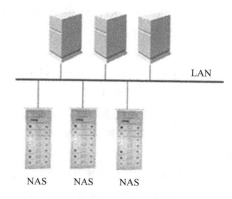

图 2-72　NAS 存储示意图

NAS 存储技术适用条件为：

① 能够满足那些无法承受 SAN 昂贵价格的中小企业的需求，性能价格比较高。

② 不要求特定的客户端支持，即可供 Windows、UNIX、Linux 和 Mac 等操作系统访问。

③ 客户端数目或来自客户端的请求较少。

NAS 最主要的应用就是中小企业或部门内部的文件共享，具体来说主要存在以下弊端。

① 采用 File I/O 方式，客户端或客户请求较多时，服务器承载能力仍显不足。

② 进行数据备份时需要占用局域网的带宽，造成 I/O 响应时间长。

③ 只能对单个 NAS 内部设备中的磁盘进行资源整合，进行独立管理。

4）SAN 存储。

存储区域网络（Storage Area Network，SAN），是一种与局域网分离的专用网络，它将几种不同的数据存储设备和相关联的数据服务器都连接起来，是一个连接了一个或者几个服务器的存储子系统网络，具有高带宽和高性能，很好的扩展性，对于数据库环境、数据备份和恢复存在巨大的优势。SAN 是独立出一个数据存储网络，网络内部的数据传输率很快。SAN 存储示意图如图 2-73 所示。

SAN 存储技术适用条件为：

① 存储量大的工作环境，使用存储的服务器相对比较集中。

② 对数据备份、共享与带宽、可扩展性等系统性能要求极高。

③ 有一定经济承受能力的企业或公司。

但 SAN 存储技术也存在以下弊端。

① 成本较高，需要专用的连接设备如 FC 交换机、HBA 卡（主机通道适配器）等，价格昂贵。

② 构成 SAN 存储区域孤岛。

③ 操作系统仍停留在服务器端，管理复杂，需要专业技术

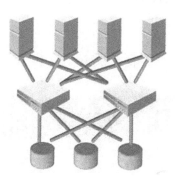

图 2-73　SAN 存储示意图

人员维护。

SAN 存储技术根据其传输介质的不同又可以细分为 FC-SAN 和 IP-SAN。所谓 FC-SAN 即采用光纤传输，其主流产品带宽目前一般提供 2~4Gbit/s 的传输速率。IP-SAN 中所采用通信协议实际上是一个互联协议，通过将 SCSI 协议封装在 IP 包中，使得协议能够在 LAN/WAN 中进行传输，即通过 IP 网络来实现。

5) iSCSI 存储。

iSCSI 存储使用专门的存储区域网成本很高，利用普通的数据网来传输 SCSI 数据实现和 SAN 相似的功能，提高系统的灵活性。它将原来用存储区域网来传输的 SCSI 数据块改为利用普通的 TCP/IP 网来传输，成本相对 SAN 来说要低得多。目前该项技术存在的主要问题是：

① 通过普通网卡存取 iSCSI 数据时，解码复杂，增加成本。

② 存取速度等受网络运行状况的影响。

NAS、SAN 和 IP-SAN 是当前网络存储技术的发展方向，其技术也在不断融合。随着各项技术的不断进步，视频监控系统将朝数字化、网络化和系统集成化等方向发展。数字化首先应该是将系统中所有信息流从模拟状态转为数字状态，从根本上改变视频监控系统从信息采集、信息处理、传输和系统控制等的方式和结构形式。网络化指的是系统的结构将由集中式向分布式过渡。系统集成则是在前两者基础上，利用软件技术，通过开放式的协议，统一操作平台，实现信息和软硬件资源的充分共享，这也催生了许多新兴技术。

网络存储新技术如下。

① NAS 网关：它不是直接和安装在专用设备中的存储相连接，而是经由外置的交换设备，连接到存储阵列上。无论是交换设备还是磁盘阵列，通常都是采用光纤通道接口。

② 云存储：与云计算类似，其作用是通过网络技术、分布式文件系统和集群应用等功能，将不同类型的存储设备通过应用软件加以整合，协同对外提供数据存储和访问。

6) 网络硬盘录像机（NVR）。

网络视频监控系统中心控制具有代表性的设备是网络硬盘录像机（NVR）。NVR 最主要的功能是通过网络接收 IPC（网络摄像机）设备传输的数字视频码流，并进行存储、管理，从而实现网络化带来的分布式架构优势。与网络摄像机或视频编码器配套使用，实现对通过网络传送过来的数字视频的记录。网络硬盘录像机如图 2-74 所示，图 2-75 系统结构图为 NVR 的典型应用。

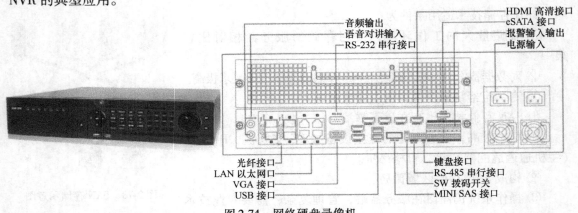

图 2-74　网络硬盘录像机

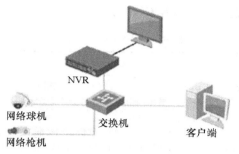

图 2-75　NVR 典型应用结构示意图

7）IP SAN。

IP SAN 基于十分成熟的以太网技术，由于设置配置的技术简单、低成本的特色相当明显，而且普通服务器或 PC 只需要具备网卡，即可共享和使用大容量的存储空间。由于是基于 IP 协议的，能容纳所有 IP 协议网络中的部件，因此，用户可以在任何需要的地方创建实际的 SAN 网络，而不需要专门的光纤通道网络在服务器和存储设备之间传送数据。同时，因为没有光纤通道对传输距离的限制，IP SAN 使用标准的 TCP/IP 协议，数据即可在以太网上进行传输。图 2-76 为赛凡 C1100 IP SAN，基于 IP SAN 的网络视频监控系统如图 2-77 所示。

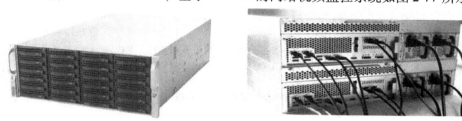

图 2-76　赛凡 C1100 IP SAN

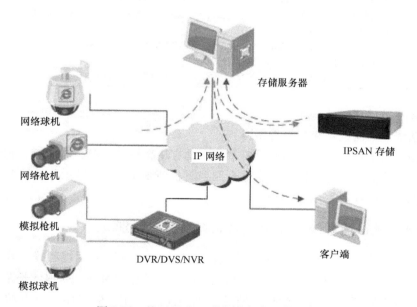

图 2-77　基于 IP SAN 的网络视频监控系统

IP SAN 的主要参数见表2-11（赛凡 C1100）。

表 2-11　IP SAN 主要参数

型　　号	C1100
存储服务器	统一存储，支持分布式 NAS 集群，1 节点（即一台主机） 1 Intel Xeon CPU（1 socket 4 核 Sandybridge 处理器 3.2GHz） 4～16G DRAM 内存（标配 8G DRAM） 16 内置硬盘槽位，支持 SSD、SAS 或 SATA 硬盘，支持混插模式，可支持容量 300G～4TB 硬盘 两个 6GSAS 外部扩展口，可集联最多 6 个磁盘扩展阵列柜（96 块外置硬盘，单节点最多支持 112 块硬盘） 4 个 1G 以太网口，两个 RJ45 10G 网口 存储设备的显示器接口采用 HDMI 端口类型 双主热备电源两个，每个 600W 电气参数：110 V AC ～240V AC（自适应）；50～60Hz 温度：工作 5～45℃，非工作 –40°～60℃ 相对湿度：工作：8%～80% 存储：10%～93%
存储管理软件	统一存储架构 存储端提供多入口点同时访问 所有存储服务器对外提供统一名字空间 支持 64TB 以上的单一文件 支持目录级 QUOTA 单一文件系统大于 2PB 支持多文件访问协议（ISCSI、NFS、CIFS、FTP）同时运行，支持云存储协议 支持文件级 RAID 和持硬盘 RAID 0、1、5、6、10、50、60 支持硬盘损坏自动报警机制 所有的磁盘块都会周期性校验来防止磁盘块"沉默的失效" 支持异步数据镜像和迁移 支持分布的 8 节点统一管理，可由任意 1 节点担任管理节点 支持只读快照（snapshot），每个虚拟存储卷可创建无限快照 支持数据生命周期管理（DLM），数据文件级别安全保留期（File Level Retention） 支持闪存技术加速 I/O 性能 支持 Windows、Linux、Mac、Solaris、AIX 和 HP-UX 等主流操作系统 支持简单易用的纯中文存储管理系统界面 支持与 Windows Active Directory 整合，实现统一的用户权限管理

（3）显示子系统

显示子系统包括监视器和液晶拼接屏。

视频监控显示子系统对监视器显示要求高，具有超高亮度、超高对比度、超耐用性以及超窄边应用，专业液晶监视器即使是在强光照射下也清晰可见。（显示子系统关于大屏幕显示部分可参见本书第 8 章）

2.3.3　网络视频监控系统与传统视频监控系统的区别

传统的闭路监控系统（包括以 DVR 为主的区域监控系统）采用视频线缆或者光纤传输模拟视频信号的方式，对距离十分敏感，相比于网络视频监控系统，跨地域长距离传输不够经济便利，一般以局部的区域进行集中监控，远距离的传输一般采用点对点的方式进行组网，整个系统的布线工程大，结构复杂，功耗高，费用高，需要多人值守；整个系统管理的开放型和智能化程度较低。

网络视频监控系统采用灵活的租用方式（主要采用 IP 宽带网），多个用户可以共用一套中心控制平台，用户投入、使用简便，用户能远程进行浏览与控制，原则上任何可以上网的地方都可以进行浏览与控制。它还引入了许多新的数字化技术成果（如图像识别技术），弥补了传统视频监控系统的不足，提供了增值业务能力，扩展了功能和范围，提高了系统的性能和智能化。

此外，网络视频监控系统中网络摄像机采用了数字信号处理器，更方便进行图像处理，从而实现智能化监控，例如采用图像识别进行越界侦测、场景变更侦测、区域入侵侦测、音频异常侦测、移动侦测、人脸侦测、动态分析及遮挡报警等智能化分析。

2.4 视频监控系统的配置设计与实施

当今，视频监控是安防系统不可或缺的组成部分，它有时在小区内与楼宇对讲、周界防范、电子巡更一起构成一个大的防范体系，但在更多的场合是以独立的形式承担技术防范任务，这主要得益于它的实时性和高度的准确性，又兼有可记录且能长时间存储的特点。因此，视频监控防范越来越备受人们的青睐。下面以某小区的视频监控建设为例，分别对项目概况、设计依据、设计原则、系统功能、系统特点、系统原理图、系统构成及方案说明进行介绍。

1. 项目概况

某小区面积 30 余亩，住有 300 来户人家，拥有较大的休闲活动草坪，一座可停放 100 余辆小车的地下停车场。小区有一个主入口，一个副入口，9 部电梯，东、西、北合计两千余米的围墙。

2. 设计依据

以设计的图样和投标的文件为基础，并依据下述国家有关标准进行工程设计。

GA/T 73—2000《安全防范系统通用图形符号》

GB 12662—2001《防盗报警控制器通用技术条件》

GA 308—2001《安全防范系统验收规范》

DG/TJ 08-001—2001《智能建筑施工及验收规范》

GB 50302—2002《建筑电气工程施工质量验收规范》

《居住小区智能化系统建设要点与技术导则》（修订稿）

《智能建筑设计标准》（GB T-T-50313—2000）

《智能建筑工程质量验收规范》（GB 50339—2003）

《安全防范工程技术规范》（GB 50348—2004）

3. 设计原则

对弱电系统的深化设计及设备配置，必须遵循国家有关标准、规范和规定，做到技术先进、安全可靠、使用方便、实用性强和性价比高。弱电技术系统的设计应具有可扩展性、开发性和灵活性，为系统集成、升级及增容预留空间。

1）先进性与实用性。系统设计强调先进性，且符合当前的技术主流和今后发展趋势，具有一定的超前性，同时注重系统的实用性。

2）安全性。在软件方面，系统对数据的存储和访问，应具有相应的安全措施，以防止数据被破坏、窃取。在硬件方面，设备运行应稳定可靠，故障率低，容错性高，且具有破坏报警的功能。

3）兼容性和扩展性。根据视频监控设备制造厂家众多的特点，系统应具备开放性和兼容性，采用模块化设计，尽可能兼容多个厂家的产品，为日后设备扩展、维护预留空间。各子系统采用结构化和标准化设计，子系统之间留有接口，为子系统扩充、集成提供一个良好的环境。

4. 系统功能

系统实现的功能主要有：

- 主、副入口的人、物、车辆24h不间断监控。
- 草坪夜视隐蔽监控。
- 区内主路口夜视监控。
- 电梯轿箱视频监控。
- 实时显示和录像达到24路视频。
- 同时视频回放和录像。
- 报警触发录像。
- 报警输入/输出接口。
- 视频移动探测报警录像。
- 支持多种语言（简体中文、繁体中文和英文）。
- 支持电话线、公网（ADSL和宽带网）和计算机局域网进行交互式在线访问和录像回放。
- 支持云台预置位、巡航扫描等功能。
- 移动报警、探头报警均支持联动选择报警盒输出。

5. 系统特点

1）多通道实时性。系统采用实时并行处理技术、实现1～24路的实时压缩处理。每个通道均可独立操作且互不干扰，可对每个通道的高度、对比度、色度和饱和度进行调整。

2）长时间录像存储。每路每小时占用的空间在80～120MB左右。

3）智能录像管理。每路均可根据独立的时间表在一周内灵活安排录像日程；每天可在24h内任意设置录像时段；系统自动删除过时的录像文件；系统可根据每路的报警设置进行报警录像联动处理。

4）精细查询、回放功能。用户可根据摄像枪编号、时间段和事件等条件准确快速查找到所需要的录像文件，并回放。回放时可随意采用快进、慢放、逐帧、逐秒和重复等方式，图像可以全屏放大。

5）高效成熟的压缩算法。系统采用MPEG4/H.264算法，压缩比高，图像质量好。

6）系统稳定性。系统设计时充分考虑了长时间运行的稳定性问题，在硬件和软件中设有异常检测和系统自逾功能，系统一旦有严重异常故障，会在20s内复位，并在重新启动后记录下最后的运行资料。

6. 系统原理图

根据项目要求，某小区视频监控系统配置示意图如图2-78所示。

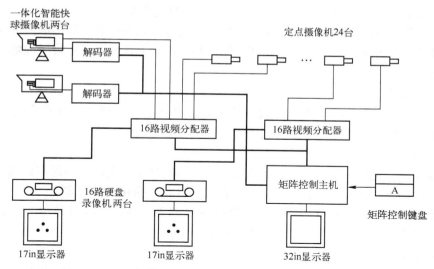

图 2-78 某小区视频监控系统配置示意图

7. 系统构成及方案说明

视频监控系统由前端、控制、显示录像、存储、传输和电源 6 大部分组成。

（1）前端部分

前端部分由摄像机、云台镜头和解码器等设备组成。系统以防范为目的，根据中华人民共和国公安部《安全防范工程与要求》（GA/T 75—1994）的有关规定，摄像机重点安装在人群主要活动区域，如车库、主要路口和管理死角等场所，同时应利于图像采集，便于事后取证和核查。此外，摄像机及相关设备位置的设置应在满足技术的条件下，尽量与周边建筑物、景观协调一致。根据甲方招标图样要求，项目一期为 1~6 号楼的周界以及停车场、电梯轿厢的监控。

具体安排如下。

- 停车场进、出口公用，安装 1 台彩色固定枪机。
- 停车库内安装 6 台彩色定点摄像机。
- 电梯内安装彩色半球摄像机，共 9 台。
- 周界安装 4 台彩转黑摄像机，主要路口安装 4 台彩转黑、低照度固定枪机。
- 休闲草坪设置两台一体化彩色摄像机。
- 记录存储设备采用 PC 硬盘录像机。
- 配置 7 台四画面分割器，可提供 28 幅画面的空间，实用 26 幅，余两幅备用。
- 采用 1 台 32in 带 VGA 输入的电视机作为显示器。
- 管理中心采取部分模块化结构，方便系统升级扩展。

（2）控制部分

控制部分设在控制室，根据甲方要求控制室应具备以下的功能：

1）提供系统设备所需的电源，包括前端摄像机在内都统一供电。

2）监视和录像，并能显示时间、位置信息。

3）通过矩阵主机输出控制云台和镜头的指令信号和报警信号。

4）显示输出部分采用监视器（32in 电视机）和显示器显示。

各摄像机信号输出经传输系统至主控室后，在进行录像的同时，以多画面的形式在 32in 电视机上显示，并可通过硬盘录像机将任一图像切换出来单独显示，还可对前端云台镜头进行操作控制。

（3）显示录像部分

在视频显示器台数与前端摄像机进行搭配时，做到配比合理，即合乎人的视觉生理特点，也保证甲方投入的实用性和经济性。

（4）传输部分

传输部分由视频线、控制线和电源线组成。传输网络是系统设备间的高速路，它连接前端设备和控制设备。所有的传输线缆必须符合国家行业标准和相关规定。

前端摄像机视频信号的传送采用 SYV-75-5 视频同轴电缆，电源线采用 RVV2 × 1.0，由主控室集中向前端供电，控制信号线采用 RVVP2 × 1.0。

（5）电源部分

根据甲方要求，由控制室向前端设备集中供电，这样既保证了监控前端稳定，又便于管理。系统共有 26 个摄像头，采用 1 个 DC12V/30A 的不间断稳压电源。

2.5 实训

实训设备采用 SZPT-SAV201 视频监控系统实训装置，如图 2-79 所示。

2.5.1 实训 1 Q9 接头的制作与同轴电缆的设备连接

1. 实训目的

1）熟悉各种典型摄像机视频连接方式。

2）掌握 Q9 接头的制作。

3）掌握同轴电缆设备的连接方法。

2. 实训设备

1）摄像机、监视器。

2）Q9 接头、同轴电缆。

3）便携式万用表、一字螺钉旋具、十字螺钉旋具、剥线钳、剪刀和电烙铁等。

3. 实训步骤与内容

1）了解 Q9 接头与同轴电缆的构造。

图 2-79　SZPT-SAV201 视频监控系统实训装置

2）剥开同轴电缆的外护层。

3）剪出同轴电缆的芯线。

4）打开 Q9 接头。

5）要先对 Q9 接头与同轴电缆的该焊接的部分上锡。

6）将同轴电缆的屏蔽网穿过 Q9 接头外接点的小孔，并压紧。

7）将同轴电缆的芯线与 Q9 接头的中心接点焊接。

8）将同轴电缆的屏蔽网与 Q9 接头的外接点焊接。

9）装好 Q9 接头。

10）用装配好的连接线将摄像机与显示器相连。

11）打开摄像机、显示器电源。

12）调整摄像机，使显示器图像最清晰。

4. 实训结果

写出实训结果、遇到的问题、解决方法以及实训心得体会。

2.5.2　实训2　各种典型摄像机的安装与调试

1. 实训目的

1）熟悉各种典型摄像机的种类。

2）熟悉各种典型摄像机的安装方式。

3）掌握各种典型摄像机的基本调试方法。

2. 实训设备

1）各种典型摄像机（半球摄像机、枪式摄像机、带红外补偿摄像机、一体化摄像机、快速球形摄像机、网络摄像机以及烟感型摄像机）。

2）各种摄像机电源。

3）监视器。

4）便携式万用表、一字螺钉旋具、十字螺钉旋具以及视频线等。

3. 实训步骤与内容

（1）了解各种摄像机的应用

（2）摄像机、镜头的安装调试

1）镜头的安装调试。

① 去掉摄像机及镜头的保护盖。

② 将镜头轻轻旋入摄像机的镜头接口，并使之到位。

③ 对于自动光圈镜头，还应将镜头的控制线连接到摄像机的自动光圈接口上。

2）调整镜头光圈与对焦。

① 关闭摄像机上电子快门及逆光补偿等开关。

② 将摄像机对准欲监视的场景，调整镜头的光圈与对焦环，使监视器上的图像最佳。此时，镜头即调整完毕。

3）摄像机本体安装。

① 在摄像机下部或上部都有一个安装固定螺孔，用一个 M6 或 M8 的螺栓加以固定。一般标准的支架、吊架、云台或防护罩均配有这种专门用于固定摄像机的螺栓。

② 摄像机应先安装于防护罩内，然后再安装到云台或支架上。

（3）摄像机防护罩、支架的安装调试

1）普通枪机式防护罩的安装。

① 打开防护罩的上盖。

② 将紧固摄像机滑板的螺钉拧松，取下摄像机滑板。

③ 用装配螺钉（一般防护罩的配件包中均配有）将摄像机固定在滑板上，将滑板及摄像机放入防护罩内。

④ 若镜头可调，则将镜头扩大至最大长度，滑动摄像机滑板，使摄像机、镜头与滑板处于防护罩内的最佳位置，将其固定牢固。

⑤ 将出线护口安装在防护罩底槽上，连接摄像机的视频电缆，将摄像机的电源线、控制电缆连接到防护罩的接线排上。

⑥ 将防护罩的出线孔锁紧，调整好摄像机的焦距，关闭防护罩的盖子。

2）摄像机支架的安装。

① 采用 4 个螺栓安装支架，并固定。

② 将摄像机放入防护罩中，再安装在支架上。

（4）摄像机的基本连接

1）使用同轴电缆（75Ω）将摄像机的 VIDEO OUT（BNC 接口）连接到监视器或录像机的 VIDEO IN 端子上。

2）将电源接入摄像机的电源接线端子上，加电后摄像机的 POWER 灯将点亮。接入电源时要注意摄像机的供电电压的极性（摄像机的供电一般有 DC 12V、DC 24V 或 AC 220V 3 种方式）。若电源连接错误，则会导致摄像机损坏。

（5）安装摄像机应注意的问题

1）应满足监视目标现场范围的要求，使安装的摄像机具有防损坏、防破坏的能力。室内摄像机的安装高度以 2.5 ~ 5m 为宜，尽可能不低于 2.5m；室外安装以 3.5 ~ 10m 为宜，距离地面应不低于 3.5m。

2）安装在电梯轿箱内的摄像机，应安装在其顶部，与电梯操作器成对角处，且摄像机的光轴与电梯的两壁及顶棚成 45°。各类摄像机的安装应牢固，注意防破坏。摄像机配套设备（防护罩、支架、刮水器等设备）安装应灵活可靠。

3）摄像机在安装前，应逐个通电检查和粗调。在调整后，焦面、电源同步等参数处于正常工作状态后方可进行安装。

4）摄像机在功能检查、监视区域的观察及图像质量达标后方可进行固定。

5）在高压带电地设备附近安装摄像机，应遵守带电设备的安装规定。

6）摄像机的信号线和电源线应分别引入，并用金属管保护，以便不影响摄像机转动。

7）摄像机镜头应避免强光直射和逆光安装。

4. 实训结果

写出实训结果、遇到的问题、解决方法以及实训心得体会。

2.5.3 实训 3　云台和解码器的安装、接线、设置与调试

1. 实训目的

1）熟悉云台、解码器的种类。

2）熟悉云台、解码器的安装方式。

3）掌握云台、解码器的基本调试方法。

2. 实训设备

1）各种典型云台、解码器。

2）便携式万用表、一字螺钉旋具、十字螺钉旋具和视频线等。

3）控制主机。

3. 实训步骤与内容

（1）电动云台的安装调试

1）室外云台的安装步骤。

① 将摄像机安装在防护罩内，拆下护罩后盖螺钉，将后盖与摄像机安装板一起拉出，将摄像机固定在安装板上。根据镜头高度将安装板插入槽中，慢慢推入，并固定后盖螺钉。

② 为将云台支架固定于安装位置，可采取壁装或座装的方式。

③ 为将云台控制线连接插件，经圆孔穿过后，用连接螺钉将云台和支架连接，并将外部进线连接在接线端子上。

④ 将云台两个侧盖拆下后会发现，在水平转轴与垂直转轴上有两个限位调整装置。可将云台限位的调整设置为水平运动180°，垂直运动下俯60°。

2）室外球形云台的安装步骤。

① 将云台止动螺钉拆下，按逆时针方向旋转云台，即可拆下云台，反之即可装上云台。

② 拆下球罩的3个螺钉，取下球形云台球罩，将摄像机及镜头固定在机心摄像机安装架上。

③ 从出线孔引出摄像机镜头连接线，先将支架固定于安装位置上，再将上球罩的出线穿入支架内，最后将上球罩用4个安装螺钉固定在支架上。

④ 按照接线说明，将云台线缆连接在支架内的接线端子上。

3）室外云台的安装步骤。

① 拆除底盖，取下安装板，在安装板正面有6个安装孔，根据安装需要选择安装孔，将云台支架固定在墙上。

② 将从控制器出来的各控制线一对一接好。将云台主体与墙式安装板相固定，再装上底盖。

③ 拆下摄像机固定板，将摄像机或摄像机防护罩固定在固定板长形划道上，并重新将已固定好的摄像机固定板与俯仰齿轮相固定。

④ 将与摄像机镜头相连的接线与云台镜头线相连。

（2）解码器的安装

1）将解码器固定在合适位置上。

2）连接好云台、镜头、摄像机和辅助设备的连线。

3）连接好控制主机的通信线、视频线和供电电源。

4. 实训结果

写出实训结果、遇到的问题、解决方法以及实训心得体会。

2.5.4 实训4 画面分割器的基本操作

1. 实训目的

1）了解画面分割器的作用及其应用原理。

2）掌握画面分割器的基本操作方法。

2. 实训设备

1）画面分割器、摄像机、监视器。

2）便携式万用表、一字螺钉旋具、十字螺钉旋具、插接线和视频线等。

3. 实训步骤与内容

1）熟悉画面分割器、监视器和摄像机等设备，熟悉它们的外观及引线端子。

2）画面分割器的基本操作。

要求教师按照图 2-80 所示的画面分割视频监控系统接线图将系统连接好并完成相应设置，然后再由学生完成如下操作。

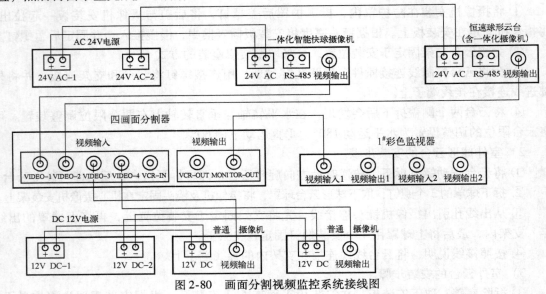

图 2-80 画面分割视频监控系统接线图

① 选择监视器显示方式。按下画面处理器面板上〈MENU〉键（短），可进入 3 种画中画显示、四分割显示模式。

② 摄像机选择。按下画面处理器上的数字键〈1〉～〈4〉，每个键分别与后板上相应的物理通道对应，若直接按数字键，则监视器全屏显示相应的摄像机画面。

③ 电子放大功能。按下画面处理器面板上〈ZOOM〉键（短）后，按"CH1/CH2/CH3/CH4"进行上、下、左、右的区域选择，按〈AUTO〉键放大，此时监视器上的画面被放大显示，按〈ZOOM〉键退出。

④ 摄像机自动切换序列。按下画面处理器面板上的〈AUTO〉键（短）就进入自动切换模式，此时监视器上轮流显示单画面和四分割画面。

⑤ 画面冻结功能。按下画面处理器面板上的〈FREEZE〉键，可将画面冻结，以便长时间观察一个画面，再按一次则取消画面冻结功能。

注意： 在实训中，当遇到安装、拆卸和接线等操作时，为避免因不当操作而影响设备安全，请先关闭实训台电源，确认无误后再通电。初次操作时应严格按照操作步骤进行，待指导老师确认无误后，再通电。

4. 实训结果

写出实训结果、遇到的问题、解决方法以及实训心得体会。

2.5.5 实训 5 画面分割器的连接与调试

1. 实训目的

1）监控系统熟悉画面分割器的组成与原理。

2）掌握画面分割器的连接方式。

3）掌握画面分割器的基本调试方法。

2. 实训设备

1）画面分割器、摄像机和监视器。

2）便携式万用表、一字螺钉旋具、十字螺钉旋具、插接线和视频线等。

3. 实训步骤与内容

（1）实训连接图

为避免不当操作而影响设备安全，应先关闭实训台电源，按照图 2-67 所示进行硬件连接。

（2）系统调试

1）系统正确连线及通电。

参考图 2-67 所示的连线图接线，确保无误后再通电，并打开监视器的输入通道 1 和浏览开关，此时监视器上会显示视频画面。

2）标题、时间和日期的设置。

见四画面处理器使用说明书。

① 设置各通道标题。如将通道 1 设置为 CH1，将通道 2 设置为 BB，将通道 3 设置为 QQ3，将通道 4 设置为 4MN，将显示设置为开。

② 设置日期和时间。如将日期设置为 12 月 20 日 2008 年，时间设置为 10h3min59s。

3）自动切换设置。

见四画面处理器使用说明书。

① 将某通道视频信号设置为镜像。

② 设定通道 1~4 及四分割画面跳动间隔的时间。

③ 设置完成后返回现场。

④ 按〈AUTO〉键（短）进入自动切换模式，观察监视器画面的变化。

⑤ 当欲观察某一特定画面时，可按〈FREEZE〉键进行画面冻结。

4）移动侦测设置。

见四画面分割器使用说明书。

① 将某通道设置为可移动侦测，如将通道 1 的移动侦测功能打开，将侦测帧数选定为 04，灵敏度选定为 06，报警区域设置为全画面。

② 用手在 1 号摄像机的摄像头前晃动，监视器上应自动显示出通道 1 的画面，并且屏幕的右上角显示字母 M，同时蜂鸣声响起。

③ 同理，可以测试通道 2、3 和 4 的移动侦测功能。

注意：在本实训装置中的各类摄像机电源不同，应严格按照图样进行接线，并等指导教师确认无误后才可以通电。

4. 实训结果

写出实训结果、遇到的问题、解决方法以及实训心得体会。

2.5.6 实训 6 矩阵控制主机的基本操作

1. 实训目的

1）了解矩阵控制主机的作用及其应用方法。

2）掌握矩阵控制主机的基本操作方法。

2. 实训设备

1）矩阵控制主机、监视器和摄像机。

2）便携式万用表、一字螺钉旋具、十字螺钉旋具、插接线和视频线等。

3. 实训步骤与内容

1）熟悉矩阵控制主机、监视器、摄像机等设备以及它们的外观及引线端子。

2）矩阵控制主机的基本操作。

要求教师按照图 2-81 所示的矩阵视频监控系统图将系统连接好，并完成相应设置，然后由学生完成如下操作。

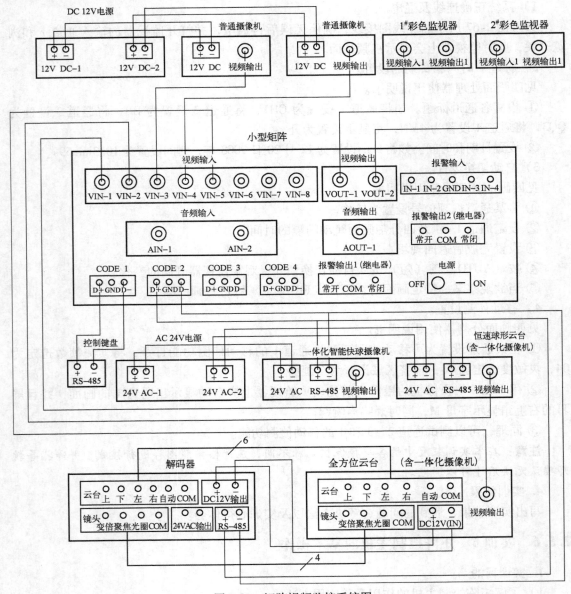

图 2-81　矩阵视频监控系统图

① 调某一监视器为受控监视器。在键盘数字区输入所想调用的有效监视器号，按键盘〈MON〉键，这时监视器显示区显示新输入的监视器号。

② 将摄像机切换到受控监视器上。在数字键区输入需要调用的摄像机号。按键盘上〈CAM〉键。此时该摄像头画面应切换至指定的监视器上，摄像机显示区显示新输入的摄像机号。

③ 操作杆的操作。在键盘右边有 1 个操作杆可控制摄像机云台的动作。偏动并保持操作杆到想要云台移动的方向移动云台，从而使摄像机图像能在上、下、左、右、左上、左下、右上、右下 8 个方向内移动。将操作杆回复到中心位置，云台即停止移动。

④ 镜头控制。控制镜头变焦、聚焦和调光圈等。在键盘右边有一组按键可控制摄像机的可变镜头，这些键是，〈CLOSE〉/〈OPEN〉键用于镜头的光圈控制，通过这两个键可以改变镜头的进光量，从而获得适中的视频信号电平。〈NEAR〉/〈FAR〉键用于镜头的聚焦控制，通过这两个键可改变镜头的聚焦，从而获得清晰的图像。〈WIDE〉/〈TELE〉键用于改变镜头的倍数，通过这两个键可改变镜头的变焦倍数，从而获得广角或特写画面。

注意： 摄像机云台、镜头的操作要在摄像机被调至受控监视器上时才能进行。

⑤ 报警确认与清除。用一个监视器设防来响应报警，当按下紧急按钮时，可触发报警，并且快球摄像机立即转到指定预置位，监视器上显示报警画面，然后进行报警消除。

4. 实训结果

写出实训结果、遇到的问题、解决方法以及实训心得体会。

2.5.7 实训 7 矩阵控制主机的连接与调试

1. 实训目的

1）熟悉矩阵监控系统的组成与原理。

2）掌握矩阵监控系统的连线方式。

3）熟悉矩阵控制主机键盘上各按键的功能。

4）掌握一体化智能快球摄像机的基本操作、预置点以及扫描的有关操作。

5）掌握恒速球形云台的控制方法。

6）掌握矩阵的自由切换、程序切换、同步切换以及群组切换的功能。

7）掌握报警警点的输出设置以及警点设防、撤防。

8）掌握报警警点的确认、撤防以及报警记录的查看。

2. 实训设备

1）矩阵控制主机、摄像机和监视器。

2）便携式万用表、一字螺钉旋具、十字螺钉旋具、插接线和视频线等。

3. 实训步骤与内容

（1）实训连接图

按照图 2-82 所示进行硬件连接，矩阵视频监控系统接线图如图 2-82 所示。

（2）系统调试

1）系统正确连线。

参考图 2-82 所示的连线图接线，确保无误后再通电，并通过遥控器或是面板的按键打开两个彩色监视器的视频输入通道 1 和浏览开关（内部功能，设标注在图上），此时监视器

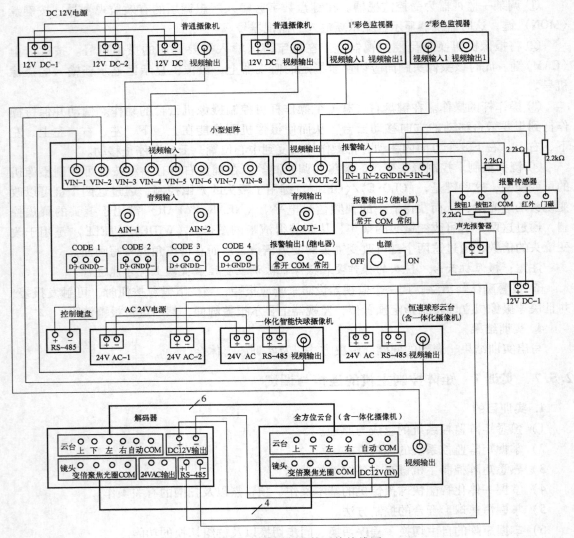

图 2-82　矩阵视频监控系统接线图

上会显示视频画面。

2）矩阵键盘的通信及协议设置。

见矩阵控制器使用说明书。

注意：当键盘与矩阵进行通信时，波特率为 9600bit/s，协议为 Matrix-M。

3）摄像机切换设置。

见矩阵控制器使用说明书的操作说明。

① 输入用户密码对键盘操作解锁。

② 按下〈1＋MON〉和〈2＋CAM〉，可切换 VIN-2 的视频信号在 1 号监视器显示。

③ 同理可以将摄像机 1～4 号中的任何一路切换到 1# 或 2# 监视器上显示。

4）语言、时间和日期、监视器以及摄像机的设置。

① 系统语言可选择中文和英文。

② 设置日期和时间。将日期设置成××月××日××年，时间设置成××时××分××秒。

③ 设置每个监视器屏幕上显示的项目内容。1：不显示，0：显示。

④ 设置各通道的标题。

5）一体化智能快球摄像机的调试与控制设置。

① 一体化智能快球摄像机的地址码默认设置为 1，因此必须确定一体化智能快球摄像机被接在矩阵主机视频输入 1 通道，它的 RS-485 通信线被连接在矩阵的 CODE2 端口的 D＋和 D－。

② 通过菜单编程对一体化智能快球摄像机选择合适的控制协议：PELCO-D 9600。

③ 根据不同的使用环境和不同的使用要求，进入一体化智能快球摄像机的菜单可对一体化智能快球摄像机的参数进行配置。

④ 一体化智能快球摄像机的常用功能。

- 使用矩阵键盘在 1# 或 2# 监视器上显示一体化智能快球摄像机的监控画面。
- 上、下、左、右、左上、左下、右上、右下 8 个方向摇动矩阵的操作杆，观察画面的变化过程，注意操作杆与移动的速度。
- 矩阵键盘的按钮 CLOSE/OPEN 用于控制镜头的光圈；NEAR/FAR 用于控制镜头的聚焦；WIDE/TELE 用于改变镜头的倍数，能拉近或者推远观察画面。

⑤ 完成 3 个预置点的设置、调用以及清除，并用设置好的预置点完成扫描功能。

6）恒速球形云台（含一体化摄像机）设置及调试。

① 确保恒速球形云台（含一体化摄像机）接在矩阵主机视频输入 2 通道上，RS-485 通信线被连接在矩阵的 CODE2 端口的 D＋和 D－。

② 常用的功能。

- 使用矩阵键盘在 1# 或 2# 监视器上显示一体化智能快球摄像机的监控画面。
- 上、下、左、右、左上、左下、右上、右下 8 个方向摇动矩阵的操作杆，观察画面的变化过程，注意操作杆与移动的速度。
- 矩阵键盘的按钮 CLOSE/OPEN 用于控制镜头的光圈；NEAR/FAR 用于控制镜头的聚焦；WIDE/TELE 用于改变镜头的倍数，能拉近或者推远观察画面。

7）全方位云台（含一体化摄像机）设置及调试。

① 确保全方位云台（含一体化摄像机）接在矩阵主机视频输入 5 通道上，RS-485 通信线连接在矩阵 CODE2 端口的 D＋和 D－上。

② 常用的功能。

- 使用矩阵键盘在 1# 或 2# 监视器上显示一体化摄像机的监控画面。
- 上、下、左、右、左上、左下、右上、右下 8 个方向摇动矩阵的操作杆，观察画面的变化过程，注意操作杆与移动的速度。
- 矩阵键盘的按钮 CLOSE/OPEN 用于控制镜头的光圈；NEAR/FAR 用于控制镜头的聚焦；WIDE/TELE 用于改变镜头的倍数，能拉近或者推远观察画面。

8）自由切换设置、运行。

见矩阵操作说明书的系统自由切换部分。

① 在矩阵主机键盘上编程一个自由切换队列，如在 1# 彩色监视器上切换 1～4 号摄像机画面，图像的停留时间为 3s。

② 运行自由切换队列，观察监视器画面的变化。

③ 在运行一段时间后，改变自由切换运行的方向。

④ 预观察某一特定的画面时，可按〈HOLD〉键或按〈n + CAM〉键停止切换的运行。

9）程序切换设置、运行。

见矩阵操作说明书之程序切换的设置和系统程序切换设置的内容。

① 在矩阵菜单编一个程序进行切换：1 号摄像机在监视器上的停留时间为 6s，同时自动调用 1 号预制点，2 号摄像机的停留时间为 3s，3 号摄像机的停留时间为 7s，4 号摄像机的停留时间为 5s。

② 运行程序切换，观察监视器画面的变化。

注意：同一个程序切换队列可以在多个监视器上同时运行。

③ 在运行一段时间后，改变程序切换运行的方向。

④ 预观察某一特定的画面时，可按〈HOLD〉键或按〈n + CAM〉键停止切换的运行。

10）报警联动的实验。

见矩阵操作说明书之报警设置和警点操作的内容。

① 报警端口的设置选择并行端口，并将报警输出设置如表 2-12 所示。

表 2-12 报警输出设置

警　点	监视器	摄像机	预　置	辅　助
001	01	001	01	00
002	02	002	00	00
003	01	003	00	00
004	02	004	00	00

② 设防 1、2、3、4 号警点。

③ 门磁报警联动。将门磁打开，观察报警连动输出设备，即监视器画面的变化及声光报警器的状态。2# 监视器上自动显示 4 号摄像机画面，屏幕的状态显示区显示为 A004，蜂鸣声响起，声光报警器也鸣叫报警。

将门磁闭合，确认并清除报警，观察报警连动输出设备，即监视器画面的变化及声光报警器的状态。

④ 红外探测器报警联动。触发红外探测器，观察报警连动输出设备，即监视器画面的变化及声光报警器的状态。1# 监视器上自动显示 3 号摄像机画面，屏幕的状态显示区显示为 A003，蜂鸣声响起，声光报警器也鸣叫报警。

将红外探测器复位，确认并清除报警，观察报警连动输出设备，即监视器画面的变化及声光报警器的状态。

⑤ 紧急按钮 1 报警联动。按下紧急按钮，观察报警连动输出设备，即监视器画面的变化及声光报警器的状态。1# 监视器上自动显示 1 号摄像机画面，屏幕的状态显示区显示为 A001，蜂鸣声响起，声光报警器也鸣叫报警。

复原紧急按钮，确认并清除报警，观察报警连动输出设备，即监视器画面的变化及声光报警器的状态。

⑥ 紧急按钮 2 报警联动的操作同紧急按钮 1。

⑦ 查看报警记录。

（3）注意事项

1）本实验装置中智能快球的地址为01、协议及波特率为 PELCO-D 9600；恒速球形云台（含一体化摄像机）的地址为02、协议及波特率为 PELCO-D 9600；全方位云台（含一体化摄像机）的地址为05、协议及波特率为 PELCO-D 9600。

2）各类摄像机电源不同，连接时千万不能出错。

4. 实训结果

写出实训结果、遇到的问题、解决方法以及实训心得体会。

2.5.8 实训8 硬盘录像机的基本操作

1. 实训目的

1）了解硬盘录像机的作用及其应用。

2）掌握硬盘录像机的基本操作方法。

2. 实训设备

1）硬盘录像机、监视器和摄像机。

2）便携式万用表、一字螺钉旋具、十字螺钉旋具、插接线和视频线等。

3. 实训步骤与内容

1）熟悉硬盘录像机、监视器、摄像机等设备以及它们的外观及引线端子。

2）硬盘录像机的基本操作。

要求教师按照图 2-83 所示将系统连接好并完成相应设置，然后再由学生完成如下操作。

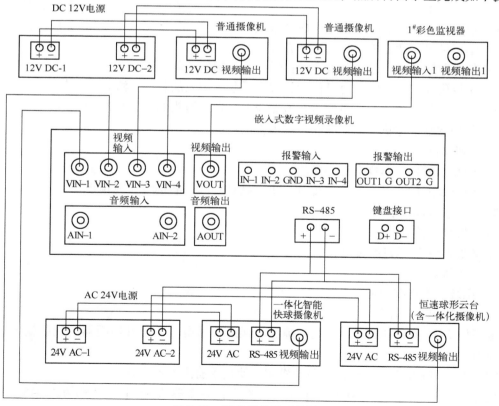

图 2-83 硬盘录像机系统图

① 开机。打开后面板电源开关，设备开始起动，"电源"指示灯呈绿色。

② 预览。设备正常启动后会直接进入预览画面，在预览画面上可以看到叠加的日期、时间、通道名称。屏幕下方有 1 行表示每个通道的录像、报警状态图标、系统当前时间及主口和辅口输出状态。

按数字键可以直接切换通道并进行单画面预览。

按〈编辑〉键，可以按通道顺序进行手动切换。

按〈多画面〉键，可以对显示的画面数进行选择、切换。

③ 关机。当系统处于停止录像状态时，按下面板或遥控器上的开关键，系统关闭。

④ 录像操作。可按照设置好的时间定时录像或报警触发时自动录像。

⑤ 停止录像。对于定时录像，时间一到，录像停止；对于报警录像，在报警消除后，录像停止。

⑥ 放像操作。选择某一通道进行放像操作。

⑦ 云镜控制。进入云台控制操作界面，可通过〈↑〉、〈↓〉、〈←〉、〈→〉4 个方向键控制云台上、下、左、右。可通过按键控制镜头的变焦、聚焦和光圈等。

4. 实训结果

写出实训结果、遇到的问题、解决方法以及实训心得体会。

2.5.9　实训 9　硬盘录像机的连接与调试

1. 实训目的

1）熟悉硬盘录像监控系统的组成与原理。

2）掌握硬盘录像监控系统的连线方式。

3）熟悉数字硬盘录像机面板和遥控器上各按键的功能。

4）掌握硬盘录像机的定时录像功能和查看录像记录的各种方法。

5）掌握一体化智能快球摄像机和恒速球形云台及镜头的控制操作。

6）掌握硬盘录像机移动侦测、外部报警的功能。

2. 实训设备

1）硬盘录像机、监视器和摄像机。

2）便携式万用表、一字螺钉旋具、十字螺钉旋具、插接线和视频线等。

3. 实训步骤与内容

（1）实训连接图

按照图 2-84 所示进行硬件连接。

（2）系统调试

1）系统正确连线及通电。

见监视器的基本操作部分。

参考图 2-84 所示的连线图接线，确保无误后再通电，并打开监视器的视频输入 1 通道和浏览开关。

2）启动系统并登录（见硬盘录像机用户使用手册之基本设置）。

注意：设备出厂时已经建有一个管理员用户，其名称为 admin，密码为 12345，强烈建议不要修改密码。

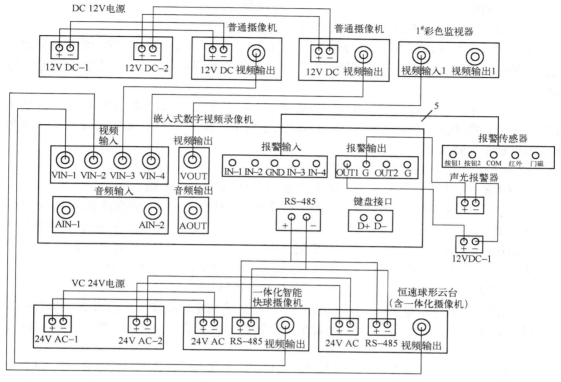

图 2-84　硬盘录像机系统接线图

3）启用遥控器。

将遥控器对准硬盘录像机的接收窗，先按〈设备〉键，再按设备号，然后确认，此时硬盘录像机的状态灯呈绿色，遥控器上的按键有效。

注意：设备号是硬盘录像机的 ID 号，默认的设备号是 88。在录像机断电后，遥控器需重新启用，否则按键无效。

4）本地预览设置。

① 设置视频的输出制式。我国的视频输出制式为 PAL 制。

② 选择 VGA 参数。主要是分辨率和屏幕保护时间。

③ 设置日期和时间。如将日期设置成×××年××月××日，时间设置成××时××分××秒。

④ 设置通道标题。如将通道 1 标题设置成 "AA"，通道 2 标题设置成 "C2"，通道 3 标题设置成 "pp3"，通道 4 标题设置成 "RT" 等。各通道的画面根据实际情况和需求决定是否开启遮盖和插入时钟等。

⑤ 视频输入参数设置。包括亮度、色调、对比度和饱和度，修改视频输入参数不仅会影响到预览图像，而且会影响到录像图像。

⑥ 预览属性设置。本实训装置的输出端口为主输出，根据需要选择预览模式、切换时间等参数。

5）摄像机切换设置。

按〈多画面〉键可以对显示的画面数进行选择和切换。

6) 一体化智能快球摄像机的控制及调试。

① 一体化智能快球摄像机的地址码默认设置为1，所以必须确定一体化智能快球摄像机接在录像机视频输入1通道上，一体化智能快球摄像机的 RS-485 通信线连接在录像机的 RS-485 接口上。

② 通道1的解码器设置（见硬盘录像机用户使用手册关于云台控制设置部分），通过菜单对一体化智能快球摄像机选择合适的协议及波特率，即 PELCO-D 9600，解码器地址为01，其他选项为默认值，不需修改。

③ 一体化智能快球摄像机的常用功能。

• 使用遥控器在监视器上显示一体化智能快球摄像机的监控画面。

• 通过〈云台控制〉键可进入云台控制操作界面，操作方向键，观察画面的变化过程。

• 按键〈光圈+/光圈-〉用于控制镜头的光圈，〈调焦+/调焦-〉用于控制镜头的聚焦，〈变倍+/变倍-〉用于改变镜头的倍数（能拉近或者推远观察画面）。

④ 完成3个预置点的设置、调用以及删除，并用设置好的预置点完成巡航功能。

7) 恒速球形云台（含一体化摄像机）的控制及调试。

① 恒速球形云台的地址码默认设置为2，所以必须确定恒速球形云台（含一体化摄像机）接在录像机视频输入2通道，恒速球形云台的 RS-485 通信线连接在录像机的 RS-485 接口上。

② 通道2的解码器设置（见硬盘录像机用户使用手册关于云台控制设置部分），通过菜单对恒速球形云台选择合适的协议及波特率，即 PELCO-D 9600，解码器地址为02，其他选项为默认值，不需修改。

③ 一体化摄像机的常用功能。

见参见硬盘录像机用户使用手册之云台控制部分。

• 使用遥控器在监视器上显示一体化智能快球摄像机的监控画面。

• 通过〈云台控制〉键可进入云台控制操作界面，操作方向键，观察画面的变化过程。

• 按键〈光圈+/光圈-〉用于控制镜头的光圈，〈调焦+/调焦-〉用于控制镜头的聚焦，〈变倍+/变倍-〉用于改变镜头的倍数（能拉近或者推远观察画面）。

8) 录像及回放的实验。

见硬盘录像机用户使用手册之手动录像、回放和录像设置部分。

① 录像参数设置（见硬盘录像机用户使用手册之录像设置部分）。根据实际需求进行选择。

② 定时录像设置。如每周一至周五上午08：10~11：40、下午14：10~16：45对通道3进行录像。

③ 查看通道3某天的录像记录。可根据需要，进行选时播放、慢速播放、快进播放、单帧播放。

9) 报警联动的实验。

① 报警设置（见硬盘录像机用户使用手册之信号量报警部分）。

以第一路报警输入为例，选择报警类型为常开型，布防时间为星期一~星期日的8：00~22：00，触发通道1进行录像，PTZ 联动为预置位1，触发报警输出为1~4，报警输出设置为星期一～星期日的 8：00～22：00。

② 按下手动按钮 1，观察报警联动输出设备，即监视器画面的变化及声光报警器的状态。

③ 门磁、被动红外探测器的报警联动实验参照上述的操作。

10）移动侦测报警联动的实验。

见硬盘录像机用户使用手册之移动侦测报警部分。

① 以通道 2 为例，设置通道 2 的移动侦测的有效区域为全屏，移动侦测灵敏度为 5，移动侦测的布防时间为星期一～星期日的 8：00～22：00，触发通道 2 进行录像，触发报警输出为 1～4，报警输出设置为星期一～星期日的 8：00～22：00。

② 用手在通道 2 摄像机的摄像头前晃动，观察报警连动输出设备，即监视器画面的变化及声光报警器的状态。

③ 同理，可以测试通道 1、3 和 4 的移动侦测功能。

11）视频信号丢失报警联动的实验。

见硬盘录像机用户使用手册之视频丢失报警部分。

① 以通道 3 为例，设置通道 3 的视频丢失为处理，视频丢失的布防时间为星期一～星期日的 8：00～22：00，触发报警输出 1～4，报警输出设置为星期一～星期日的 8：00～22：00。

② 将视频输入 3 电缆撤去，观察报警连动输出设备，即监视器画面的变化及声光报警器的状态。

12）遮挡报警联动的实验。

见硬盘录像机用户使用手册之遮挡报警部分。

① 以通道 4 为例，设置通道 4 的遮挡报警为处理，区域为全屏，遮挡报警的布防时间为星期一～星期日的 8：00～22：00，触发报警输出 1～4，报警输出设置为星期一～星期日的 8：00～22：00。

② 用书本将通道 4 的摄像机镜头遮挡起来，观察报警连动输出设备，即监视器画面的变化及声光报警器的状态。

13）日志查询。

见硬盘录像机用户使用手册之日志查询部分。

进入"日志"界面可以查看硬盘录像机上记录的工作日志，可按"类型""时间""类型 & 时间"进行查询。

（3）注意事项

1）本实验装置中一体化智能快球摄像机的地址为 01、协议及波特率为 PELCO-D　9600；恒速球形云台（含一体化智能快球摄像机）的地址为 02、协议及波特率为 PELCO-D　9600。

2）各类摄像机电源不同，连接时不能出错。

4. 实训结果

写出实训结果、遇到的问题、解决方法以及实训心得体会。

2.5.10　实训 10　设计并组建一个视频监控系统

1. 实训目的

1）熟悉整个视频监控系统的设计流程。

2）综合考查学生对视频监控系统的掌握程度和实际应用能力。

2. 实训设备

1）视频监控系统的实训装置。

2）便携式万用表、一字螺钉旋具、十字螺钉旋具、插接线和视频线等。

3. 实训内容

由指导老师给定住宅小区（或写字楼、图书馆等）的平面图，对此区域进行视频监控系统设计，并在某些区域可进行报警录像。

1）功能要求如下。

① 至少可监视 3 处的视频情况，并且至少有一路摄像机可设置预置位。

② 至少有两处可进行报警，报警时能联动监视器监视报警画面，并进行报警画面录像。

2）将选择的设备记录下来。

3）绘制相应的系统连接图。

4. 实训结果

写出实训结果、遇到的问题、解决方法以及实训心得体会。

2.5.11　实训 11　网络硬盘录像机的连接与调试

1. 实训目的

1）了解网络硬盘录像系统的组成与原理。

2）熟悉网络硬盘录像机的基本操作。

3）掌握网络视频监控系统的连线方式。

4）掌握网络硬盘录像机的调试方法

2. 实训设备

1）网络硬盘录像机（NVR）、网络摄像机（IP-CAM）、网络交换机和监视器。

2）便携式万用表、一字螺钉旋具、十字螺钉旋具、插接线和网线等。

3. 实训步骤与内容

（1）熟悉网络硬盘录像机、监视器、网络摄像机等设备以及它们的外观和接线端子。

（2）实训连线图

按照图 2-85 所示进行硬件连接。

（3）系统调试

1）系统正常连线及通电。

参考图 2-85 所示的连线图接线，确保无误后再通电，并打开监视器进行浏览操作。

2）启动网络硬盘录像机（NVR）

启动网络硬盘录像机系统并登录，参见网络硬盘录像机用户使用手册完成基本设置。

3）启动 IPCAM 设置。

在计算机上启动 IPCAM 设置软件，根据产品说明书完成网络摄像机的设置。

4）设置网络硬盘录像机的监控功能。

将网络摄像头与网络硬盘录像机调试成功后，参照实训 9 "硬盘录像机的连接与调试"的实训内容，在网络硬盘录像机中完成相应的功能设置。

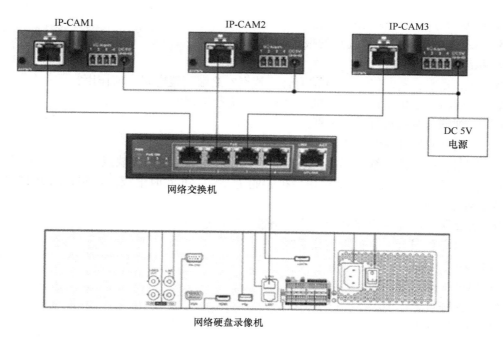

图 2-85　网络视频监控系统连线图

4. 实训结果

写出实训结果、遇到的问题、解决方法以及实训心得体会。

2.6　本章小结

视频监控系统由前端、传输和终端 3 大系统构成。前端通常由摄像机、云台和解码器组成，完成图像的采集。传输系统由线缆承担，常用的线缆有同轴视频电缆、双绞线和光纤，主要用来传输视频信号和控制信号。终端主要由视频分配器、画面分割器、监视器、显示器、录像机和报警处理器构成，用于图像显示、图像记录、图像存储、前端设备的控制和报警。

2.7　思考题

1. 当镜头一定时，所摄制的目标要大，试问焦距应如何调整？为什么？

2. 若要鉴别 6m 处的汽车正面（可识别车型、车牌号），假设车身宽度为 2m，高为 1.6m CCD 尺寸为 1/3in，应配置多大焦距的镜头？

3. 自动光圈的驱动方式有几种？驱动方式有何不同？

4. 彩转黑摄像机、彩色摄像机、黑白摄像机各有何特点？在工程配置中如何选择它们？

5. 在视频传输过程中，何种情况下采用双绞线传输？试画出传输系统图，并简要进行说明。

6. 如果没有解码器，那么如何检查云台是否运转正常？

7. 球形云台的主要特点是什么？

8. 系统主机（硬盘录像机）的报警联动指的是什么？

9. 系统使用权限通常设有几级？

10. 什么是码转器？RS-485 通信有什么特点？终端配置电阻有何作用？

11. 解码器与主机（硬盘录像机）之间如何进行连接？

12. 监视器与电视机有什么区别？

13. 网络视频监控系统与传统视频监控系统的区别？

14. 网络视频监控系统的存储技术有哪些，并简述其各自的优缺点？

15. 某视频监控系统共有 16 台摄像机，业主要求 24h 实时记录，存储时间为 15 天，试配置相应容量的硬盘。

16. 什么是视频监控报警联动？简述报警联动的过程。

17. 为某单位设计一个视频监控系统。

（1）系统包括以下内容

1）电梯 6 部，分别置于 3 栋大楼内。

2）重要路口为 3 个。

3）不规则的 1000m² 广场。

4）主入口 1 个，副入口 3 个。

5）办公楼内重要仓库为两间，分别在底楼和最高一层。

6）周界为 1 200m。

7）一个地下 500m² 停车场。

（2）具体要求

1）根据上述条件自构一幅平面图。

2）设计标准、设备配置均合乎经济性、先进性、兼容性和可扩充性。

3）编写设计报告，必须有设计依据、系统特点、系统功能、系统配置图和系统平面图（可自构一幅平面图作为蓝本）等材料。

第3章 入侵报警系统

入侵报警系统是利用传感技术和电子信息技术，探测并指示非法入侵或试图非法入侵设防区域的行为、处理报警信息、发出报警信号的电子系统或网络。通常意义上指的是，对公共场合、住宅小区、重要部门（楼宇）及家居安全的控制和管理。

3.1 入侵报警系统的组成

入侵报警系统一般由前端报警探测器、信号传输媒介和终端的管理及控制部分组成，如图 3-1 所示。

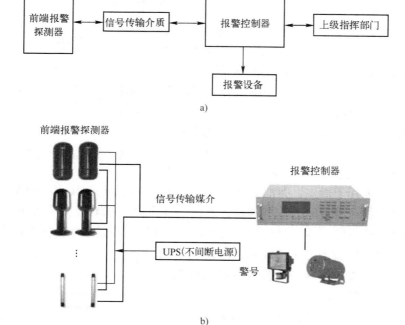

图 3-1　入侵报警系统
a）组成框图　b）周界入侵报警系统示意图

下面，依次对市场上常见的防范设备、系统组成进行介绍。

3.1.1 前端报警探测器

安防系统的前端设备可谓是琳琅满目，常用的有红外探测器、微波探测器、振动探测器、泄漏电缆探测器以及门磁探测器、烟感探测器和气体泄漏探测器等。下面对小区安全防范中常见的探测器进行介绍。

1. 主动式红外对射探测器

红外探测器是一种辐射能转换器材，它主要通过红外接收器将收到的红外辐射能转换为便于测量或观察的电能和热能。根据能量转换方式不同，红外探测器可分为光子探测器和热探测器两大类，即平常所说的主动式红外对射探测器和被动式红外探测器。

（1）主动式红外对射探测器工作原理

主动式红外对射探测器又称为光束遮断式感应器，由一个发射器和一个接收器组成，其组成示意图如图3-2所示。

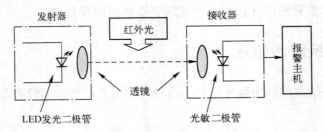

图3-2　主动式红外对射探测器组成示意图

发射器内装有用来发射光束的红外发光二极管，其前方安装一组菲尼尔透镜（其原理示意图如图3-3所示）或双元非球面大口径二次聚焦光学透镜，其作用是将发送端（主机）发射的呈散射的红外光线进行聚焦，呈平行状发射至接收端（从机）。

接收端内置有光敏二极管，用于将红外光转换为电流，其受光方向同样装有一组镜片，其作用是对环境强光进行过滤，避免受强光（如汽车灯光）的影响；

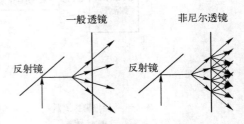

图3-3　菲尼尔透镜原理示意图

另一个作用主要用于聚焦，即把主机发来的平行红外光聚焦到接收端的光敏二极管上。

主动式红外对射探测器的工作过程是，发送端（主机）LED红外光发光二极管作为光源，由自激多谐振荡器电路直接驱动，产生脉动式红外光，经过光学镜面进行聚焦处理，将散射的红外光束聚焦成较细的平行光束，由接收（从机）端接收。一旦光线被遮断时，接收端电路状态即发生变化，就会发出警报。

在图3-4a中，由发射端发送的两束红外线至接收端，形同一道栅栏，只是看不见而已，构筑了这一区段的防范。如果有人企图跨越该区域，且两束的红外线被同时遮断，接收端由于无法收到发射端发送的光束，如图3-4b所示，随即由接收端输出报警信息，触发管理中心报警主机。图3-4c则表示，若当有小猫（或飞禽、落叶）跨越保护区域时，其体型较小，仅能遮断一束红外射线（或时间短促），则接收端视为正常，不进行异常处理，管理主机当然不会做出报警处理。

同样一道防线，当人与小动物通过时，会产生两种

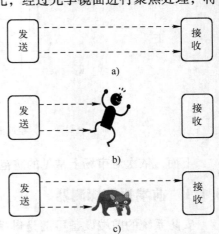

图3-4　主动式红外对射探测器入侵报警工作原理示意图

完全不同的结果，这一结果正是我们所企盼的；反之，两者产生的结果相同，周界防范将这一现象称为误报，显然这是我们所不希望的，也是尽量要避免的。

为了减少漏报或误报现象，接收端的响应时间（短遮光时间）往往被做成可调的，通常在50～500ms的范围内调整。

多光束探测器，还可设置完全被遮断或按给定百分比遮断红外光束报警。近来又运用了数字变频的技术，即发射机与接收机的红外脉冲频率经过数字调制后是可变的，接收机只认定所选好的频率，而对于其他频率则不予理会，这样可以有效防止入侵者有目的地发射某种频率的红外光入侵防区，而使防区失去防范能力。

"捕捉"非法入侵者的过程是通过探测器发射红外线，在第一时间内把来者拒之门（墙）外，不让他有机可乘。通常把这种防范方式称为主动式。主动式红外探测器因此而得名。

红外探测器除主动式对射探测器外，还有一种称为被动式红外探测器的安防设备。由于它的工作方式有别于主动式红外探测器，主要用于室内，所以将在家居安全防范一节中详细介绍。

此外，为解决单方向红外光束不能解决太阳光的干扰问题，最近出现一种互射式红外对射探测器。这种互射式的探测器在主机与从机之间互射红外光束，其原理示意图如图3-5所示，它的防范机理和主动式红外对射探测器相同。

图3-5　互射式红外对射探测器原理示意图

（2）主动式红外对射探测器的结构

主动式红外对射探测器设有红外发射器（主机）、红外接射器（从机）、信号处理电路及与之配套的光学镜片、受光器校准（强度）指示灯、防拆开关以及用来调试技术参数的相关单元，即发射距离及发射功率调整、光轴水平/垂直角度调整、射束周期及遮断检知调整。尽管主动红外对射探测器型号各有不同，但其内部器件、电路和结构大同小异。

此外，由于红外探测器多半工作在室外，长期受到太阳光和其他光线的直接照射，容易引起探测器接收端的误动作，所以红外探测器的外罩材料都添加可以过滤外界红外干扰和辐射的物质，在图3-6所示的主动式红外对射探测器结构图中，双光束探测器外部采用黑色装饰也是基于此理，以减少漏报或误报。

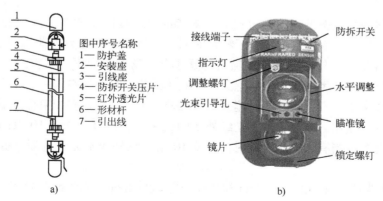

图中序号名称
1—防护盖
2—安装座
3—引线座
4—防拆开关压片
5—红外透光片
6—形材杆
7—引出线

接线端子　　防拆开关
指示灯
调整螺钉　　水平调整
光束引导孔　　瞄准镜
镜片
锁定螺钉

a)　　　　　　　　　b)

图3-6　主动式红外对射探测器结构图

a）栅栏型　b）双光束聚光型

（3）主动式红外对射探测器的类型

1）主动式红外对射探测器按光束数分类有单光束、双光束、三光束、四光束和四光束以上［习惯上将四光束以上称为红外栅栏（杆）］。主动式红外对射探测器如图3-7所示。

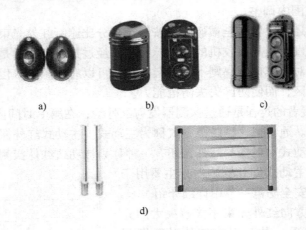

图 3-7　主动式红外对射探测器
a）单光束　b）双光束　c）三光束　d）多光束（栅型）

多光束与单光束主要是在使用场合上有所区别。

当单光束工作时，只需遮断一束红外线探测器就有输出，所以小物体穿越时很容易产生误报。另外，由于只有一条光束，也容易从光束的上部跨过而发生漏报。

双光束的使用可以较好地解决小物体产生误报的问题。双光束报警器在电路上是一种与门结构，由双光束组成一组双光束警戒线，只有同时遮挡两束光时，才产生报警信号。这在一定程度上大大克服了单光束误报或漏报的缺点，但是由于双光束也仅为一组警戒线，所以仍然存在跨过或钻过警戒线造成漏报的可能。

四光束提出的目的在于，克服单光束和双光束存在漏报的缺陷。四光束红外探测器光束结构是，上、下两光束各为一组，两组电路在逻辑上为"或"的关系，即当同时遮挡上面两束光或同时遮挡下面两束光时才会产生报警信号，这就大大改善了双光束只有一组警戒线容易造成的漏报状况。

六光束则需完全或按设定的百分比同时被遮断时，探测器才会进入报警状态（如果只触发5个或5个以内，而触发持续过了特定时限，系统就被判定为报警）。很明显，如果将单光束的探测器装在室外，当一只小猫甚至是小鸟、落叶、大雨、冰雹或一只小老鼠通过时，都会引起报警而产生误报。可以想象，一只小猫或一只小鸟在同一时间内完全遮断两束红外线的几率非常小，更不用说同时遮断6束红外线了。因此，多光束探测器的误报率比较低，适合室外安装使用。当然，也不是红外线的光束越多越好，如有10束的红外线，假设需百分百光束遮断，当有人非法入侵时，只要10束的红外线不完全遮断，探测器显然是不会报警的。

2）按红外波长分常用的有840nm和960nm波段的红外发光管或激光管。

3）按安装环境分类有室内型和室外型。室内型多半为单束光型。

4）按光束的发射方式分有调制型和非调制型。

5）按探测距离分，主动式红外对射探测器的探测距离规格有10m、20m、30m、40m、60m、80m、100m、150m、200m和300m等。

6）按传输方式分有有线式、无线式及有线与无线兼容式。

7）按发射机与接收机设置的相对位置不同，可分为对射型安装方式和反射型安装方式。

当进行反射型安装时，接收机不直接接收发射机发出的红外光束，而是接收由反射镜或其他反射物（如石灰墙、表面光滑的油漆层等）反射回的红外光束。当反射面的位置与方向发生变化或红外发射光束和反射光束之一被阻挡而导致接收机无法接收到红外反射光束时，即发出报警信号。

此外，还有一种脉冲计数型探测器。脉冲计数是指探测器接收到多少个报警脉冲后发出报警。如设脉冲数目为3个，则探测器必须收到第3个脉冲后才会报警。脉冲数目是可调节的，脉冲的数目越多，通常它的灵敏度就越低；脉冲的数目越少，灵敏度就越高，在防范环境不稳定的情况下，要将灵敏度调得低一点。

（4）性能指标

宏泰主动式红外对射探测器的主要性能指标如表3-1所示。

表3-1　宏泰主动式红外对射探测器的主要性能指标

型　号			HT-60	HT-80	HT-100	HT-150
警戒距离			室外60m	室外80m	室外100m	室外150m
光束数			两束			
探测方式			红外线脉冲变调方式			
遮光时间			50～500ms（可调）			
警报输出			IC无电压输出接点（报警时——开及关），接点容量为AC/DC、50V 0.25A（阻抗负载）			
警报保持时间			2s±1s，带报警器记忆功能			
光轴调整范围			水平方向180°（±90°，其中微调范围为±5°）垂直方向10°±5°			
电源电压			DC：10.5～26V无极性或AC：8～18.5V			
指示灯	受光器		报警时亮灯（红色）			
	投光器		投光时亮灯（绿色）			
最大消耗电流（DC12V输入时）	投光器	警戒时 调整时	30mA/40mA			
	受光器	警戒时 调整时	20mA/40mA		30mA/50mA	
使用场所			室外			
使用环境			−25～55℃			
安装方式			墙壁安装			
外观			黑色（聚碳酸脂树酯）			
重量			3.9kg（受光器2.0kg＋投光器1.9kg）			
选择配件（支架安装用配件）			支架后罩、上盖、安装金属部件（φ42.7mmJIS32AU形金属部件或φ42.7mm、φ60.5mm铁环或φ42.7mm、φ60.5mm铁环）			

表中性能指标不同的品牌略有差异。

除以上主要技术参数外，许多主动式红外对射探测器还在一些功能上作了许多改进，主要体现在以下几方面。

1）欠电压报警功能。用于提醒管理人员对系统及时维护，以免造成系统的瘫痪。

2）防雷击电路。主要防止感应雷产生的浪涌电流对系统的破坏。

3）预先定义光束路径阻断数量。这种工作方式适用于红外栅栏，可根据环境或时段需要对有效光束条数重新设置。如根据环境需要可设置为：

① 将最下面的 1 条光束单独设定为延时报警模式或立即报警模式。

② 当两束或 3 束光被阻断时将产生报警信号。

③ 当某一束光被长时间遮断时报警。

4）设置自动增益控制电路（AGC）。用于跟踪环境、气候的变化，自动调整探测器的灵敏度，从而降低系统误报率。

5）设置自动环境识别电路（EDC）。可以避免墙壁等反光干扰。

6）模块化设计。便于探测器的添加及层叠配置。

7）射束遮断数据周期可调。

（5）主动式红外对射探测器的选用

用于周界防范，宜采用防水室外型。

在过道、大门或窗门使用，可选用室内型。

在空旷地带或高围墙、屋顶上使用时，应选用带有防雷装置的主动式红外入侵探测器。

在室外使用且经常有烟、雾的场合，宜选择具有自动增益控制功能电路的探测器。

此外，若两组主动式红外入侵探测器同时在同一水平面上使用时，可选用有数字变频功能的主动式红外入侵探测器，调试时还得把各组探测器调至不同的频率上，以免相互干扰，导致系统误报。

光束选择应根据使用场合而定，如当用于周界围墙防范时，可选双光束主动式红外入侵探测器。若选用单光束探测器，则由于环境比较复杂（如小动物攀爬、树叶飘落等），随时可能遮断仅有的一条光束而导致频繁误报；如选用四光束或多光束主动红外入侵探测器，根据国人的身材，则可能不会遮断所有的光束而导致漏报。为保证探测器的可靠和稳定性，一般用于周界防范场合，选择双光束探测器还是比较合理的。

若用于封门（过道），则应选用多光束探测器，也就是栅栏型，或采用双光束叠层处理。将所选设备的探测距离较实际警戒距离留出 20% 以上余量，以减少气候变化等因素而引起的系统误报警。设计配置时多半选用 100m 以下的产品。

对于红外对射探测器，除特殊情况外，一般不选用无线传输方式，应首先考虑采用有线传输方式。

除此之外，部分厂家还开发了各种外观造型的红外防盗栅栏探测器产品，如路灯式、仿古灯杆式、草坪灯式和内藏式等，与自然环境更加协调，其原理和使用方法与前面介绍的相同。

2. 被动式红外探测器

（1）被动式红外探测器工作原理

被动式红外探测器主要由光学系统（菲涅尔透镜）、热释电红外传感器（PIR）、信号处理和报警电路组成，其框图如图3-8所示。

图3-8　被动式红外探测器组成框图

被动式红外探测器与主动式红外探测器工作原理其实很相似，主动式的红外辐射是由专用发射器完成的，而被动式红外探测器虽然没有这一设施，但却巧妙地利用了人体具有红外发射的这一自然现象。可见，两者区别只在红外发射的方式不同，辐射的强度和辐射的波长不同。主动式红外探测器的接收器接收的是主机的红外线，被动式红外探测器的接收器接收的是人体的红外辐射，手段不同，结果与目的却完全相同。可以看出，被动式红外探测器本身是不发射任何能量的，只是被动地接收和探测来自环境红外辐射的变化，这也就是之所以被称为被动式红外探测器的原因。

被动式红外探测器示意图如图3-9所示。

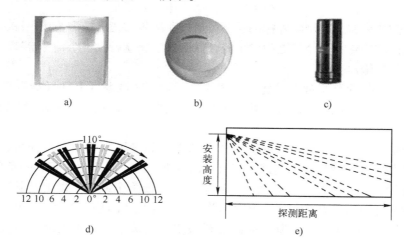

图3-9　被动式红外探测器示意图
a）壁挂式　b）吸顶式　c）室外型　d）俯视图　e）侧视图

被动式红外探测器实施布控过程主要依赖两个部件。

热释电红外传感器（PIR）是其中一个重要器件。该传感器由两个（即双元）特征一致的探测元子组成，反向串联或接成差动平衡电路方式，只有在这两个探测元子同时都被触发后，探测器才能判断是否报警。由于探测元子接成差动平衡电路方式，所以探测元子产生的噪声互相抵消，因此比单元结构式探测器误报率更低。

当探测器在工作时，以非接触方式可检测出 $8 \sim 14 \mu m$ 红外线能量的变化，并将它转变为电信号。人体辐射的红外线为 $10 \mu m$ 左右，正好落在其接收的波长内。被动式红外探测器正是根据这一物理现象实现其探测功能的。

被动式探测器另一个重要器件是菲尼尔透镜。菲尼尔透镜的作用是，对红外辐射进行聚焦，以起到增强作用，然后辐射到 PIR 的探测元上，从而使 PIR 电信号输出加大。

被动式探测器在加电数秒钟后，首先必须自行适应环境温度，在无人或动物进入探测区域时，由于现场的红外辐射稳定不变，所以传感器上输出的是一个稳定的信号，形成一个俯视时呈一扇面的警戒区域，如图3-9d所示。它表示警戒覆盖的范围（通常用角度表示，角度大，其探测覆盖的范围大；反之，则探测的范围小）。图3-9e所示表示探测的距离，表达非法入侵者在多远的探测距离内，探测器能做出响应。由此可见，警戒区域内一旦有人或物入侵，在原始环境温度之外，这时增加了人或物体的红外辐射温度。这一变化，就被热释放器件所感知，从而输出相应的电信号。

被动式红外探测器的另一个重要问题是，如何防止小动物闯入而导致误报。因为它们也会产生红外光辐射，其波长也与人体辐射相近。要区别它们，技术上有两种解决方法。一种是在探测器的透镜结构上，自上而下分为几排，对准防范区域上部设置较多透镜，下部设置相对较少透镜。人体红外辐射集中在脸部、膝部、手臂，这些部位是捕捉红外辐射的重点部位，正好对应上部的透镜；下部透镜较少，接收的红外辐射相对也少，从而弱化了地面小动物红外辐射的接收。第二种办法是，对探测信号进行处理、分析、数据采集，然后根据信号周期、幅度和极性、移动物体的速度、热释红外能量的大小以及单位时间内的位移，由探测器中的微处理器综合比较分析，最终判断出移动物体是人还是小动物。

此外为了防止误报，被动红外探测器还可通过菲尼尔透镜将探测覆盖范围分成一定数量的探测区，当温度变化在两个区之间发生时，探测器电路就触发一个信号脉冲，探测器根据信号脉冲触发报警输出。

由于被动式红外探测器对于温度比较敏感，当防范区域温度上升（如夏天）到与人体温度接近时，就可能出现误报，所以被动式红外探测器往往设置有温度补偿电路，用于消除这一隐患。

为了防止空气流动、环境温度的改变和小动物（如老鼠）等引起的误报，有的报警器还设置有"交替极性脉冲计数"电路，若有入侵者进入时，则产生一正、一负的脉冲信号。防范时，根据设置，只有在一定时间内，当探测到连续两个或两个以上的脉冲时才会触发报警，可见脉冲计数防范方式与环境温度无关。不过要注意的是，采用这一措施，若脉冲个数设置不当，则会导致灵敏度下降，因此需要做步行测试来保证不出现漏报（见调试一节所述）。

PIR探测扇区可视为无限的，直至被物体阻断为止，被动式探测器在室外使用时可形成很大的防范区域，这是主动式红外探测器不可比拟的。

此外，与主动式红外探测器相比，被动式红外探测设备只需要一个探测器，而主动式红外探测器则需要主机和从机两个部分，因此被动式红外探测器安装成本较低，造价低廉。

被动式红外探测器的优点是，由于探测器本身不发生任何辐射，所以器件功耗小；结构简单体积小，安装时隐蔽性好。

缺点是，容易受各种热源、光源、射频辐射或环境温度改变的干扰而造成误报；被动红外线穿透力差，人体若进行伪装遮挡，则不易被探头感知；当环境温度（如夏天）和人体温度接近时，探测灵敏度将明显下降；热释放红外报警器只能安装在室内，其误报率与安装位置、方式有很大关系。

（2）被动式红外探测器的分类

1）按信号传输方式可分为有线和无线两种。

2）按安装方式可分为壁挂式和吸顶式。

3）按使用环境可分为户内防范型和户外防范型。

4）按结构、警戒范围及探测距离的不同可分为单波束型和多波束型两种。

单波束型被动红外探测器，采用反射聚焦式光学系统，利用曲面反射镜将来自目标的红外辐射汇聚在红外传感器上。这种方式的探测器境界视场角较窄，一般在5°以下，但作用距离较远，可达百米。因此称为远距离控制型被动红外探测器，适合狭长走廊、通道和围墙使用。

多波束型被动红外探测器，则采用具有多层光束结构的菲尼尔透镜，它由若干个小透镜组合在一个弧面上，对警戒范围来说呈多个单波束状态，由此组成一个立体扇形呈广角状的热感应区域。多波束型PIR的警戒视场角比单波束型大得多，水平方向可大于90°，垂直视场角最大也可以达到90°，但作用距离较短。

5）根据探测范围可分为广角式（空间式）、幕帘式和方向式幕帘。幕帘式红外探测器探测示意图如图3-10所示。方向式幕帘红外探测器报警示意图如图3-11所示。

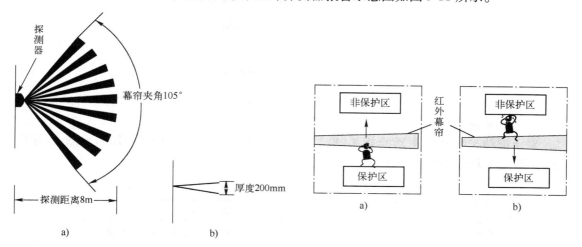

图3-10 幕帘式红外探测器探测示意图   图3-11 方向式幕帘红外探测器报警示意图

幕帘式红外探测器与其他被动式红外探测器技术相同，外观也基本相似，只是它的防范区域类似一道帘子，较适用于防护如门、窗等平面的防范。它的红外幕帘探测器探测方式是，以透镜为始点，展开一个幕帘夹角，有一定厚度和一定距离，形成一堵红外感应幕墙，分别如图3-10a（夹角为105°、距离为8m）、图3-10b（厚度为200mm）所示。在这区域内，只要是带热能的动物从这一区域内经过，其散发的热能将被接收，导致报警。

在幕帘式红外探测器家族中，还有一种方向幕帘探测器，又称为双幕帘式红外探测器。

方向识别帘采用的是"移动矢量判断"技术，把移动方向识别技术应用于幕帘探测器中，这样探测器可识别不同的移动方面。如图3-11所示，当非法入侵者从探测器的非保护区域向保护区域移动、穿越幕帘探头的探测区域时，此探测器立即触发报警，如图3-11b所示。而主人从探测器的保护区域向非保护区域移动、穿越幕帘探头的探测区域时，触发探测器设置了延时功能，在延时期间，从保护区进入幕帘探头的探测区域不会触发报警，如图3-11a所示。这样就留给室内保护对象的主人有更大的活动空间，不必担心触发探测器报警。

幕帘式红外探测器根据安装方法分为墙壁式和吸顶式，如图 3-12 所示。

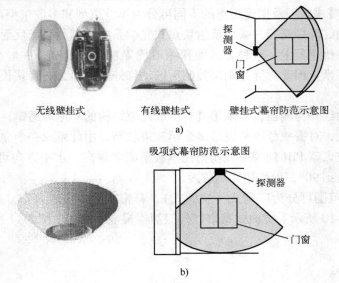

无线壁挂式　　　　有线壁挂式　　　　壁挂式幕帘防范示意图

a)

吸顶式幕帘防范示意图

b)

图 3-12　幕帘式红外探测器

a）墙壁式　b）吸顶式

（3）技术参数

对于被动式红外探测器的相关技术指标，国家已有 GB 10408.5—2000 强制性标准。表 3-2 所示为其产品常用技术指标。

表 3-2　被动式红外探测器常用技术指标

探测距离	60～150m
传感器	低噪声、高灵敏度、抗电磁干扰双元热释电传感器
检测速度	0.2～2.5m/s
灵敏度	频率跟踪自适应
报警输出	常闭（NC）接点容量 AV/DC 28V/0.2mA
工作电压、电流	DC 9～15V/30mA
工作温度、湿度	−30～70℃ 5%～95%（RH）
安装高度	1.8～2.4m
安装方式	壁挂式
防拆输出	常闭（NC）接点容量 AV/DC 28V/0.2mA
防宠物	15～25kg
抗白光干扰	≥8 000Lx

（4）被动式红外探测器的安装与调试

1）安装注意事项。

① 探测器不要对准强光源，如避免正对阳光或阳光反射的地方。

② 红外光穿透力差，在防范区内不应有高大物体，否则将造成警戒盲区。

③ 不要对准窗外，因为室外的人员流动、车辆来往，也会产生红外辐射而产生干扰。

④ 不宜正对冷热通风口或冷热源（如冷暖空调），被动式红外探测器感应作用与温度变化密切相关。冷热通风口和冷热源均可能引起探测器的误报。

当采用双鉴（微波与被动红外）探测器时，还要注意探测器不宜正对处于旋转、摆动的物体（如电风扇），否则这一信息将被微波探测器所侦测，造成误报。

此外，安装前应探究可能非法入侵路线，确认安装地点。根据被动红外探测器的工作特点，所有的被动式红外探测器其探测范围从俯视图看都是一个扇形，要让探测器具有最佳的捕捉能力，必须使入侵路径横切该扇形的半径，被动式红外探测器的安装方向如图 3-13 所示。

另外，需要注意的是，合理的高度是离地面 2.0～2.2m，如图 3-14a 所示，入侵者在非法入侵时都会被探测器捕捉到红外信息；而图 3-14b 所示则不然，由于探测头安装过高，无疑给非法入侵者留下不小的作案空间。

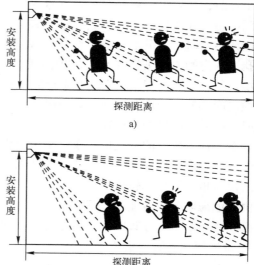

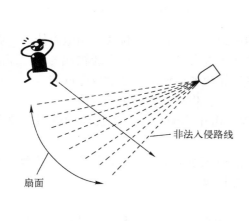

图 3-13　被动式红外探测器的安装方向

图 3-14　被动式红外探测器安装示意图
a）探测头高度适中　b）探测头偏高

2）调试。

被动式红外探测器的调试有两种方法。

第一种是步测，方法是调试人员在警戒区内走 S 形状的线路，感知警戒范围的长度、宽度、微波灵敏度，检测报警是否可靠、有无存在死角等问题。步测调整过程要注意的是，过高或过低的灵敏度都将影响防范效果。

第二种方法是仪表测量，有的探测器有背景噪声电压输出接口，用万用表的电压档来测试，当探测器在警戒状态下，它的静态背景噪声的输出电压的大小，表示干扰源的干扰程度，以此判断这一位置是否适合安装这类的探测器。

由于季节变换，冬季和夏季的灵敏度会有所不同，所以在使用时可择机分别调整。

3. 泄漏电缆传感器

泄漏电缆传感器是一种隐蔽式的周界非法入侵探测传感器，适用在不规则的周界处。它的结构特殊，与普通的同轴电缆不同的是，泄漏电缆其外导体上沿长度方向周期性地开有一定形状的槽孔，称为泄漏孔。泄漏电缆探测系统如图 3-15 所示。

泄漏电缆探测器每套由一台报警主机、探测主机和两根泄漏电缆 3 部分组成，如图 3-15b 所示。探测主机由电源单元、发射单元、接收单元、信号处理单元和检测单元组成。其中泄漏电缆由两段各 5m 的非泄漏电缆、两段各 100m 泄漏电缆和两只终端器组成。当实施安装时，可将两根电缆在平行距离 1～5m 内敷设，一根用来发射无线电信号，另外一根用于接收信号。

工作时，发射单元将产生的高频能量进入泄漏电缆，并在发射电缆中传输。当能量沿着电缆传输时，部分能量通过泄漏电缆的泄漏孔进入空间，在被警戒空间范围内建立

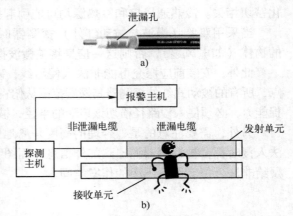

图 3-15　泄漏电缆探测系统原理示意图
a）泄漏孔　b）原理示意图

电磁场，其中一部分能量被安装在附近的接收泄漏电缆，通过泄漏孔接收空间电磁能量，收发电缆之间形成一个椭圆形的电磁场探测区。当非法入侵者进入有两根电缆构成的感应探测区域时，电磁场能量的分布发生了波动，接收电缆所接收的磁场能量必然发生同步变化，信号处理单元在提取它的变化量、变化率和持续的时间后，作出是否报警的反应。

泄漏电缆探测器可全天候工作，抗干扰能力强。由于小动物或鸟类扰动的电磁能量很小，所以误报和漏报率较低。

由于泄漏电缆为地埋式，不破坏周边的景观，所以较适合不规则和较长的周界防范。此外，必须将泄漏电缆穿管敷设，不能直接裸露敷设在地里。

4. 微波探测器防范系统

微波的波长很短，其波长与一般物体的几何尺寸相当，因此很容易被物体反射。当信号源发送的电磁波（微波）以恒定的速度向前传播时，遇到不动的物体，即被该物体反射回来，而且被反射的信号频率是不变的。若遇到移动物体，如果移动物体朝信号源方向做径向运动，那么被反射回来的频率要高于信号源的频率，反之，则低于信号源的频率。发射频率与反射回来频率之差的现象，就是多普勒效应，这一技术在第二次世界大战时就被用于军事雷达探测上。

可将微波传感器分为两类，即反射式（又称为移动型、雷达式和被动式）微波传感器和遮断式（又称为主动式）微波传感器。

（1）反射（雷达）式微波探测器

反射式微波探测器是一种将微波接收与发射装置合二而一，收、发共处的探测器将通过对被测物反射回来的微波频率或时间间隔的比较分析，从而获取被测物的位置及厚度等信息。

微波由于波长很短，对一般的非金属物体，如玻璃、木板和砖墙等非金属材料都可穿透，所以在安装微波探测器时，不要面对室外，以免室外有人通过时引起误报；也不应对准带有高频干扰的荧光灯、汞灯等气体放电灯光源。

反射式微波探测器对于金属物体有较强的反射能力，因此探测器防范区域内不要摆放大型金属物体（如金属档案柜），否则其背面会形成探测盲区，导致漏报。

反射式微波探测器，属于被动型探测器，与被动式红外探测器类似，是室内应用型，不宜在室外使用。除用于安全防范外，在公共场合，通常还与自动门配合，安装在玻璃大门内外侧的上端，探测来往人员的进出，实现大门的启闭。

（2）遮断式微波探测器

遮断式微波传感器又称为微波墙式报警器，它是通过检测接受天线接受到的微波功率大小，达到判断发射天线与接收天线之间有无被测物或被测物位置的目的。其工作框图如图3-16所示。

遮断式微波探测器由微波发射机、发射天线、微波接收机、接收天线和报警控制器组成。

图3-16　遮断式微波探测器工作框图

微波指向性天线发射出定向性很好的调制微波束，工作频率通常选择在 9～11GHz，微波接收天线与发射天线相对放置。若接收天线与发射天线之间出现阻挡物，则会干扰微波的正常传播，导致接收到的微波信号发生变化，以此判断为非法入侵。

遮断式微波探测器所发射的微波，不像主动红外那样为光束状，而是呈一个范围，中心位置可达高3m、宽8m或高1.8m、宽5m，相当于微波接收机与发射机之间形成一道无形的"墙"，如图3-17a 所示。因此，它是一种很好的周界防范报警设备，很适用于露天仓库、施工现场、飞机场或博物馆等大楼墙外的室外周界场所的警戒防范工作，如图3-17b 所示。

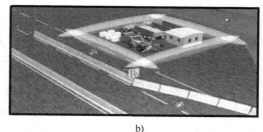

a)

微波墙式探测器一般采用脉冲调制微波发射信号。当防范区域比较开阔平坦和平直时，根据微波射束具有的直线传播特性，宜采用对射式（遮断式）微波射线组成警戒墙。若防范区域地形复杂，如周边曲折过多或地面凹凸起伏，则不宜采用微波墙。

入侵探测器的主要缺点是，它会发出对人体有危害的微量电磁波，因此在调试时一定要将其控制在对人体无害的水平上。

b)

图3-17　微波墙式报警器
a）微波墙示意图　b）防范图

5. 振动探测器

振动探测器是用于探测入侵者走动或进行各种破坏活动时的机械冲击而引起报警的探测装置。例如，入侵者在进行凿墙，钻洞，破坏门、窗，撬保险柜等破坏活动时，都会引起这些物体的振动，这种设备把这一振动现象转换为电信号，故称为振动探测器。

振动入侵探测器通常由两大部分构成，即振动分析器和传感器。其组成框图如图3-18所示。振动传感器是振动探测器的核心部件。

常用的振动探测器有机械式、电动式和压电

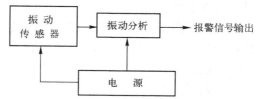

图3-18　振动探测器组成框图

晶体振动式。机械式常见的有水银式、重锤式和钢球式。当直接或间接受到机械冲击振动时，水银珠、钢珠和重锤都会离开原来的位置而出发报警。机械式传感器灵敏度低、控制范围小，只适合小范围控制，如门窗、保险柜和局部的墙体。速度型传感器一般采用电动式传感器，由永久磁铁、线圈、弹簧、阻尼器和壳体组成，这种传感器灵敏度高，探测范围大，稳定性好，但加工工艺较高，价格较高。压电式探测器是利用压电材料因振动产生的机械形变而产生电荷，振动的幅度与电荷的数量成正比。

振动探测器属于面（宛如一面墙）控制型探测器。在室内应用中，明装、嵌入式均可，通常安装于入侵几率较高的墙壁、顶棚、地面或保险柜上。在安装于墙体时，距地面高度 2～2.4m 为宜，将探测器垂直于墙面。当保护的范围或面积不大时，可采用单只安装办法。当保护的范围较大时，可采用多支传感器连接办法；当围墙较长时，可按 10～15m 的距离安装一个振动探测器，但最后一个探测器离传感器不要超过 100m。

振动探测器不宜用于附近有强振动干扰源的场所，如旋转的电动机、变压器、电风扇和空调。埋入地下使用时的深度为 10cm 左右，不宜埋入土质松软地带。

6. 双鉴探测器

双鉴探测器又称为双技术报警探测器、复合式探测器或组合式探测器，如图 3-19 所示。

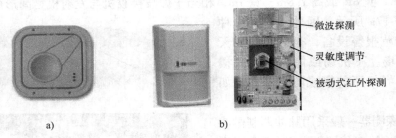

微波探测

灵敏度调节

被动式红外探测

a)   b)

图 3-19 双鉴探测器
a) 吸顶式 b) 普通型

前面介绍的各种探测器各有优缺点，但它们有一个共同特点是防范的手段单一。例如，只有单一技术的微波探测器，面对活动的物体，如门、窗的开关、小动物走动，都可能触发误报警；被动式红外探测器对防范区域内快速的温度变化或强烈热对流的产生也可能导致误报警。在它们之间可以看到一个有趣的现象，即一方短处，正好是另一方的长处，于是人们提出互补组合办法，把两种不同探测原理的探测器巧妙结合，即形成了所谓的"双鉴探测器"。这种探测器的报警条件发生了根本性的改变，只有入侵者既是移动的、又有不断红外辐射的物体才能产生报警。因而两者同时发生误报的概率也就大大降低了。

因探测技术组合内容不同，双鉴探测器可分为微波—被动红外双鉴探测器和超声波—被动红外双鉴探测器。

为了提高运行可靠性，双鉴探测器还设有自动转换工作模式，即当探头自检出其中一款的探测技术出现故障时，会及时自动转换至另一种探测技术的工作状态上。

有的厂家还推出三鉴红外探测器，但多数只是在电路上作了文章，在探测技术的结合上，还是以红外和微波或超声波与被动红外结合为主体。

此外，为克服微波探测与被动红外探测防范区域无法完全重合的问题，在机内设有调节两者重叠的装置。

双鉴探测器的缺点是其功耗相对较大，但是随着电子技术的发展，该问题已经得到比较好的解决。

7. 门磁探测器

门磁探测器用于检测门、窗的开、闭状态，属于开关式报警器。门磁探测器通常安装在家居的大门或门窗上，其安装示意图如图3-20所示。

常见的门磁探测器有有线门磁、无线门磁和无线卷帘门磁。

（1）有线门磁探测器

有线门磁探测器的结构很简单，通常由舌簧管又称为干簧管（如图3-21所示）和永久磁铁（或线圈）构成。

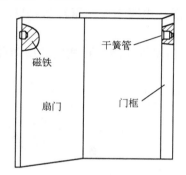

图3-20　门磁探测器安装示意图

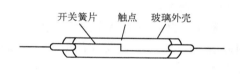

图3-21　干簧管

干簧管内部的开关簧片通常烧结在与簧片热膨胀系数相近的玻璃管上，管内充有氮气或惰性气体，以避免触点被氧化和腐蚀，还可以有效防止空气中尘埃与水气污染。簧片用铁镍合金制成，具有很好的导磁性能，与磁铁或线圈配合，构成了干簧管簧片状态变换的控制器。干簧管的干簧触点常做成常开、常闭或转换3种不同形式。常开干簧管的两个簧片在外磁场作用下其自由端产生的磁极极性正好相反，二触点吸合；外磁场撤离时，触点断开，故称为常开式干簧管。常闭干簧管的结构正好与相反，无磁场作用时簧片吸合，磁场靠近时断开。转换式舌簧继电器有常开、常闭两对触点，在外磁场作用下状态发生转换。

门磁探测器的工作原理很简单，通常把带有永久磁铁的小盒子装在移动一方（如门扇），带有干簧管的小盒则安装在固定处（如门框），并有两根导线与相关电路连接。安装时两者相向安装，如图3-21所示，通常动作距离在≥10mm和≤45mm之间（视厂家技术参数而定），以保证平常大门（门窗）关闭时干簧管处于闭合（断开）状态，在门或门窗被推开、磁铁相对于舌簧管移开一定距离后，随即引起开关状态（闭合或断开）的变化，利用这一变化控制有关电路，即可发出报警信号。

有线门磁是所有探测器中最基本、最简单有效而且是较低成本的装置，其外形如图3-22所示。类似这一工作方式的探测器还有微动开关型、开关

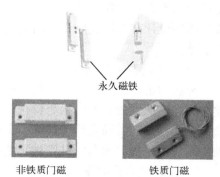

非铁质门磁　　　铁质门磁

图3-22　有线门磁探测器外形图

型等。

根据有线门磁的安装场合可将其分为非铁质门磁和铁质门磁。非铁质门磁不能用于铁质结构的窗或门上，铁质门、窗必须采用铁质门磁；铁质门磁的外壳通常采用锌合金制成，而非铁质门磁其外壳多为 ABS（丙烯腈-丁二烯—苯乙烯共聚物）材料制成。

门磁探测器根据干簧管接触点形式可分为以下几种类型。

H 型：常开型触点，表示平常处于开路状态，这种方式的优点是平时开关不耗电，缺点是若电线被剪断或接触不良，则将失效。

D 型：常闭型触点，与常开型触点相反，平常正常状态开关为闭合；异常时打开，电路断开而报警。其优点是当线路被人为剪断或线路有故障时即启动报警，但在断开回路之前用导线将其短路，就会失效。

Z 型：转换型触点，即当发生门、窗被推开时，触点由闭路（开路）状态自动转为开路（闭路）状态。

从安装方式上可将门磁探测器分为有表面安装型和埋藏（暗装）式安装型两种。

（2）无线门磁探测器

无线门磁探测器（或称为无线门磁传感器）和有线门磁探测一样，用来监控门的开关状态，其外形如图 3-23 所示。

在无线门磁布防后，当门不管何种原因被打开时，无线门磁传感器立即发射特定的无线电波，远距离（开阔地能传输 200m，在一般住宅中能传输 20m）向主机报警。

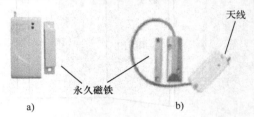

图 3-23　无线门磁外形图
a）非铁质无线门　b）铁质无线卷帘门磁

无线门磁传感器一般被安装在门内侧的上方，它由两部分组成：体型较小的部件为永磁体，内置一块永久磁铁，提供一个恒定的磁场；体型较大的是无线门磁主体，内置一个常开型的干簧管，当永磁体和干簧管靠得很近（如小于 15mm）时，无线门磁传感器处于工作布防状态；在永磁体离开干簧管一定距离后，干簧管由常开突变为闭合，无线门磁传感器即把这一信息传至发射器，经调制后发送出去。所发射的信号含有地址编码和自身识别码，接收主机即可通过这个无线电信号的地址码来判断是哪一个无线门磁报警。

无线门磁一般采用省电设计，当门关闭时它不发射无线电信号，此时耗电只有几个微安，当门被打开的瞬间，立即发射 1s 左右的无线报警信号，然后自行停止，这时即使门一直打开也不会再发射，这是为了防止发射机连续发射造成内部电池电量耗尽而影响报警。无线门磁还设计有电池欠电压检测电路。当电源欠电压时，发光二极管就会被点亮，提示更换新电池。

（3）无线卷帘门磁探测器

无线卷帘门磁实际上是无线门磁技术的延伸，其工作原理相同，只是工作的地点是铁质卷帘门，因此它的外部结构为锌合金，属铁质门磁，如图 3-23b 所示。

无线卷帘门磁通常用于商铺、车库等场所的防范。主体部分被安装在卷帘门的底侧，并处于同一水平面，永久磁铁则被安装在与主体相对应的地板上。

8. 玻璃破碎探测器

玻璃破碎探测器其核心器件是压电式拾音器。通常将其安装在被检测的玻璃对面，其安装示意图如图 3-24 所示。

玻璃破碎探测器按照其工作原理的不同大致可分为两大类：一类是声控型玻璃破碎探测器，即带宽为 10 ~ 15kHz 的声控报警探测器，属单技术型；另一类是双技术型的玻璃破碎探测器，属声控/振动型和次声波/玻璃破碎高频声响型，外形如图 3-25 所示。

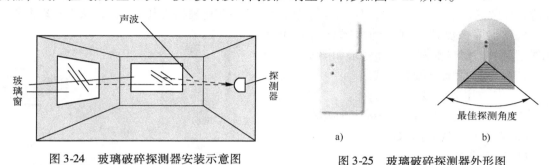

图 3-24　玻璃破碎探测器安装示意图　　　　图 3-25　玻璃破碎探测器外形图
　　　　　　　　　　　　　　　　　　　　　　　　　a）无线式　b）有线式

声控/振动型是将声控与振动探测两种技术组合在一起（玻璃破碎时产生的音频在 10 ~ 15kHz 之间，外加振动传感器为开关触点形式），只有同时探测到玻璃破碎时发出的高频声音信号和敲击玻璃引起的振动，才输出报警信号。

次声波/玻璃破碎高频声响型探测器，是将次声波探测技术和玻璃破碎高频声响探测技术组合到一起，只有玻璃破碎时发出高频声响信号，同时引起次声波信号，才触发报警。

玻璃破碎探测器通常黏附在门、窗的玻璃上。安装时，应将探测器的声电传感器正对着警戒的主要方向，同时玻璃表面要处于探测器的最佳角度内，如图 3-25b 所示。安装玻璃破碎探测器时，要尽量靠近所保护的玻璃，并尽量避开噪声干扰源（如尖锐的金属撞击声、电铃声和汽笛啸叫声等），以减少误报警。探测器不要对准通风口或换气扇，也不要靠近门铃，以确保工作可靠性。双鉴式玻璃破碎探测器可以安装在室内任何地方，但不要超出防范半径。

玻璃破碎探测器根据传输发射原理可分为有线式和无线式。可用一个玻璃破碎探测器来保护防范区域内的多面玻璃窗。

9. 气体泄漏探测器

气体泄漏探测器主要用于家居厨房（或卫生间）煤气、石油液化气和天然气泄漏的检测。在这些燃气发生泄漏并达到一定浓度后，如遇明火极易发生爆炸。当空气中浓度较高时，即会引起人体中枢神经麻醉、窒息，更严重的是，倘若燃烧不完全，还会产生 CO（一氧化碳）有毒气体，造成人身伤害。

（1）气体泄漏报警器的分类

气体泄漏探测器按其探测器件不同，可分为以下两种。

1）半导体气体泄漏探测器。

半导体气体泄漏探测器的探测头由气敏半导体和一根电热丝组成。工作时，电热丝将气敏半导体预热到设防时认定的温度，一旦有害气体接触探测头，且达到一定的浓度时，气敏半导体的体电阻即发生变化，这一变化被相关的电路加以提取放大，从而实现报警。半导体气体泄漏探测器结构简单，对气体的感受度比较高，适应范围广。缺点是，不能分辨区别混合气体的具体成分。

2）催化型气体泄漏探测器。

催化型气体泄漏探测器以高熔点的铂丝作为探测器的气敏原件。布防后，铂丝被加热到确认的工作温度，当发生气体泄漏时，泄漏气体接触到加热的铂丝，铂丝的表面即发生无烟化学反应，导致铂丝温度急剧升高，使得体电阻增大，这一变化被相关电路放大，从而实现报警。

气体泄漏探测器根据传输方式分为有线型和无线型两种。燃气泄漏探测器外形如图 3-26 所示。

（2）气体泄漏报警器的安装

1）安装注意事项。

① 应安装在通道等风流速大的地方。

② 避开有水气和滴水的地方。

③ 远离高温区。

④ 避开其他物体遮挡的地方。

a)   b)

图 3-26　燃气泄漏探测器外形图
a）有线型　b）无线型

2）安装位置。

① 安装在距离燃气具或气源水平距离 2m 之外、4m 以内的墙面或屋顶棚上。

② 将液化气型安装在距地面 0.3m 以内（因为燃气相对密度比空气大）的地方。

③ 煤气、天然气型：应安装在距顶棚 0.3m 以内（因为燃气密度比空气小）的地方。

在气体泄漏报警器接通电源后，报警器"嘀"一声，同时电源灯常亮，功能指示灯呈绿色并闪烁，表示自适应中，功能指示灯约 2min 后熄灭，表示已进入警戒状态。当感应到燃气泄漏时，报警器即发出"嘀、嘀"报警声，同时功能指示灯呈红色并闪烁。警情排除后自动进入警戒状态。

10. 烟感探测器

家居烟感探测器由 4 个部分组成，即传感器、扬声器、电源（或电池）和控制电路。根据传感器不同可将其分为离子式、光电式和无线等离子式 3 种，其外形如图 3-27 所示。

a)   b)   c)

图 3-27　烟感探测器外形图
a）离子式　b）光电式　c）无线等离子式

（1）离子式烟感探测器

离子式烟感探测器通过其电离室内一对置有放射性物质的电极，在加电后产生放射现象，并电离了空气。在外加电场作用下，正离子向负极移动，负离子向正电极移动，可视为两电极间的空气具有导电性能，最终达到饱和状态。当火灾发生时，在烟雾粒子进入电离室后，原先被电离的正、负离子吸附到烟粒子上，破坏了饱和，可认为正负极之间的电阻加大，其结果是电流减小。当烟雾逐渐加重时，这一现象被进一步加剧，报警扬声器就会响起。

（2）光电式烟感探测器

光电式烟感探测器由光发送器、光接收器和暗室组成。

根据工作方式不同，可将其分为遮光式和散射式。遮光式探测器在发生火灾时，发光器发出的光束被遮断，导致进入接收器的光通量减少，触发报警。散射式报警器中光发送器发射的光束并不对准光接收器，平常时，光接收器由于无光束的照射，所以没有输出。当发生火灾时，烟雾进入暗室，造成光束散射到光接收器上。当烟雾的浓度逐渐加重时，就会有更多的光束被散射到接收器上，达到相当的程度，报警扬声器就会响起。

11. 紧急求助按钮

紧急求助按钮有无线式和有线式两种，其外形如图 3-28 所示。

图 3-28　紧急求助按钮外形图
a）无线式　b）有线式

紧急求助按钮和其他多数前端设备一样，不能独立使用，必须依赖于报警主机才能发挥报警作用。用于有线人工紧急报警或紧急求助，有手按式和脚挑开关式，后者一般用于公共场所，如银行出纳员遇到非法入侵人员时，可不动声色的用脚踩动开关，以方便报警。

无线紧急求助，可以做成各种工艺产品或饰品（如钥匙扣、项链等）形状。一般用于银行、珠宝、现金交易场所或突发事件等救急情况。

3.1.2　**报警控制器**（报警主机）

在安全防范中，报警控制器是一个核心设备，由信号处理电路和报警装置组成，其外形如图 3-29 所示。

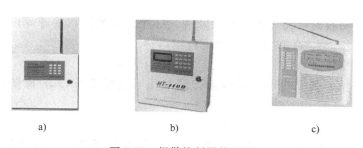

图 3-29　报警控制器外形图
a）远程无线型　b）有线、无线兼容型　c）电话联网型

报警控制器在所承担安全防范中，应能对直接或间接接收的来自入侵探测器和紧急报警装置发来的报警信号进行处理，同时发出声光报警，并显示入侵发生的部位和性质。管理人

员可通过报警控制器的显示结果，对信号进行分析、处理，实施现场监听或监视，若确认属于非法入侵，则应立刻组织相关人员赶赴现场或上传报警；若属于误报，则应复位处理。

1. 报警控制器功能

形形色色的报警控制器很多，但其功能基本如下所述。

（1）防区容量

防区容量是控制器可容纳报警的路数，如宏泰 HT-110B 报警控制器，拥有无线 256 防区，就是最高可处理 256 个点的报警信息。某报警器可带 4 个防区，简单地说，就是可带 4 对的探测器，这 4 对探测器就代表了 4 个防区。但在实际运用中，并不完全这样处理，如现有的报警主机只有 4 路，而需要布防的却有 5 个不同区域，这时可以把相邻的原先两个（或更多）防区的探测器串接起来，编为同一个防区码，串接后，当任何一对探测器发生报警时，并不代表自身所处位置的防区，而是表示着整个串接后的防区有警讯。

（2）欠电压报警

当报警控制器在防区电源电压等于或小于额定电压的 80% 时，设有欠电压提醒报警，以确保系统的正常运行。

（3）报警部位显示功能

防区容量较小的报警控制器，报警时的报警信息一般显示在报警器面板上（报警灯闪烁）；大容量报警控制器通常配有地图显示，并可显示报警地址、报警类型。

（4）多功能布、撤防方式

1）具有留守布防、外出布防两种布防方式。

2）任意一台的探测器可单独布防或撤防。

3）可遥控分区、分时段布防，如设置夜晚室内探测无效，窗和门报警有效。

4）可独立报警，也可报警联网。

5）可设置 0~255s（视厂家不同而异）延时时间，即当设备进入布时，在时间上预留裕度，以便使用人员操作布防后有足够撤离现场的时间。

（5）防破（损）坏报警

遇到由于意外事故造成的传输系统线缆短路、断路，或入侵者拆卸前端探测器、传输线缆等情况，报警控制器都会做出声、光报警。

（6）联动功能

报警后，可联动其他系统（如启动摄像机、灯光、录像机和录音等设备），实现报警、摄像、录像、录音和资料存储，构成一个完整信息链。

（7）黑匣子功能

系统若因故停机，则仍然可保留最后记忆的几十条报警与布防/撤防信息，以供事后查询。

（8）扩展功能

可选购计算机扩展模块，与计算机联机，即能显示用户资料、报警信息、历史记录；既可独立报警，也可组成报警管理中心台。

（9）远程遥控布防

可直接配用遥控器，实现无线遥控布防和撤防。无线传输距离：室内为 100m；若与 8080-2，8080-3 探测器配套使用，则无线传输距离可达 2~10km。

（10）报警优先

无论电话线处于打进或打出状态，当发生警情时，主机都会优先报警。

（11）监听功能

报警控制器设有监听功能，在不能确认报警真伪时，通过"报警/监听"开关拨至监听位置，即可监听现场动静。

（12）自动对码功能

若是无线报警主机，在探头与控制器之间则采用学习式自动对码方式，安装操作非常方便。

（13）现场警声阻吓功能

可外接高分贝（如110dB）的警笛或声光警笛，实施现场阻吓入侵者，效果更好。

（14）键盘密码锁

无论何种情况，若要对报警控制器按键进行功能设置或撤销，都必须先输入有效密码，以识别操作人员的身份与权限。

（15）内置可充备用电源

备用电源可用24h。

（16）预录语音

在报警主机上由用户进行预先录音，其目的是当发生警情时，通过报警控制器播放预先录制所提示的语言，告知报警的地点，方便管理人员及时救助。录音留言应简明，如"这是×××家××栋××号，住宅有紧急情况发生，请协助处理"。通常用于家居联网型防范系统，详细内容见本章3.3家居防盗一节所述。

（17）电话（网络）布防和撤防功能

可以通过普通电话网或是互联网进行布防和撤防操作。

2. 报警控制主机主要技术指标

- 电源电压：AC 220 ±15% V /50Hz
- 备用电池：1.2V ×6 节 5 号可充电电池 600mA
- 静态电流：≤20mA
- 报警电流：≤300mA
- 接收频率：315mHz ±1mHz
- 无线接收距离：≥200m（开阔地）
- 录音/放音时间：10s
- 监听时间：15～30s
- 使用环境：－10～40℃ 相对湿度≤80%
- 外出延时：0～99s 自由设置
- 进入延时：0～99s 自由设置
- 报警声响自动复位时间：10min

3.1.3 传输系统

在报警传输方式上的主要区别是，有线传输、无线传输、总线制传输和电话联网，它们各自的特点如下。

1. 有线传输

所谓有线（或称为专线）传输是按照报警需要，专门敷设线缆，将前端探测器与终端报警控制器构成一个体系，主动式红外对射有线传输示意图如图3-30所示。

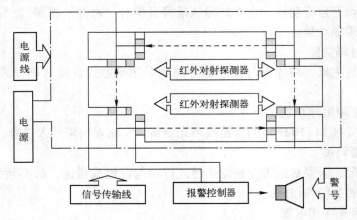

图 3-30　主动式红外对射有线传输示意图

由于自成体系，所以系统稳定、可靠，但是管线敷设复杂，通常用于家庭安防或住宅小区周界和某些特定保护部门的防范。

2. 无线传输

无线报警控制器可与各种无线防盗探测器、红外对射栅栏、烟感、煤气感及紧急按钮配合使用。

根据系统大小不同，无线报警组成也不同。

在小型系统中（如家居使用），前端的被动红外、门磁、烟感既是一台探测器，也是一台无线发射器，终端则设一台无线报警控制器，既用来接收报警信号，又用于警讯的发布。

对大型系统，只要在小系统的基础上，在管理中心设置一台报警管理主机，用来接收发自小系统（如家居防范）无线传过来的警讯即可。为了便于识别警讯来自何处，小系统每一台报警控制器（准确说是报警分机）必须设有一个地址码，而且这个地址码与管理中心管理报警控制器必须是一致的，这个非常重要，也就是说，只有当探测器的 IC 编码与主机相同时，才能实现报警分机与管理中心主机之间的联络，才有可能正常报警。

图3-31 所示为典型无线报警系统示意图。该系统由一台无线接收机（简称为主机）和

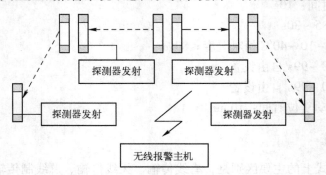

图 3-31　典型无线报警系统示意图

4台无线红外探测发射机组成。一旦有盗贼或非法入侵者进入该设防区域，该报警器即向管理中心主机报警。在实用中，应根据现场实际需要，可安排两对红外对射探测器共用一个发射机，甚至更多对的探测器共用一个发射机，这样做并不妨碍系统的可靠性，相反，由于发射机的台数减少，不但降低了成本，而且对系统的稳定性也是有益的。

无线传输具有免敷设线缆、施工简单、造价低和扩充容易的优点，尤其适合一些已经完工的项目，不需破土敷设管线，损坏原有景观。其缺点是抗干扰能力差，在一定程度上影响系统运行的稳定，因此在周边有较强干扰源的情况下，最好采用有线传输方式。

另外，在系统安装时，报警控制器因为采用的是无线传输，所以必须将控制器安置在信号覆盖良好的地方，以保证每个防区信号的正常传输。

3. 总线制传输

总线制传输实际上也是有线传输的一种。通常由主动式红外探测器、总线控制器及普通开关量报警主机构成。前端用户通过 RS-485 总线与主机联接，主机及各用户机上分别设有一总线联接单元，该单元能把用户机发出的报警信号、主机发出的应答控制信号转变为能在总线上进行长距离传递的信号；同时能把总线上的信号转变为用户机和主机能接收的电平信号，以适于大型楼宇及小区安全报警。它采用 CAN 总线方式与 MT 系统中 MTGW CAN RS-485 总线转换器进行通信，通过 MTGW 接收和处理 RS-485 终端设备的事件信息，并输出到 MTSW 智能小区中心管理系统中，同时可以监测和报告 CAN 总线状态以及其他内部系统事件。

总线式报警主机的技术特点是，稳定可靠，报警快捷，设计简单，通信速度快，容量大，施工便利，且有 RS-232 通信接口可与计算机连接，在计算机上显示报警信息。

其优点如下。

- 通信速度快、容量大。采用 RS-485 总线方式，在波特率仅为 2400bit/s 情况下，上报一条警情信息仅为 0.1~0.3s，中心基本不占线，适合大容量小区使用。
- 双向通信方式。采用总线制使用报警器不仅可以上报，而且还可以迅速下载信息。
- 集成性能好。由于大多数智能化系统都采用总线制通信方式，所以便于与其他系统进行集成，降低工程费用，增强中心通信控制功能。
- 成本低。总线制报警系统省去了电话线报警系统中的拨号模块，使成本下降很多，便于普及。

其缺点如下。

- 工程施工要求高，对于线路敷设、总线隔离有较高的技术要求。
- 只适合联网使用，不适合住户独家独户使用。
- 不适合长距离报警用户，一般报警器与中心通信距离不能超过 1200m。

3.1.4 线尾电阻

线尾阻（EOL, End of Line）回路，电路特点是回路终端接入电阻，回路对地短路会触发电路接点动作，如在系统布防时，回路断线或短路均会触发报警。

学名称为线尾电阻，各个厂家的阻值不一样，常见的为 2.2kΩ 左右和 47kΩ，安在各种探测器上，也就是线路的末端。报警设备接线尾电阻主要就是为了安全、防止人为破坏，因为探测器接了线尾电阻后，防区回路无论是短路还是开路，主机都有会报警。

1. 线尾电阻工作原理

常闭回路（NC）：短路正常，断路报警。这种电路形式的缺点是：若有人为线路短路，该探头就失去作用。报警主机就无法识别是人为的短路。

常开回路（NO）：短路报警，断路正常。这种电路形式的缺点是：若有人为线路断路（剪断信号线），该探头失去作用。报警主机就无法识别是人为的断路。

线尾阻 EOL：短路正常，断路报警。这种电路形式的优点是：若有人破环线路（短路或断路），报警主机都能报警。

短路报警，断路故障，阻值为 2.2kΩ 为正常。这种电路形式的优点是：对短路和断路作出不同的反应，特别是适合烟感探头和紧急按钮，如果是老鼠咬断或因搬东西而扯断，报警主机认为该回路有故障。

2. 线尾电阻的接法

线尾电阻通常安装在探测器内。特别是当采用常开接法时，就必须这样做，否则线路的防剪功能和探测器的防拆功能就不起作用了。因为如果把线尾电阻直接跨接在主机的防区端口上，由于常开接法使布线线路处于断路状态，阻值为无穷大，不构成回路无电流，只要防区端口不发生短路，报警主机是无反应的，所以应将线尾电阻接在探测器常开端口上，此时，常开接法由于线尾电阻的跨接使得布线线路构成回路，有阻值即为线尾阻值，回路中有较小电流，所以可起到线路的防剪和探测器的防拆功能。

1）单线尾电阻的接法，如图 3-32 所示。

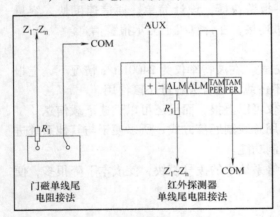

图 3-32　单线尾电阻的接法示意图

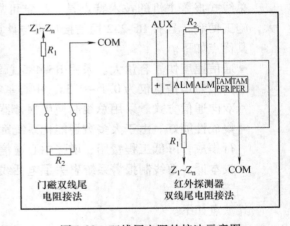

图 3-33　双线尾电阻的接法示意图

2）双线尾电阻的接法，如图 3-33 所示。

使用双线尾电阻接法时，无论是在撤防状态还是在布防状态，只要是线路被剪或探测器被非法打开的情况下都会产生报警，键盘上会显示防拆报警图标。

3.1.5　防区

1. 什么是防区

防区指的是一个防范区域，该区域内的传感器被触发即产生报警。一个防区可以只包含一个传感器，也可以由多个传感器组成一个防区。

2. 防区的分裂

防区类型可归纳为下面3类。

1）不可撤防防区（24h防区）：任何时候触发都有效。如紧急按钮、消防的烟雾传感器和有害气体传感器等。

2）可撤防不延时防区（立即防区）：家庭成员回家后可撤防，离家时布防；一旦触发立即有效。如防盗的红外线传感器、窗磁传感器等。

3）可撤防延时防区（延时防区）：家庭成员回家后可撤防，离家时布防；当触发后延时一段时间才有效，在这段时间内可撤防。如防盗的门磁传感器。

即时防区：布防后，触发了即时防区，会立即报警。

延时防区：布防后，所设定的延时防区在进入/退出延时时间结束之后触发才报警。

静音防区：布防后，触发了防区的报警为静音报警，键盘和报警输出无声/无输出，只通过数据总线将报警信号传到中心。

周界防区：当周界布防后，触发了周界防区，都会立即报警。

周界延时防区：当周界布防后，所设定的延时防区在进入/退出延时时间结束之后触发才报警。

跟随防区：布防后，此防区被触发，如果没有延时防区被触发，则立即报警；若有延时防区被触发，必须等到延时时间结束后方可报警。

24h防区：一直处于激活状态，不论撤布防与否，只要触发就立即报警。

要求退出（REX）：只有在撤防状态下，一触发该输入，所设置的开锁输出就将跟随开门定时器设置。

旁路防区：若某防区允许旁路，则在布防时，输入"用户密码" + "旁路" + "防区编号" + "ON"将旁路该防区。撤防时所旁路的防区将被清除（24h防区不可旁路）。

弹性旁路防区：若某防区设置成弹性旁路防区。在布防期间，若某一防区第一次被触发报警，以后该防区再被触发则无效，直到被撤防。

3. 防区的状态

报警主机要检测每一防区情况，防止人为破坏安防系统。防区一般有3种状态。

1）有阻值（如10kΩ）：正常情况。就是在传感器的输出端口并接或串接一个电阻来实现。

2）短路：触发报警。传感器动作后在防区端口对地短路。

3）开路：被剪断报警。当剪断传感器端口和防区端口的连线，防区端口就形成开路。

3.2 周界防范系统的设计与实施

周界防范报警系统主要由小区周边或围墙检测装置（可以是红外对射、泄漏电缆、振动传感器）、报警控制主机、报警联动装置和信号传输等部分构成。在前端探测装置中，从当前市场来看，以主动式红外对射探测器应用最为广泛，下面将重点进行这方面的介绍。

周界防范报警系统通常称为小区的第一道防线。当周界有人非法入侵时，探测器便发出警示信息，通过管理中心的控制（系统管理）主机和联动设备（如启动警灯、警号、摄像和录像程序），显示非法入侵区域，提供管理人员及时获取警讯，以便第一时间赶赴现场处理。

下面主要介绍安防报警系统常用的前端设备、传输形式、控制原理以及由它们构成的各种安防报警系统。

1. 主动式红外对射周界报警系统的设计

小区周界有线防范系统解决方案的特点如下。

1）广泛性。要求被保护区的每个重要部位都能得到保护。

2）实用性。要求每个防范子系统在发生侵害的情况下都能得到及时报警，报警过程应环节简单，操作方便。

3）系统性。要求每个防范子系统在案情发生时，都有较好的联动性。当发生报警时，即时启动相应的报警设施，如录像机、警号和灯光等装置。

4）可靠性。要求系统设计合理、设备稳定可靠且具有较好的抗人为破坏性能。

5）兼容性和扩展性。现实中，较好的兼容性和扩展性很重要，可为设备的选型和日后维护设备更新提供较大的预留空间。

根据项目环境实际情况进行设计，具体内容包括如下。

1）平面布防图（前端设备的布局图）。

2）系统构成框图（应标明各种设备的配置数量、分布情况和传输方式等）。

3）系统功能说明（包括整个系统的功能及所用设备的功能）。

4）设备、器材配置明细栏（包括设备的型号和主要技术性能指标、数量、基本价格或估价、工程总造价等）。

2. 主动式红外对射周界报警系统的组成

本系统防范区域有两处，即住宅小区的周界和小区的会所。前端由主动式红外对射探测器组成，终端由宏泰 HT-110 报警控制器、警笛或警灯构成一个完整的红外报警系统，宏泰 HT-110 主动式红外对射报警系统组成框图如图 3-34 所示。

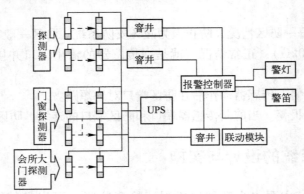

图 3-34　宏泰 HT-110 主动式红外对射报警系统组成框图

该系统在小区周界防范中通常不是孤立地使用，而是与小区管理中心的其他防范系统管理主机联动，如硬盘录像机（工控机或嵌入式硬盘录像机）、警灯、警笛和探照灯，辅以防区追踪摄像、录像与存储及现场灯光照明等设备。本系统联动设备推荐表如表 3-3 所示。

表3-3　联动设备推荐表

配　　置		控　制　中　心	前端报警主机	探测器配置
增强型配置		主机：工控警用主机软件、ADB 2000 四线卡	HT-110B 固定点防盗报警系统（电话联网型 5.0 版）	根据需要选配
专业配置			HT-110B 固定点防盗报警系统（电话联网型 5.0 版）	
普通配置			HT-110B 固定点防盗报警系统（电话联网型 2.0 版）	
经济配置	企业型		HT-110B 固定点防盗报警系统（电话联网型 2.0 版）	
	家居型		HT-110B-1 固定点防盗报警系统（电话联网型）	

3. 系统设备配置

（1）前端设备

可参考下述办法进行前端探测器的选型和数量配置。

在进行配置红外对射探测器时，首先应根据工程所在的环境、气候选择相适应的探测器，对烟、雾气较多的地方，最好带有 AGC（自动增益控制）装置的探测器。然后根据防范区域的特点选择红外对射的光束，一般情况下选用双光束。如遇围墙比较容易攀爬的特殊场合，可考虑采用栅栏型探测器。

在光束确定之后，根据围墙（栅栏）的特点（如墙体直线部分的长短和拐角、弯角的数量、围墙高低错落的地方有多少处等）选定探测器数量，这些因素都会影响探测器数量的选定。对上百米或更长的呈直线形的围墙，由于气候环境原因（尤其是常有浓雾的地方），不宜安装长距离的探测器，可按距离 30m 一对设置；对围墙虽然不长，但有较多拐角或弯角的情况，每逢一个拐角就得安排一对探测器，用以防止出现盲区。

最后，根据需要将防范区域设置为若干个防区。必须注意的是，防区范围不能设定得太大（如上百米的直线围墙），把多对探测器编为一个防区就不适合，万一有非法入侵者攀爬，管理人员赶赴现场处理所在的位置可能离入侵者还有很长的距离，因为管理人员只知道该防区有警情，但不知道具体发生在哪个位置上，难免有一种鞭长莫及的遗憾。还有一种是围墙有多处拐角或弯角，距离却不长，对这种情况配置的探测器往往较多，把它们编为一个防区却是恰当的。可见，防区探测器的多少不是决定防区数量的主要因素。

（2）传输介质的配置

传输方式的选择要根据系统实际情况通盘考虑，可采用有线式、总线式、无线式或有线和无线兼容式。本系统采用有线传输方式，它主要负责把前端探测器的信号传递到报警控制器中。

有线传输方式最为普遍，安装简单，低成本，系统运行稳定可靠。在运用中，通常采用四芯 RVV 直径 0.2～1.0mm（视距离而定，距离越远，线径就越粗）的铜导线。其中，两根用于电源，另外两根用于信号传输。由于在线缆敷设过程中间不得有接头，通常要一线到底，所以线缆的使用长度比实际测量的长度要长，经验值是预加 20%。

线缆在敷设过程还有一个问题，就是窨井的设置。窨（yin，第一音）井犹如线缆的

"交通路口"，可以避免众多防区的线缆直接进入管理中心，其示意框图如图3-35a所示；如果在防区的适当位置设置一个窨井，就可以把几个防区的线缆引入窨井，然后再从窨井中引出一条较大的PVC管把各防区的线缆集中送往管理中心，其示意框图如图3-35b所示，与图3-35a所示相比线缆并没有减少，但大大减少了进入管理中心的管道数量。对已建好的小区，采用这种方法可减少对路面的破坏，大大减少工程量，提高线缆的利用率，同时也便于线缆的维护。

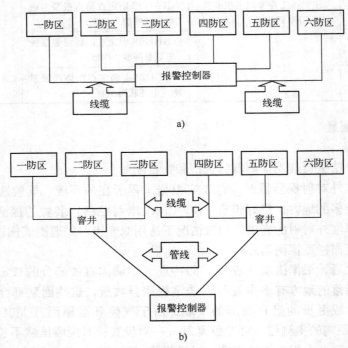

a)

b)

图3-35 窨井设置示意框图

设置窨井的位置应注意隐蔽，以免影响周边的景观。如其他系统同时施工窨井时，则应与其他系统统筹考虑，共同使用，节省投资。窨井可以是方形，也可以是圆形，深约600mm，直径约300mm，用砖砌成，面上用水泥板盖上，面盖应有"安防（或其他相应文字）"字样标识，以便于工程人员在日后维护时辨认。

（3）报警控制器配置

报警控制器的配置主要体现在下面几点。

首先，应根据防区的数量，选择控制器的防区路数，留有20%的余量，防止在实施过程中防区数量的增加。如果防区的实际数量超过控制器的路数，就可根据实际情况适当调整防区数量，如把原属某防区的探测器重新调整到邻近防区，以减少防区的数量。

然后，应选择报警控制器的传输形式。本系统由于采用有线传输形式的有线式控制器，在本系统中必须与小区管理中心的其他系统联动，所以控制器要有相应的输出端口。

在本系统中还有一处值得关注，就是会所的防范。会所是小区住户休闲、娱乐和购物的公共场所。虽然在防范器材上与周界相同，也采用主动式红外对射探测器，但在具体的防范措施上是有所区别的。周界防范原则上可以24h不间断布防，但会所却不行，因为它必须尽可能多的时间对外开放，满足人们的需求，所以选用的报警控制器也要适应这一特点，也就是说，会所的防范必须按需要设定布防和撤防时间。

另外，为了保证系统安全可靠、稳定运行，控制器还必须有欠电压提示、防损坏（包括人为破坏和意外损坏）报警以及报警性质、报警地点显示、报警资料记录和保存等主要功能。

报警控制器其附带功能很多，有些功能只适用于家居户内的防范，对于小区特有的综合管理并不一定合适。在产品配置时，应符合前面设计说明中提到的原则。

（4）UPS 配置

系统配置 UPS（不间断电源）主要是考虑在供电中断情况下，周界防范不应出现失控。

作为红外对射探测报警系统，对 UPS 的类型（如采用在线式或后备式）要求并不是考虑的重点，而重点考虑的应是两点：一个是供电的维持时间，通常规格有 28h 或 48h，配置 28h 即可；另一个是容量的大小，有厂家生产的报警控制器已内置了备用电源，可应急使用，不过其容量往往较小，仅适合小型系统。

4. 设备安装

当安装探测器时，根据防范要求、安装位置和安装环境，应注意以下几点。

1）窗户入口防范。

对窗户入口防范，一般将探测器安装在窗户外部左右两侧，如图 3-36 所示，此种防范方法适合二楼以上的窗户。

红外对射探测器

图 3-36　门窗安装法

注意：布防时不应影响窗户的开关（指对外开关窗扇）。

2）封门（或走廊过道）。

对在大门或走廊过道安装的探测器，可用多光束栅栏型探测器，也可配置两对双光束主动式红外对射探测器，采用叠层式安装，如图 3-37 所示。其中一对离地面不高于 150mm，另一对离地面在 700～800mm 之间。采用叠层式安装，误报率要比多光束配置来得低，因为多光束充其量就是一套防范系统，而叠层式用的是独立的两套系统，入侵者只要遮断任意一套，都会发生报警。

3）围墙安装。

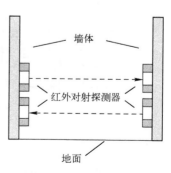

墙体

红外对射探测器

地面

图 3-37　过道防范安装法

其主要功能是防备人为的恶意翻越。根据安装条件，可采用墙顶安装和侧面（墙的内、外侧）安装两种方法。

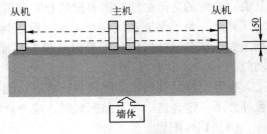

图 3-38　墙顶安装法

① 墙顶安装。

墙顶安装法如图 3-38 所示。探头的光束应高出栅栏或围墙顶部 150mm，以减少在墙上活动的小鸟、小猫等引起的误报。对墙顶上安装，可选择四光束或双光束探测器，不宜采用单光束探测器，否则误报的概率会大增。

② 侧面安装。

将探头安装在栅栏、围墙靠近顶部的侧面，内、外两个侧面均可。从防范效果上看，外侧安装可以较好地防范恶意攀爬，同时这种方式可以较好地避开小鸟、小猫的活动干扰，但涉及相邻权问题须妥善处理。

③ 探测距离确定。

根据国家规定，室外型主动红外探测器的最大探测距离应是该探测器出厂技术指标的 6 倍。如出厂的指标为 30m，则实际的通常距离必须为 180m。

在实际应用中，室外型探测器既需要考虑到室外环境及天气因素（如风、霜、雨和雪等情况），也要正常工作。所以在实际使用时，按照行规和公安技防规范的要求，需加大富裕量。约定的共识是，实际探测使用距离 ≤厂方标称值的 70%。例如，标称值 300m 的探测器，在理想环境条件下能探测的距离应是 1 800m（即标称值的 6 倍），但在实际使用时只能用于保护 ≤240m 的围墙（栏栅）。

另外，人的截面尺寸也是主动红外对射探测器安装时要考虑的依据。如果安装在围墙顶部（如图 3-38 所示），就要求光束距围墙顶端间距保持在 （150 ± 10）mm；如果安装在围墙外侧（如图 3-39 所示），就要求光束距围墙间距保持在 （175 ± 25）mm。按上述间距安装，一般能保证入侵者在越墙时能有效地遮挡双光束，从而触发报警。

4）避免盲区。

在一些容易造成盲区的地方，两对相邻的主动红外入侵探测器要求交叉安装，一般要求交叉间距 ≥300mm，即在至少 300mm 以内是二对相邻探测器的公共保护区。当然二对相邻探测器光束方向要相反，如图 3-40 所示。

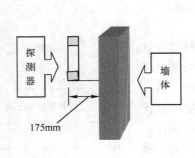

图 3-39　围墙侧面安装示意图

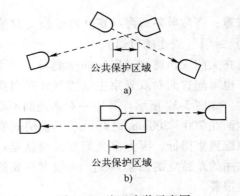

图 3-40　交叉安装示意图

5）避免交叉（相邻）干扰。

在同一直线上的两对主动式红外对射探测器最容易产生相邻互扰，可采用背靠背布防安装，其安装示意图如图 3-41 所示。否则，容易发生某对探测器发射机的光束进入另一对探测器的接收机，造成互扰。此外，也可以采用具有频率调制功能的探测器，只要将相邻两对探测器的频率错开，也可避免发射和接收之间的互相干扰。

接收　　　　发射　　　　接收

图 3-41　相邻探测器安装示意图

主动式红外对射探测器往往在使用中与其他的防范系统多重交叉、立体防范，因此在使用中必须注意应与其他系统在联动、供电、接地和防雷上采取一致的步骤，这部分内容在第 2 章的视频监控系统中已有叙及，见相关内容。

6）应避免接收端正对太阳光或强光源，若无法回避，则应选择将发射端的功率调大或调小发送端与接收端之间的距离。

7）管线安装。

必须将线缆埋地穿管敷设，不能明装，管道通常采用 PVC 塑料管。

各防区传输线采用 RVV 四芯铜质导线（电源和信号各用两芯），一般线径不小于 0.75mm。线路长短与线径息息相关，线路越长，线径要求越粗。在全路满载的情况下，一般以线路末端电压不应低于 9V 为参考值选配导线，以保证正常工作。

在有条件的情况下，敷设管道与穿线应同步进行，这样可降低敷线的难度。

8）支架与红外探测器安装。

支架材料通常有圆钢、角钢和方钢多种，安装高度根据探测器的尺寸而定，支架的形状因安装位置（如墙顶、围墙的内侧或外侧）而异。有的红外探测器自身已带有座脚，但要注意根据安装的位置配置，如有的探测器座脚适于墙顶安装，有的则适于墙壁安装。

在现场安装与设计时可能会有差异，经常遇到的有以下几点。

① 在安装支架之前，首先应目测发射器与接收器是否处于同一水平线上，以保证红外探测器发射端与接收端轴线重合，若安装墙体无法保证，则应对安装支架进行相应调整，以满足要求。

② 在主机与从机之间不应有障碍物或隐性障碍物，如刮风时，树叶和树枝会遮断光束通道。

③ 对围墙以弧形方式拐弯的地方需特别注意支架的布点，不要出现零覆盖或相邻之间互扰现象。弧形围墙的安装方法示意图如图 3-42 所示。

9）线路接驳。

安装探测器的电源线或信号线缆基本上大同小异，大部分设备间的线缆接驳可按下述方法进行。

① 电源线连接。

探测器电源供电方式为主、从机和相邻防区之间的主、从机之间均为并联关系，按规定电源正负极连接即可。

② 主动式红外对射探测器信号线连接。

主动式红外对射探测器属于开关分量型，因此

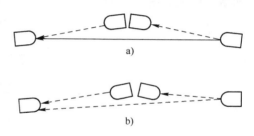

a)

b)

图 3-42　弧形围墙的安装方法示意图

a）安装错误　b）安装正确

可以把所有的有线探测器输出部分看成一个开关，这个开关有 3 个接线端子，即 COM（公共）端、NC（输出常闭）端、NO（输出常开）端。选用时可以是，COM 和 NC 或 COM 和 NO。红外对射从机可以有两种输出方式，也没有正、负极之分，通常用的是 COM 和 NC（输出常闭）端（视工程而定）。

本防区内在从机之间实施串接连接，探测器之间连接示意图如图 3-43a 所示。内部接线端子说明如图 3-43b 所示。

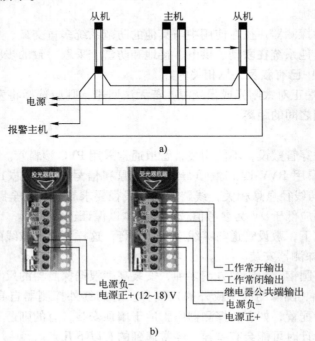

图 3-43　主动式红外对射探测器连接示意图
a）探测器之间连接示意图　b）内部接线端子说明

红外对射探测器属于室外安装，环境通常比较恶劣，因此在安装过程中，各个连接线的接头都需用烙铁锡焊焊牢固，并用热缩管密封，严禁采用简单的扭接，否则日久天长，导线表面氧化易造成接触不良，导致系统故障。

如果报警周界有防破坏线尾电阻（又称为巡检电阻），那么将接在防区的尾端从机的地方，当输出为常闭时，与从机串联；当输出为常开时，与从机并联，不允许就近接在报警主机输入端上。由图 3-44 所示可以看出，不管探测器的从机是常闭输出还是常开输出，在布

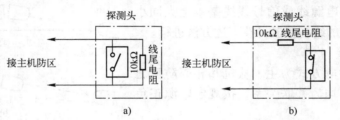

图 3-44　主动式红外对射探测器探头接线法
a）常开触点　b）常闭触点

防/撤防状态，报警主机流出的巡检电流都会通过线尾电阻，其电压降为一固定值，该值被视为系统正常值。也就是说，此时的防区安然无事。当有人故意破坏时，不管是线路被剪断或被短接，巡检电阻两端的压降都会发生很大的变化，此时，报警主机即会显示系统被人为破坏，这就是防破坏功能。但有一点必须注意的是，如线路被风刮断，或其他意外造成线路损毁，也会出现同样类型的报警，因此，系统显示的报警信息，不一定就是有人破坏。

此外，关于防拆开关的接驳，前面谈到的有关防人为损坏，主要是从接收器方面来考虑的，而对于主机的防拆卸，并没有考虑在其中。因此在接驳探测器主、从机时，应尽量将防拆开关互相串联接驳到整个系统中。防拆卸连接示意图如图3-45所示。防拆卸报警的工作原理是这样的，在探测器盖子被拆之前，防拆输出端子为闭合状态，当探测器盖子被拆时，防拆输出端子为开路状态，报警控制器即发出报警，这样处理大大提高了整个系统的安全性。不过此时所用的线缆必须是六芯线，其中两根用于电源供电，另两根用于接驳防拆开关量信号，还有两根用于报警信号。

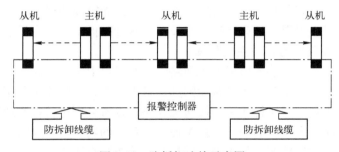

图 3-45　防拆卸连接示意图

5. 主动式红外对射探测器的调试

各防区电源、信号线在连接并检查无误之后，即可上电调试，在调试过程中出现的问题、调试顺序及解决方法大致如下。

（1）通电后某个防区故障，导致管理机指示灯闪烁

1）表示接收端与发射端对准出现误差，应重新调整发射端与接收端的对准角度。

2）发射端功率不足。如果发射端功率开关调整不当，就应将发射端功率调大，以确保系统在恶劣环境下能可靠工作。

（2）投光器光轴调整

打开探头的外罩，把眼睛对准瞄准器，观察瞄准器内影像的情况，探头的光学镜片可以直接用手在180°范围内左右调整，用螺钉旋具调节镜片下方的上下调整螺钉，镜片系统有上下12°的调整范围，反复调整，使瞄准器中对方探测器的影像落入中央位置。

（3）受光器光轴调整

首先，按照"投光器光轴调整"方法对受光器的光轴进行初调。上电后若受光器上的红色警戒指示灯熄灭，绿色指示灯长亮，且无闪烁现象，则表示光轴重合，说明投光器、受光器功能正常。

之后，调试从机受光器的红外线感受强度。打开外罩，即可看到受光器上有两个标有"＋""－"的电压测试口，用于测试受光器的受光强度，当用万用表测试时，所得值称为感光电压。调试时将万用表的测试表笔（红为＋、黑为－）插入受光器测试口，同时反复

调整镜片系统，使感光电压值达到最大值，表明探头处于最佳工作状态。

此外，早期的四光束探测器两组光学系统是分开调试的，调试时两组需分别调试，未调试的一组，必须进行遮光处理，反复调整至两组感光电压一致为止。由于涉及发射器和接收器两个探头共4个光学系统的相对应关系，所以调节起来相当困难，调试不当还会出现盲区或误报。不过，目前的产品已经把这两部分光学系统的调试合二为一了，调试起来就容易多了。

（4）遮光时间调整

根据国家标准（GB 10408.4.—2000）规定：当探测器的光束被遮挡的持续时间≥40 ms±10% 时，探测器应产生报警信号；当光束被遮挡的持续时间≤20 ms±10%，探测器不应产生报警信号。在红外探测器的受光器上设有遮光时间调节钮，调节的范围在 50~500ms 之间。

探头在出厂时，已将其遮光时间调节在通用标准位置上，一般环境下，无需重新调整遮光时间。确实需要重新调节遮光时间时应该注意，若遮光时间选得太短，灵敏度提高，则导致小动物穿越也会引起报警；若遮光时间过长，灵敏度降低，则又容易造成漏报。

（5）红外对射探测器与管理主机联调

经过探头调试后，即可接入防区输入回路中，此时可上电后观察。

管理主机本防区上的报警指示灯若无闪烁、且不点亮，防区无报警指示输出，即表示整个防区设置正常；否则，需用排除法，按防区线路、设备分别进行检查或重新调试。待防区工作状态正常后，应根据设防的要求，持类似防范对象的物体（如大小尺寸、形状），用不同的速度、不同的方式遮挡探头的光轴，以检验系统布防是否正常。

6. 故障分析与排除

（1）报警器产生误报

下面几种情况下都可能产生误报。

其一，发射端发射光束强度调整不当，当太阳光直射接收端时，导致红外光衰减而引起误报。解决方法是将发射端功率调大。

其二，如果主机与从机之间超过探测距离，就应将距离调近。

其三，系统中使用多对栅栏时由于排列不当或周围反射引起互相干扰，导致发生误报。解决方法是重新设计主、从机的排列顺序，或者在相邻两对之间设置隔离板。

（2）主机布防即报警

这是因为与主机配套的某个探头（包括防卫栅栏）在不断发报警码，所以在主机布防后立即就会接收到报警码，从而产生报警。解决方法是，逐个断开所有探头的电源，每断开一个电源，布防一次进行测试，在断开某一个探头电源布防后不再报警，表示该探头（或防卫栅栏）有故障，必须进行更换（如果是室外防卫栅栏接收端造成，就有可能是电源供电的问题）。

（3）主机自动不停的布防、撤防

这也是因为该系统中有个探头在不停地发报警码。解决方法是，逐个断开本系统中各个探头的电源，在断开哪个探头后主机恢复正常，就表示该探头有故障，需要更换或维修。探测器长期工作在室外，不可避免地会受到大气中粉尘、微生物以及霜、雪和雾的侵蚀，长久以往，在其外壁上往往会堆积一层杂质甚至青苔，这些东西必然会影响红外射线的发射和接收，造成误报警。正常保养以一个月左右清洗主、从机一次为宜。

（4）受光器的指示灯不熄灭，可能是主、从机的光轴不重合，此时需调整光轴。

3.3 家居防盗报警系统

家居（又称为户内型）安全防范报警系统与周界安全防范，在报警控制管理方面并无很大的区别。系统主要由前端探测器、信号传输和控制主机（也可与小区管理中心主机联网）等组成，其组成示意图如图3-46所示。家居防范系统的前端设备繁多，有门磁、烟感、煤气泄漏、主动式红外和被动式红外探测器等，报警主机还可以与电话网络连接，提供远程报警。常用的传输方式分为有线型、电话型、总线型和无线型。报警控制器常用的有电话联网型、有线型、无线型或有线以及无线兼容型。

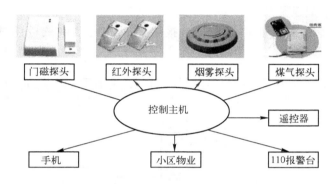

图 3-46　家居防盗报警系统组成示意图

3.3.1 家居安防系统的分类

家居安防系统根据组合方式大致可分为访客对讲联网型、电话网络传输型、无线传输型以及独户（别墅）等类型。具体选用何种类型的报警系统，应从住户的居住条件来确定，如对已装修好的房间，无线传输可避免探头与主机之间敷设连接线，室内装修无需改动，具有灵活、简洁的优点，缺点是易受外界电磁波的干扰、器件成本相对较高等。

1. 访客对讲联网型家居报警系统

这种组合在小区访客对讲系统中运用最为普遍。与访客对讲系统联网，免去了报警单元传输网络的敷设，在新建的小区中已得到普遍应用。带防区对讲的联网型系统局部框图如图3-47所示。

楼宇对讲系统的室内机（视系统而定）一般带有4个防区。这4个防区前端常用的探测器有气体泄漏探测器、门磁探测器、烟感探测器、紧急按钮和手柄式遥控报警装置。

4防区的探测器与室内主机之间采用有线连接，使用时只要将报警系统设置在布防状态即可。无论盗贼以何种方式入室，或者

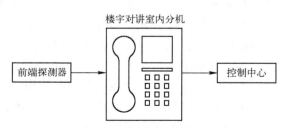

图 3-47　带防区对讲的联网型系统局部框图

煤气泄漏、火灾烟雾达到一定浓度，或者住户遇到突发事件，用户都可按动室内机键盘上的紧急按钮（或遥控器、外置紧急按钮），室内机会立即把警讯传到小区物业管理中心，管理中心即可采取应对措施。同时，管理中心还可通过管理主机将报警地点、报警性质等资料进行记录与存储，供日后案情分析用。

在这里，访客对讲室内机不仅是一台楼宇对讲设备，而且它承担家居报警系统的报警控制器的部分功能，所以它与前面谈到的报警主控制器功能类似，可在室内机上进行布防和撤防，以及将报警信息传递给小区管理中心。缺憾的是，它不能现场报警，功能也比较少。

访客系统室内机结构原因，所带的防区有限（一般只有 4 个防区），当住宅的面积较大、需要防范的区域较多时，除直接危及人身安全的防灾报警必须独立设置防区外，其他探测器还可根据现场把邻近的探测器适当合并（或采用专业型报警器），以减少防区的数量。

2. 电话网络传输型报警系统

有线电话联网传输型由前端探测器、报警主机和电话网线等组成，其组成框图如图 3-48 所示。

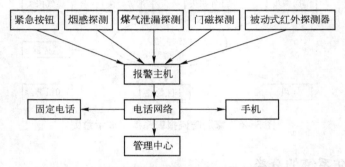

图 3-48　电话网络传输型报警系统组成框图

有线电话联网报警系统比较适合分散型报警的要求，只要有市话缆线接入即可，无需重新布线，故安装工程成本低，没有室外工程内容，在工程成本上具有优势。

在未开通固定电话的地方，手机联网报警则是较好的选择。它利用报警控制器附加了 GSM 模块，由 GSM 模块建立无线通道，这样报警控制器不仅可用来管理各种前端探测器，而且当遇有报警时，即可把警情发给 GSM 模块，然后由 GSM 模块将信息传递给主人的手机。反过来，主人也可通过手机经由 GSM 模块传递布防或撤防。需要指出的是，GSM 模块在使用时，也必须装有 SIM 卡，相当于一部手机（只不过由报警控制器操作而已），一样要缴纳月租和通话费。手机卡与主人手机之间最好为同一个营运网络。

电话网络传输方式主要用于家居报警，尤其适合别墅群（因为别墅群通常比较分散，又是单门独户，但又有统一管理的特点），住户可以很方便地通过电话网络，把别墅内的警情传递给管理中心。

手机联网适合主人在非固定场所使用，方便主人外出时，在 GSM 网能覆盖的地方，第一时间内接到警情报告，赶赴现场。因受电话线路限制，容易出现冲突。为克服这一瑕疵，有的厂家推出具有优先报警功能的手机，当电话占线时，优先接通报警电话。

图 3-49 所示为宏泰 HT-110B-6 电话联网传输型报警系统示意图。

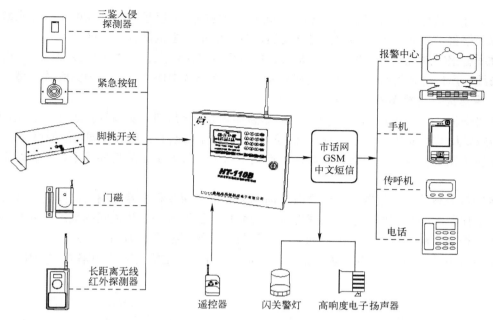

图 3-49　宏泰 HT-110B-6 电话联网传输型报警系统示意图

3. 总线型报警系统

　　总线型报警系统其核心是，通过微处理器利用总线对前端探测器进行控制。总线型报警系统组成框图如图 3-50 所示。

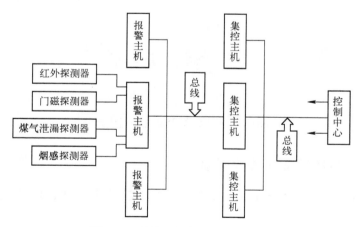

图 3-50　总线型报警系统组成框图

　　由系统可以看出，管理中心报警主机与集控主机（又称为集控器）的一对连线，称为总线，是集控主机（又称为集控器）与管理中心报警主机的数据通道。所有的集控器都并接在这对连线上，集控器都有一个编码，管理中心主机以此区分各个集控器的地址。总线主机通常有数条的总线以供使用。集控器与前端探测器之间的连线，称为分总线，是家居报警主机与集控器之间传递数据的通道，所有的家居报警主机都并接在这对连线上。由于每个报警主机都有独立的地址码，所以集控主机以此来区分各个家居报警主机的具体地址码。

　　总线型前端探测器与其他传输方式所用的探测器并无区别。家居报警主机除了传输方式上的不同外，其他常见功能都是一样的，如探测器的接入可以是无线型也可以是有线型，还可以现场报警，布防、撤防的操作与其他通信方式的报警主机没有什么区别。

总线型报警系统具有速度快、容量大、成本低的突出优点，又由于可以和访客对讲系统统一布线，所以非常适合在新建的尤其是大中型住宅小区中使用，是一种家庭普及型产品。

4. 家居无线传输型报警系统

家居安防系统由无线报警控制器、无线烟感探测器、无线泄漏探测器、被动式红外探测器、无线门磁以及无线遥控等组成，也可以根据不同的需要和场合自由组成不同功能的报警系统。

无线传输的优点是，免敷设线缆，工程施工简单；缺点是，易受外界干扰，影响系统的稳定性。

在进行无线传输型报警系统组合时，前端无线报警探头和报警控制器之间的无线发射与接收的工作频率必须相同，各个无线探头与报警控制器编解码芯片之间的地址码和数据码必须一致，否则无法进行通信，因此前端探测器与终端的配备最好为同一品牌。

图 3-51 所示为宏泰无线报警系统的组成部分，其报警主机的工作频率为 315MHz。

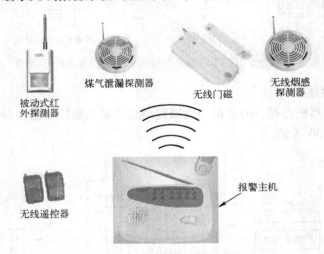

图 3-51　宏泰无线报警系统的组成部分

3.3.2　家居安防系统设备配备的原则

对居室的外门和窗户可以安装门磁探测器或主动式红外探测器，也可以选用幕帘式被动红外探测器。

客厅可安装双鉴型探测器，用于夜间防范非法入侵者。

可将紧急按钮安装在客厅或主卧室便于操作的地方。

窗户可安装玻璃破碎探测器，以防入侵者破窗而入，但若选用红外探测器，则无需使用玻璃破碎探测器或门磁探测器。

厨房需安装烟雾报警器和煤气泄漏报警器，若卫生间使用燃气热水器，则应安装煤气泄漏报警器。

可将报警控制器安装在房间隐蔽的地方，以防人为破坏（损坏）。

宏泰 HT-110 电话报警系统还适用于独户型的住户。独户型（如别墅）通常面积比较大，夜间看管着实不易。在设计时，考虑白天主人外出不在家，可以通过电话传递报警信息，夜间则可以实现现场报警，用于吓阻非法入侵者。

独户型探测器配置、设备安装、线缆敷设和调试与前面讨论的防范系统基本一样，有所不同的是，使用的探测器比较多。另外，为了避免线缆敷设的难度，部分前端探测器可选用无线传输方式，自然报警控制主机也必须是有线与无线兼容型，宏泰 HT-110 控制器即属于此类型设备。另外，由于探测器使用的数量比较多，所以相应的报警控制主机的防区路数也应按增加比例。

家居安防系统的选择与安装调试如下。

（1）家居安防系统的选择

家居安防如何选择一套安全、适用的系统呢？主要应考虑以下内容。

首先确定防盗报警系统上的最大投入，以方便设备类型的选择和防盗方式的选择（价格最高不一定是最适合的）。

确定需要防范的空间和位置。根据办公或居住环境，确定最容易受到侵犯的位置，比如阳台、窗户等。

确定每个防范位置所需的防盗器材（探测器）类型。

根据所选定的防范点数、设备和结构，确定防盗系统主机的防区数量（家居防区的设置一般以一对探测器设为一个防区）、传输方式及报警方式，进一步确定防盗主机的型号。

根据以上选择，配套周边附件，根据具体情况进行科学调整，确定安防系统方案及产品配置。产品配置必须突出家居（户内）安防系统的特点，终端的报警控制器应能实现下述主要目标。

1）在布防方式选择上，应方便留守（主人在家或值班）人员的布/撤防选择，即具备外出布防和留守布防两种布防方式。

2）可通过遥控器（或远程电话）控制主机实现布防、撤防和紧急报警。

3）具有优先报警功能。当电话占线时，优先拨打（接通）报警电话。

4）可使用交、直流两用电源，如内置备用电池，平时充电，市电断电时自动切换，确保系统正常工作。

5）有直流欠电压指示。当直流电压低于规定电压时，欠电压指示灯亮，以提醒用户及时更换电池或充电。

6）信号数字编码，互不干扰或串机。

7）可预先自录数组报警信息（如××防区发生煤气泄漏），用于报警时，可通过报警控制器电话联网系统，接通接警人，实现"实况转播"，有利接警人掌握现场情况，作出反应。

8）所有功能设置应为一键式快捷选择，操作方便，简单易学。

（2）家居安防系统的安装与调试

家居安全防范系统的安装与调试与前述周界防范基本相似，可以借鉴。无线型传输系统略有不同，主要有以下几方面。

1）主机接收不到前端探测器的报警信号。

① 检查 IC 编码是否正确。

② 检查探测器的内置电池是否正常或电池扣连接是否脱落。

③ 若是门磁探测器，则还应检查门磁与主机之间的距离以及检查安装门磁的周围环境。

④ 检查探测器的电路板是否损坏。

2）探测器的指示灯不亮或长亮不熄。

① 检查指示灯在电路板上的焊点是否松动和脱落。

② 检查电池的电量。

③ 检查电路板是否损坏。

3.4 现场报警系统

现场报警适合一些有人值守的场合或家中有人在家的情况下使用，它不需采用电话联网或无线报警的方式，只要在容易被入侵的地方安装现场报警器，就可以达到防范的目的。

现场报警器由红外或微波等探测电路及报警电路组成，是一种比较实用的自卫性威慑报警工具。在探测器侦测到入侵者之后，现场即会发出高分贝的警笛声，达到惊吓窃贼的目的。图 3-52 所示为 HT-555 三技术超级卫士现场报警器，它集警笛、警灯为一体，采用微波红外智能三鉴技术。在监控区域安装该机后，一旦有盗贼闯入，它立即发出警笛声并启动警灯，起到威慑警告和吓阻作用。这种现场报警器，可以通过无线按钮实现布防和撤防功能，也可以实现电话的联网和远程无线传输。

根据防范对象不同，还有一种现场振动式报警器，可直接对保护对象进行现场保护，如图 3-53 所示。

现场振动警报器适用于门、窗、摩托车、自行车、电动车、保险柜、墙壁、文件柜、电动伸缩门、商店、车库卷闸门等大小铁门、机械设备及各种物品的防盗警报，一旦有发生轻微振动、冲击，即可发出高分贝警报声，达到及时报警和阻吓跑盗贼的作用。这种现场报警器安装一般比较方便，可选直挂、双面胶粘贴方式，有的产品报警器背面有两块强力磁铁吸盘，可吸附在各种铁器上进行现场防盗报警。

HT-9912 为无线遥控红外防盗抗暴现场报警器，在防范探测器技术上与前面所述的现场报警器相同，但它的功能更像是一个小型的报警防范系统。被动式红外、遥控现场报警器如图 3-54所示。该机可实现以下的功能。

图 3-52　HT-555 三技术超级卫士现场报警器　　图 3-53　振动式报警器　　图 3-54　被动式红外、遥控现场报警器

1）无线遥控布防、撤防和紧急报警。

2）可配接 4 个有线开路触发报警探测器，LED 显示报警防区。

3）可配无线紧急按钮，有线紧急开路报警、有线紧急闭路报警。

4）可选配无线红外探测器、无线门磁、烟感和煤气泄漏等探测器。

5）外接大功率报警扬声器。

6）两种警笛、4 种语音报警选择。

7）报警音量两档选择。

8）报警自动复位。

9）电源交直流两用，可充电池作为备电，并实现自动切换。

现场报警器具有安装方便、使用简单的特点，适用于企事业单位和家庭安全防范和紧急求救。

3.5 实训

实训设备采用 SZPT-SAA201 防盗报警系统实训装置，如图 3-55 所示。

3.5.1 实训1 常用报警探测器的认知与调试

1. 实训目的

1）认识主动式红外与被动式红外/微波双鉴探测器的组成结构。

2）熟悉主动式红外与被动式红外/微波双鉴探测器的工作原理。

3）掌握主动式红外与被动式红外/微波双鉴探测器的连接方法。

2. 实训设备

实训设备见表 3-4。

图 3-55　SZPT-SAA201 防盗报警系统实训装置

表 3-4　实训设备

序号	名　称	规格型号	数　量	序号	名　称	规格型号	数　量
1	主动式红外探测器	DS422i	1 台	5	被动式红外/微波三鉴探测器	DS860	1 个
2	闪光报警灯		1 个	6	DC12V 电源		1 个
3	1m 导线	RVV（2X0.5）	3 根	7	1m 导线	RVV（3X0.5）	1 根
4	0.2m 跳线	红、绿、黄、黑	各 1 根	8	端子排		1 只

3. 实训工具

实训工具见表 3-5。

表 3-5　实训工具

序　号	名　称	数　量	序　号	名　称	数　量
1	小号一字螺钉旋具	1 把	5	剪刀	1 把
2	电笔	1 把	6	万用表	1 只
3	小号十字螺钉旋具	1 把	7	绝缘胶布	1 把
4	尖嘴钳	1 把			

4. 实训原理

（以主动式红外探测器为例，学生自我设计被动式红外/微波双鉴探测器的实训内容）

主动式红外发射机原理框图如图 3-56 所示，通常采用互补型自激多谐振荡电路作为调制电源，它可以产生很高占空比的脉冲波形。用大电流窄脉冲信号调制红外发光二极管，发射出脉冲调制的红外光。红外接收机通常采用光敏二极管作为光电传感器，它将接收到的红外光信号转变为电信号，经信号处理电路放大、整形后驱动继电器接点产生报警状态信号。

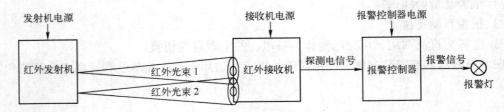

图 3-56　主动式红外发射机原理框图

1）主动式红外探测器常开接点输出原理示意图如图 3-57 所示。

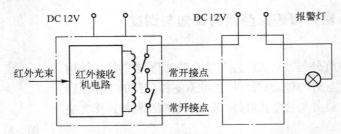

图 3-57　主动式红外探测器常开接点输出原理示意图

2）主动式红外探测器常闭接点输出原理示意图如图 3-58 所示。

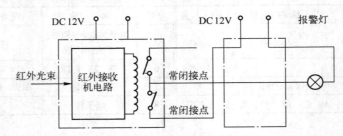

图 3-58　主动式红外探测器常闭接点输出原理示意图

3）主动式红外探测器常闭/防拆接点串联输出原理示意图如图 3-59 所示。

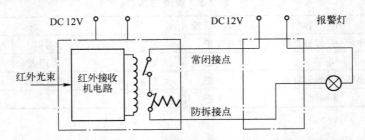

图 3-59　主动式红外探测器常闭/防拆接点串联输出原理示意图

5. 实训步骤

以主动式红外探测器为例，学生自我设计被动式红外/微波双鉴探测器的实验步骤。

1）断开实训操作台的电源开关。

2）拆开红外接收机外壳，辨认输出状态信号的常开接点端子、常闭接点端子、接收机防拆接点端子、接收机电源端子、光轴测试端子、遮挡时间调节钮及工作指示灯。

3）拆开红外发射机外壳，辨认发射机防拆接点端子、发射机电源端子和工作指示灯。

4）按图完成实训端子排上侧端子的接线，闭合实训操作台电源开关。

5）主动式红外探测器的调试主要是，校准发射机与接收机的光轴，分目测校准和电压测量校准。首先利用主动式红外探测器内配的瞄准镜，分别从接收和发射机间相互瞄准，使发射机的发射信号能够被接收机接收；然后在接收机使用万用表测量光轴测试端的直流输出电压，当正常工作输出时，电压要大于 2.5V，一般电压越高越好。

主动式红外探测器的基本连接示意图如图 3-60 所示。

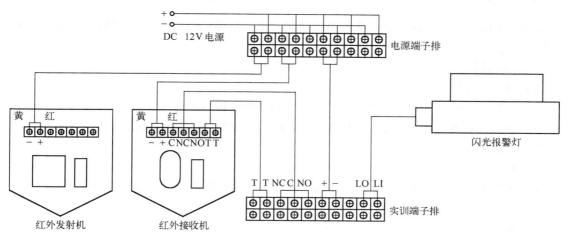

图 3-60　主动式红外探测器的基本连接示意图

主动式红外探测器的常用连接方法如图 3-61 所示。

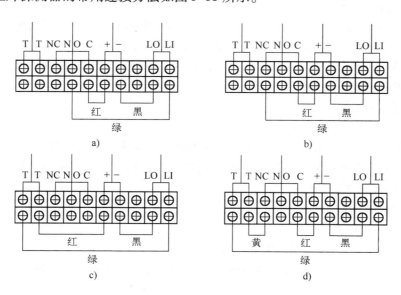

图 3-61　主动式红外探测器的常用连接方法

a）常开接点输出　b）常闭接点输出　c）防拆接点输出　d）常闭/防拆接点输出

6）通过实训端子排下侧的端子，利用短接线分别按图 3-58 所示依次完成各项实训内容。每项实训内容的接线和拆线前必须断开电源。

7）完成接线、检查无误、合闭探测器外壳和闭合电源开关。然后，人为阻断红外线，观察闪光报警灯的变化。在最后一项内容中，改变遮光时间调节钮，观察闪光报警灯的响应速度。

6. 实训结果

写出实训结果、遇到的问题、解决方法以及实训心得体会。

3.5.2　实训 2　DS6MX-CHI 报警主机的使用与系统集成

DS6MX-CHI 为六防区键盘。既可单独使用，也可以将其连接到 DS7400XI-CHI 报警主机的总线线路上。

1. 实训目的

1）认识 DS6MX-CHI 六防区键盘的结构、特点。

2）掌握 DS6MX-CHI 六防区键盘与前端探测器的连接方法。

3）通过对探测器的布/撤防的操作，充分理解布/撤防及旁路的概念。

2. 实训设备

1）DS6MX-CHI 六防区键盘。

2）紧急按钮、玻璃破碎探测器、微波/被动式红外探测器及主动式红外探测器。

3）闪光报警灯。

4）电源。

5）导线 、十字螺钉旋具 、万用表和小件材料（记号套管、接线端子排、扎线）。

3. 设备说明

（1）主要功能

1）DS6MX-CHI 有 6 个报警输入防区，1 个报警继电器输出，两个固态输出和 1 个钥匙开关。支持 1 个主码，3 个用户码，1 个劫持码和 1 个开门密码。

2）DS6MX-CHI 同时也支持无线功能，即无线接收器 RF3212/E，无线布/撤遥控 RF3332/E 和 RF3334/E 及无线探测器等。

（2）电性能指标

1）工作电压：DC 8.5 ~ 15V。

2）工作电流：待机 30mA，报警 100mA，用到可编程输出口时为 500mA。

3）防区：6 个常开或常闭防区，可编程为即时、延时、24h 和跟随防区，第 6 防区可编程为要求退出（REX）防区。

4）防区响应时间：500ms。

5）线尾电阻：10kΩ。

6）继电器输出：常开 NO/常闭 NC，DC3A/28V。

7）固态输出：两个直流输出，每个最大为 250mA，DC 0.1V 为饱和输出，电压不能超过 DC 15V。

8）兼容性：RF3212/E 无线接收器和 DS7400XI-CHI 报警主机（需 4.04 或更新版本）。

9）防拆装置：自带外壳/背板防拆开关。

4. 实训内容

1）断开实训操作台的电源开关。

2）辨认 DS6MX-CHI 各接线端子及其功能。

3）紧急按钮以常闭点与主机第 1 防区相连，警灯采用固态电压输出接法，设置为即时防区，采用单防区布防操作验证。

4）主动式红外探测器以常闭点与主机第 4 防区相连，警灯采用固态电压输出接法，设置成周界防区，设置固态输出口 1 跟随报警输出，采用周界布防后触发验证。

5）微波/被动红外探测器以常闭点和主机第 1 防区相连，设置成延时防区，退出延时为 25s（提供人 25s 退出设防区域），进入延时 5s（提供人 5s 系统撤防），并在布防后触发验证。

5. 实训步骤

（1）系统连接

1）总线和电源线。

当在 DS7400XI-CHI 上选用 DS7430 单回路总线驱动器时，MUX 总线及电源接线如图 3-62 所示。

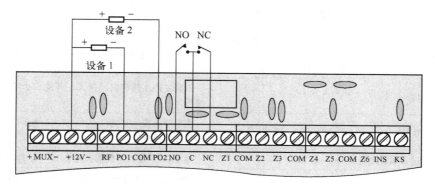

图 3-62　MUX 总线及电源接线图

2）防区接线。

防区可接为常开 NO 或常闭 NC 接点，每个防区必须接一个 10kΩ 的电阻。防区接线示意图如图 3-63 所示。

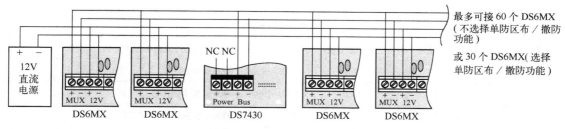

图 3-63　防区接线示意图

3）输出口接线。

DS6MX-CHI 支持 3A/28VDC 的 C 型（NC/C/NO）继电器输出。两个固态电压输出能够

被用来连接每个最大为 250mA 的设备，工作电压不能超过 DC 15V。参考输出编程地址 26
和 27。输出口接线示意图如图 3-64 所示。

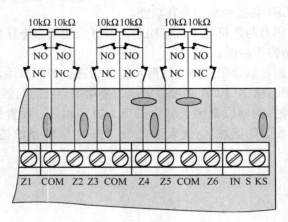

图 3-64　输出口接线示意图

（2）编程

编程步骤见表 3-6。编程表见表 3-7。

表 3-6　编程步骤

步　骤	操　　作	提　　示
1	输入主码 "x" "x" "x"	只有主码才具有编程模式，其他 3 个用户码不能用于编程
2	按住〈﹡〉键 3s，即可进入编程模式	主机蜂鸣器鸣音为 1s，6 个防区指示灯将快闪，表示已经进入编程模式
3	进入编程地址："x" 或 "x" "x" + "﹡"	地址 0~9 输入 1 位数，地址 10~45 输入两位数
4	编程值：从 "x" 到 "x" "x" "x" "x" "x" "x" "x" "x" "x"	参考地址编程参数，编程值可由 1 位数到 9 位数不等。若设置正确，则主机将鸣音 2s 进行确认；若设置错误，则可按〈#〉键清除返回步骤 3
5	重复步骤 3 和 4，编程其他地址	
6	按住〈﹡〉键 3s 推出编程模式	主机蜂鸣器鸣音为 1s，6 个防区防将熄灭，表示已经推出编程模式

表 3-7　编程表

地　址	说　　明	预置值	编程值选项范围
0	主码	1234	0001~9999（0000 = 不允许）
1	用户 1	1000	0001~9999（0000 = 禁止使用该用户）
2	用户 2	0000	0001~9999（0000 = 禁止使用该用户）
3	用户 3	0000	0001~9999（0000 = 禁止使用该用户）
4	报警输入时间	180	000~999（0~999s）
5	推出延时时间	090	000~999（0~999s）

地　址	说　明	预　置　值	编程值选项范围
6	进入延时时间	090	000～999（0～999s）
7	防区 1 类型	2	1 = 即时；2 = 延时；3 = 24h；4 = 跟随；5 = 静音防区；6 = 周界防区；7 = 周界延时防区
8	防区 1 旁路	2	1 = 允许旁路；2 = 不允许弹性旁路
9	防区 1 弹性旁路	2	1 = 允许弹性旁路；2 = 不允许弹性旁路
10	防区 2 类型	4	1 = 即时；2 = 延时；3 = 24h；4 = 跟随；5 = 静音防区；6 = 周界防区；7 = 周界延时防区
11	防区 2 旁路	2	1 = 允许旁路；2 = 不允许弹性旁路
12	防区 2 弹性旁路	2	1 = 允许弹性旁路；2 = 不允许弹性旁路
13	防区 3 类型	1	1 = 即时；2 = 延时；3 = 24h；4 = 跟随；5 = 静音防区；6 = 周界防区；7 = 周界延时防区
14	防区 3 旁路	2	1 = 允许旁路；2 = 不允许弹性旁路
15	防区 3 弹性旁路	2	1 = 允许弹性旁路；2 = 不允许弹性旁路
16	防区 4 类型	1	1 = 即时；2 = 延时；3 = 24h；4 = 跟随；5 = 静音防区；6 = 周界防区；7 = 周界延时防区
17	防区 4 旁路	2	1 = 允许旁路；2 = 不允许弹性旁路
18	防区 4 弹性旁路	2	1 = 允许弹性旁路；2 = 不允许弹性旁路
19	防区 5 类型	1	1 = 即时；2 = 延时；3 = 24h；4 = 跟随；5 = 静音防区；6 = 周界防区；7 = 周界延时防区
20	防区 5 旁路	2	1 = 允许旁路；2 = 不允许弹性旁路
21	防区 5 弹性旁路	2	1 = 允许弹性旁路；2 = 不允许弹性旁路
22	防区 6 类型	3	1 = 即时；2 = 延时；3 = 24h；4 = 跟随；5 = 静音防区；6 = 周界防区；7 = 周界延时防区；8 = REX
23	防区 6 旁路	2	1 = 允许旁路；2 = 不允许弹性旁路
24	防区 6 弹性旁路	2	1 = 允许弹性旁路；2 = 不允许弹性旁路
25	键盘蜂鸣器	1	0 = 关闭；1 = 打开
26	固态输出口 1	1	1 = 跟随布防/撤防状态；2 = 跟随报警输出
27	固态输出 2	1	1 = 跟随火警复位；2 = 跟随报警；3 = 跟随开门密码
28	快速布防	2	1 = 允许快速布防；2 = 不允许快速布防
29	外部布/撤防	1	1 = 只能布防；2 = 布防/撤防
30	紧急键功能	0	0 = 不使用；1 = 使用
31	继电器输出	0	0 = 跟随报警输出；1 = 跟随开门密码

（3）系统布防/撤防

主码或用户密码 + 〈布防〉键；如果密码正确，红色布防指示灯就恒亮，表示布防。若系统有延时防区，在退出延时期间，蜂鸣器将鸣音。在所设置的退出延时时间的最后 20s，蜂鸣器的鸣音率将加速。在所设置的退出延时时间结束后，红色的布防状态指示灯将恒亮，若此时有一个防区被触发，则会报警。

若使用系统布防，则应注意避免使用单防区撤防。

撤防/消除报警方法：PIN（1234）+ Off。此时 Armed 红灯将熄灭。

（4）单防区布防/撤防

单防区布防操作如下："主码或用户码" + "#" + "防区编号（1、2、3、4、5、6 或 6 个防区的任意组合）" + 〈布防〉键。容许单个防区或多个防区布防；若密码正确，则红色布防指示灯恒亮表示布防。若防区已布防，则所布防的防区 LED 灯将每 3s 闪烁一次。

单防区撤防操作如下："主码或用户码" + "#" + "防区编号（1、2、3、4、5、6 或 6 个防区的任意组合）" + 〈撤防〉键。容许单个防区或多个防区撤防。若有延时防区先触发，则密码必须要在延时时间结束前输入。被撤防的防区 LED 灯将熄灭。若密码正确及所有防区已撤防，则红色布防指示灯将熄灭。

注意： 24h 防区不可单防区布、撤防。

（5）周界布防

周界布防操作如下：主码或用户密码 + "#" + 〈布防〉键；所有周界布防防区每 3s 闪烁一次。若有周界延时防区，则在退出延时期间，蜂鸣器将会鸣音。在所设置的退出延时时间结束后，红色布防状态将持续闪烁。若此时有一个周界防区被触发，则会报警。若单防区布/撤防功能被启用（地址码 61 = 2），周界布防报告为多个单防区布防。若使用周界布防，应注意避免使用单防区撤防。

（6）旁路防区

输入"用户密码或主码" + "旁路" + "防区编号（1、2、3、4、5、6 或 6 个防区的任意组合）" + "布防"即可旁路某一防区，进入布防状态并延时退出。系统撤防后，所有被旁路的防区都将被清除，并自动复位。在某一防区被旁路后，其相应的指示灯将每 2s 闪烁一次，以指示旁路状态。

注意： 24h 防区不可以旁路。

（7）清除报警

按〈#〉键 3s。

6. 实训结果

写出实训结果、遇到的问题、解决方法以及实训心得体会。

3.5.3　实训 3　总线型报警系统的集成与安装

1. 实训目的

1）通过总线型报警主机综合实验，使学生对总线型报警主机 DS7400I 有初步认识。

2）了解探测器与模块、模块与主机之间的关系。

3）要求掌握 DS7400 与各种探测器之间的接线方法；掌握各附件方法（如键盘、声光警号和蓄电池等）的接线方法。

4）初步掌握 DS7400 的编程、撤/布防、防区类型的设置等方法。

2. 实训设备

实训设备见表 3-8。

表 3-8　实训设备

序号	名　　称	规 格 型 号	数　量	序号	名　　称	规 格 型 号	数　量
1	总线型报警主机	DS7400	1 台	8	单防区模块	DS7457I	1 块
2	总线模块	DS7436	1 块	9	双防区模块	DS7460I	1 块
3	主机键盘	DS7447I	1 个	10	八防区模块	DS7432	1 块
4	声光警号		1 个	11	幕帘式红外探测器	DS920	1 个
5	四芯线、二芯线		若干	12	振动探测器	DS1525	1 个
6	电阻	47 K	若干	13	主动式红外探测器	DS422I	1 对
7	蓄电池		1 个				

3. 实训工具

实训工具见表 3-9。

表 3-9　实训工具

序　　号	名　　称	数　量	序　　号	名　　称	数　量
1	小号一字螺钉旋具	1 把	5	剪刀	1 把
2	小号十字螺钉旋具	1 把	6	绝缘胶布	1 把
3	电笔	1 把	7	万用表	1 只
4	尖嘴钳	1 把			

4. 实训内容

完成探测器与模块之间、模块与主机之间的接线。学会总线扩展模块的地址拨码、防区设置、分区设置等。了解 DS7400 的初步编程方法。

DS7457I 单防区扩展模块示意图如图 3-65 所示。

DS7400 系统结构示意图如图 3-66 所示。

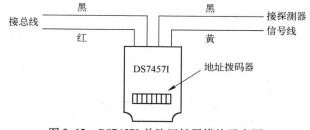

图 3-65　DS7457I 单防区扩展模块示意图

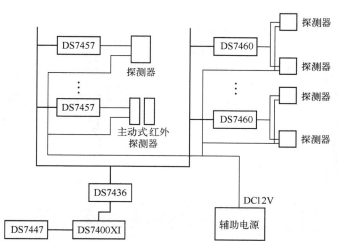

图 3-66　DS7400 系统结构示意图

DS7460I 双防区扩展模块示意图如图 3-67 所示。

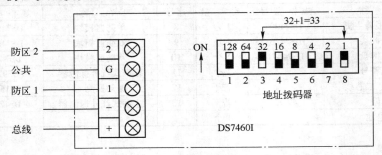

图 3-67　DS7460I 双防区扩展模块示意图

单防区与双防区模块的 8 位地址拨码开关示意图如图 3-68 所示。

DS7432 八防区扩展模块示意图如图 3-69 所示。

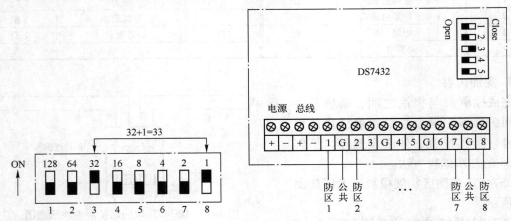

图 3-68　单防区与双防区模块的 8 位地址
拨码开关示意图

图 3-69　DS7432 八防区扩展模块示意图

DS7400 主板接线示意图如图 3-70 所示。

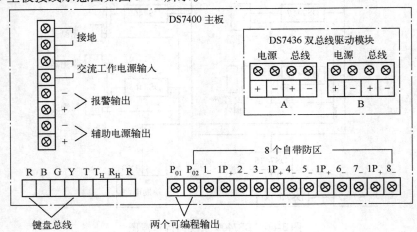

图 3-70　DS7400 主板接线示意图

5. 实训要求

1）要求学习了解实训安装的样例系统（采用了 DS7432 八防区总线扩展模块），并画出样例系统的系统图和接线图。

2）完成总线扩展模块与总线的连接。完成探测器与总线扩展模块之间的接线，并按表 3-10 要求设置模块的地址。

表 3-10　设置模块的地址

防区组号	DS7460 双防区总线输入模块		DS7457 单防区总线输入模块
	DS920 幕帘式红外探测器	DS1525 振动探测器	DS422I 主动式红外对射探测器
1	9 防区	10 防区	11 防区
2	17 防区	18 防区	19 防区
3	25 防区	26 防区	27 防区
4	33 防区	34 防区	35 防区
5	41 防区	42 防区	43 防区
6	49 防区	50 防区	51 防区
7	57 防区	58 防区	59 防区

3）将 DS920 幕帘式红外探测器所在防区设置为延时防区，延时时间为 25s。

4）将 DS1525 振动探测器所在防区设置为 24h 报警防区。

5）将 DS422I 主动式红外探测器所在防区设置为即时防区。

6）设置所在组号与防区所属分区号相同。

7）设置退出延时时间为 5s。

8）画出各小组的实验接线详图。

6. 实训步骤

1）规划好探测器所属防区号。

2）完成探测器与总线扩展模块之间的连线。完成总线扩展模块与主机间的连线。在所有接线检查无误后方可通电。

3）主机设置（主机编程）。

4）设备调试。

7. 编程设置（编程由老师完成）

DS7400 主机的出厂密码有两个，一个是主操作码（即高级用户）1234；另一个是编程密码 9876。进入编程模式的指令是 9876 + #0。

以下系统编程以第一小组为例。

1）把 DS920 幕帘式红外探测器所在防区设置为延时防区，延时时间为 25s。

① 9876 + #0　　　　进入编程模式

② 0039　　　　　　输入 9 防区的防区地址

③ 01 + #　　　　　将 9 防区设置为延时 1 防区

④ 0419 　　　　　　　进入 9 防区的防区特性地址

⑤ 10 + # 　　　　　　确定是通过 DS7460I 扩展模块与主机通信的

⑥ 4028 　　　　　　　进入延时时间 1 的地址

⑦ 05 + # 　　　　　　将延时时间 1 设置延时时间为 25s

⑧ 长按 * 　　　　　　退出编程模式

⑨ 调试

2）DS1525 振动探测器所在防区设置为 24h 报警防区。

① 9876 + #0 　　　　　进入程模式

② 0040 　　　　　　　输入 10 防区的防区地址

③ 07 + # 　　　　　　将 10 防区设置为 24h 防区

④ 0419 　　　　　　　进入 10 防区的防区特性地址

⑤ 11 + # 　　　　　　确定 10 防区也是通过 DS7460I 扩展模块与主机通信的，第 1 位是
　　　　　　　　　　　9 防区的防区特性地址，第 2 位是 10 防区的防区特性地址

⑥ 长按 * 　　　　　　退出编程模式

⑦ 调试

3）DS422I 主动红外探测器所在防区设置为即时防区。

① 9876 + #0 　　　　　进入程模式

② 0041 　　　　　　　输入 11 防区的防区地址

③ 03 + # 　　　　　　将 11 防区设置为即时防区

④ 0420 　　　　　　　进入 11 防区的防区特性地址

⑤ 00 + # 　　　　　　确定 11 防区是通过 DS7457I 扩展模块与主机通信，防区特性地址
　　　　　　　　　　　的内容，主机一般都默认为 00

⑥ 长按 * 　　　　　　退出编程模式

⑦ 调试

4）所在组号与防区所属分区号相同（以第一组为例）。

① 9876 + #0 　　　　　进入程模式

② 3420 　　　　　　　确定使用多少分区的地址

③ 60 + # 　　　　　　确定使用 7 个分区，且无公共分区

④ 0291 　　　　　　　输入 9 防区的"分区地址"

⑤ 00 + # 　　　　　　将 9 防区与 10 防区设置为 1 分区的防区

⑥ 0292 　　　　　　　输入 11 防区的"分区地址"

⑦ 01 + # 　　　　　　第 1 位数据"0"表示将第 11 防区设置为 1 分区的防区；第 2 位
　　　　　　　　　　　数据"1"表示将第 12 防区设置为 2 分区的防区。因为第 12 防区
　　　　　　　　　　　不属于第一小组，所以在实验过程中可以与第二小组协助完成

⑧ 长按 * 　　　　　　退出编程模式

⑨ 调试

5）设置退出延时时间为 5s。

① 9876 + #0 　　　　　进入编程模式

② 4030 　　　　　　　输入"退出延时时间"的地址

③ 01 + #　　　　　　　将"退出延时时间"设置为 5 s

④ 长按 *　　　　　　　退出编程模式

⑤ 调试

8. 实训结果

写出实训结果、遇到的问题、解决方法以及实训心得体会。

3.5.4　实训 4　总线型报警系统的编程与操作

1. 实训目的

1）熟悉总线型主机 DS7400 与扩展模块之间的接线以及与辅助设备之间的接线方法。

2）掌握防盗系统的设计要求，对主要区域、主要出入口进行重点防护。

3）熟练掌握总线型主机（DS7400）的编程方法。

2. 实训设备

实训设备见表 3-11。

表 3-11　实训设备

序号	名　称	规格型号	数　量	序号	名　称	规格型号	数　量
1	总线型报警主机	DS7400	1 台	8	单防区模块	DS7457I	1 块
2	总线模块	DS7436	1 块	9	双防区模块	DS7460I	1 块
3	主机键盘	DS7447I	1 个	10	八防区模块	DS7432	1 块
4	声光警号		1 个	11	幕帘式红外探测器	DS920	1 个
5	四芯线、二芯线		若干	12	振动探测器	DS1525	1 个
6	电阻	47 K	若干	13	主动式红外探测器	DS422I	1 对
7	蓄电池		1 个	14	其他探测器		若干

3. 实训工具

实训工具见表 3-12。

表 3-12　实训工具

序　号	名　称	数　量	序　号	名　称	数　量
1	小号一字螺钉旋具	1 把	6	尖嘴钳	1 把
2	小号十字螺钉旋具	1 把	7	剪刀	1 把
3	大号一字螺钉旋具	1 把	8	绝缘胶布	1 把
4	大号一字螺钉旋具	1 把	9	万用表	1 只
5	电笔	1 把			

4. 实训内容

以现有的模拟防入侵报警系统为例，画出系统结构图，对总线型主机进行编程设置，尽可能地减少漏报警，降低误报率。通过编程使学生熟练掌握 DS7400 的编程方法。

5. 实训要求

1）对周界防区，紧急按钮设置为 24h 防区，对其他相应防区进行相应的设置。

2）对防范区域内进行相应测试，调试通过。

6. 实训步骤

1）了解现有的模拟入侵报警系统的结构与设备的接线方法。

2）画出模拟系统的系统结构图。

3）进行系统设置（主机编程）。

4）系统调试。

7. 编程设置

（1）DS7400 主机键盘（DS7447）的使用

DS7400 主机编程地址是四位数，而每个地址的数据是两位。例如，将地址 0001 中填数据 21，方法如下。

首先按进入编程指令 9876 + #0，此时 DS7447 键盘的灯都闪动。键盘显示：

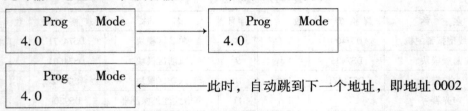

此时输入地址 0001，接着输入 21 + #，则显示顺序为：

此时，自动跳到下一个地址，即地址 0002

若不需要对地址 0002 进入编程，则连续按两次〈 * 〉键，就返回，此时就可以输入新的地址及该地址要设置的数据了。

（2）一般防区编程的步骤

1）确定防区功能（防区类型）。

DS7400 有 30 种防区功能可以设置，用户可以根据自己的习惯自行设置，分别占用地址 0001 ~ 0030，每个地址中有两位数据。

防区功能编程出厂值设置状态如表 3-13 所示。

表 3-13 防区功能编程出厂值设置状态

防区功能号	对 应 地 址	出厂值数据	含 义
01	0001	23	连续报警，延时 1
02	0002	24	连续报警，延时 2
03	0003	21	连续报警，周界即时
04	0004	25	连续报警，内部/入口跟随
05	0005	26	连续报警，内部留守/外出
06	0006	27	连续报警，内部即时

防区功能号	对应地址	出厂值数据	含义
07	0007	22	连续报警，24h 防区
08	0008	7 * 0	脉冲报警，附校验火警
⋮	⋮		
30	0030		

在防区功能地址中的数据含义表示如表 3-14 所示。

表 3-14　防区功能地址中的数据含义表示

数据1	数据2

输入数据	含义
0	无声、无显示防区，开路短路报警
1	无显示防区，开路短路报警
2	连续报警声输出，开路短路报警
3	脉冲报警声输出，开路短路报警

输入数据	含义
0	无效防区
1	即时防区
2	24h 防区
3	延时 1 防区
4	延时 2 防区
9	布/撤防防区
* 0	防火防区（带校验）
* 1	防火防区（无校验）

选择功能	输入数据
对单个分区布防/撤防（不能强制布防）	0
对单个分区布防/撤防（能强制布防）	1
对所有分区布防/撤防（不能强制布防）	2
对所有分区布防/撤防（能强制布防）	3

如果第二个数据位为 9，那么第一个数据位就必须为表中的数据。

2）确定一个防区的防区功能。

DS7400 主机共有 248 个防区（通过 DS7436 扩展模块可扩展 240 个防区，主机自带 8 个防区），分别对应地址 0031～0278 总共 248 个地址，每一个地址对应一个防区。每个防区地址都有两位数据组成，这两位数据对应的是表 4-1 所示的防区功能号，分别是功能号 01～30 之间。使用多少个防区就编多少个地址，不用的防区在防区地址中必须填 "00"（也就是说，对不使用任何防区功能号的情况，一般默认值为 00）。

也可以用公式：防区地址 = 防区号 + 30

例如，将第 32 防区设为 24h 防区（防区功能号使用出厂值），确定防区功能，并编程如下。

由上面公式可以知道，32 + 30 = 62，所以第 32 防区所对应的防区地址是 0062，经查表得出，第 32 防区的地址也为 0062。因此，我们一般可以用此公式计算相应的防区地址。

因设为 24h 防区，经查表 3-8 得，24h 防区功能号为 07。

将第 32 防区设为 24h 防区，具体编程如下。

① 9876＋#0　　　　进入编程模式（DS7400 进入编程模式的默认密码与小型报警主机进入 CC488/408 的默认密码是不同的，不能混淆）

② 0062　　　　　　输入 32 防区的防区地址（不能直接按〈#〉键，因为在 DS7400 中，〈#〉是表示确认键，且在 DS7400 主机中输入/改写数据，只能地址和数据同时进行输入，再按〈#〉键确认）

③ 07＋#　　　　　确认将 0062 地址中的内容改成数据 07，即将 32 防区设置为 24h 防区

④ 长按 *　　　　　退出编程模式

⑤ 调试

3）确定防区特性（即采用哪种防区扩展模块）。

DS7400 是一种总线式大型报警主机系统，可使用的防区扩展模块有很多，如 DS7457I、DS7432、DS7460I、DS7465 和 DS-3MX 等系列，具体选择哪种型号可在这项地址中设置。地址从 0415～0538 共 124 个地址，每个地址有两位数据位，依次分别代表两个防区。防区特性地址数据含义如表 3-15 所示。

表 3-15　防区特性地址数据含义

数　据	含　义
0	主机自带防区或 DS74571 模块
1	DS7432、DS7433、DS7460
2	DS7465
3	MX280、MX280TH
4	MX280THL
5	Keyfob
6	使用 DS-3MX

注意：当使用 DS7465 时，第一位数据填 2，第二位数据必须是 2。

4）分区编程。

DS7400 报警主机可分为 8 个独立分区，并可自由设置每个分区含有哪些防区。每个分区可独立地进行布防/撤防。

① 确定系统使用几个分区，有无公共分区。

公共分区是指当其他相关分区都布防时，公共分区才能布防；而当公共分区先撤防时，其他相关分区才能撤防。在地址 3420 中，第一位数据位表示确定使用几个分区，第 2 个数据位确定公共分区与其他分区的关系。

分区地址数据含义如表 3-16 所示。

表 3-16　分区地址数据含义

输 入 数 据	含　　义
0	使用 1 个分区
1	使用 2 个分区
2	使用 3 个分区
3	使用 4 个分区
4	使用 5 个分区
5	使用 6 个分区
6	使用 7 个分区
7	使用 8 个分区

选 择 项 目	输 入 数 据
无公共分区	0
分区 1 是分区 2 和 3 的公共分区	1
分区 1 是分区 2 和 4 的公共分区	2
分区 1 是分区 2 和 5 的公共分区	3
分区 1 是分区 2 和 6 的公共分区	4
分区 1 是分区 2 和 7 的公共分区	5
分区 1 是分区 2 和 8 的公共分区	6

② 确定哪些防区属于哪个分区。

这个编程的概念是，DS7400 有 248 个防区，可分为 8 个独立的分区，将这 248 个防区设置到不同的分区中去，从地址 0287 ~ 0410 共 124 个地址。每个地址有两个数据位，共 248 个数据位，它们依次代表 248 个防区。在这 248 个数据位中填入不同的数据，就表示系统的 248 个防区属于不同的分区。防区归属分区地址数据含义可参考附录。其各地址的两位数据位含义如表 3-17 所示。

表 3-17　防区归属分区地址两位数据位含义

数　　据	含　　义
0	1 分区
1	2 分区
2	3 分区
3	4 分区
4	5 分区
5	6 分区
6	7 分区
7	8 分区

数　　据	含　　义
0	1 分区
1	2 分区
2	3 分区
3	4 分区
4	5 分区
5	6 分区
6	7 分区
7	8 分区

（3）进入／退出延时编程设置

1）进入延时时间设置。DS7400I 主机有两个进入延时时间，分别是进入延时时间 1 和进入延时时间 2。进入延时时间 1 的设置地址在 4028，进入延时时间 2 的设置地址在 4029，每个地址有两位数据。两个数据位表示时间，以 5s 为单位，输入数据范围是 00 ~ 51（即最大为 255s），预设值为 09。进入延时时间 1 与进入延时时间 2 的设置方法是一样的。

2）退出延时时间设置。退出延时时间设置与进入延时时间设置的方法是相同的，只是地址不同。退出延时时间的设置地址是 4030，每个地址有两位数据。两个数据位表示时间，以 5s 为单位，输入数据范围是 00 ~ 51（即最大为 255s），预设值为 12（即 60s）。

8. 实训结果

写出实训结果、遇到的问题、解决方法以及实训心得体会。

3.6 本章小结

小区（住宅）安全防范系统由前端、传输和报警控制器组成。

前端的设备通称为探测器，常用的探测器有主动式红外对射探测器、被动式红外探测器、泄漏电缆探测器、振动式探测器、微波探测器、玻璃破碎探测器、双鉴式（双技术）探测器、烟感探测器、气体泄漏探测器和门磁开关。

传输方式有有线传输型、电话网络传输型、总线型和无线传输型。

报警控制器由信号处理电路和报警装置组成。

家居报警系统根据组合方式大致分为访客对讲联网型、电话网络传输型、无线传输型以及独户（别墅）等类型。

3.7 思考题

1. 红外接收机和红外发射机的接线内容有什么区别？

2. 为什么要校准光轴？

3. 校准、光轴的过程是什么？

4. 为什么要进行遮挡时间调整？

5. 遮挡时间调整位置与探测器灵敏度的关系如何？

6. 如果进行单独微波探测器安装，其探测范围轴线方向与可能入侵方向成多少度探测最灵敏？说明理由。

7. 当进行被动式红外/微波双鉴探测器安装时，其探测范围轴线方向与可能入侵方向成多少度探测最灵敏？说明理由。

8. 采用双鉴探测器有何好处？举例说明还有哪些双鉴探测器。

9. 思考一般采用的总线有哪几种？它们分别能传输多少距离？DS7400I 主机的总线能传输多少距离？

10. 大型防盗主机防区较多，很容易引起误报警与漏报警。如何降低探测器的误报率、漏报率已成为重点问题，试谈谈你的看法。

11. 思考总线型主机与分线型主机相比有何优点。

12. 简述入侵报警系统由哪几部分构成。

13. 当 DS6MX-CHI 防区接为常开 NO 或常闭 NC 接点时，防区线尾电阻接法有何不同？

14. 在入侵报警系统中常用的防区类型有哪些？

第4章 访客对讲门禁系统

访客对讲门禁系统（简称为门禁系统）是采用现代电子与信息技术，在出入口对人或物这两类目标的进、出、放行、拒绝、记录和报警等进行操作的控制系统。出入口控制系统是安全技术防范领域的重要组成部分，是现代信息科技发展的产物，是智能小区的必然需求。楼宇访客对讲门禁系统是智能小区中应用最广泛、使用频率最高的系统。

4.1 门禁系统的基础知识

门禁控制系统是 20 世纪 70 年代发展起来的安全防范技术，它实现了人员出入的自动控制，是现今用于在各种保安区域中管理各种人员出入及活动的一种有效途径。使用这种完全自动化的系统能最大限度地减少所需的人力资源。这种系统还能提供人员活动的历史记录，在必要时为管理人员提供有用的判断信息。

出入口控制系统的功能是对人员的出入进行管理，保证授权出入人员的自由出入，限制未授权人员的进入，对于强行闯入的行为予以报警，并可同时对出入的人员代码、出入时间、出入门代码等情况进行登录与存储，从而成为确保区域安全、实现智能化管理的有效措施。

4.1.1 门禁系统的组成

门禁系统主要由门禁识别卡、门禁识别器、门禁控制器、电锁、闭门器、其他设备和门禁软件等组成。图 4-1 所示即为典型门禁系统的组成示意图。

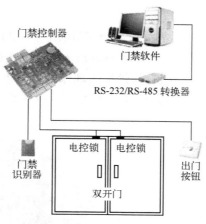

图 4-1 典型门禁系统组成示意图

1. 门禁识别卡

门禁识别卡（简称为门禁卡）是门禁系统开门的"钥匙"，这个"钥匙"在不同的门禁系统中可以是磁卡密码或者是指纹、掌纹、虹膜、视网膜、脸面和声音等各种人体生物特征。门禁识别卡如图 4-2 所示。

图 4-2　门禁识别卡

2. 门禁识别器

门禁识别器负责读取门禁卡中的数据信息或生物特征信息，并将这些信息输入到门禁控制器中。门禁识别器主要有密码识别器（如图 4-3 所示）、IC/ID 卡识别器（如图 4-4 所示）、指纹识别器（如图 4-5 所示）等。

图 4-3　密码识别器

图 4-4　IC/ID 卡识别器

图 4-5　指纹识别器

3. 门禁控制器

门禁控制器是门禁系统的核心部分，相当于计算机的 CPU，它负责整个系统输入、输出信息的处理储存和控制等。它验证门禁识别器出入信息的正确性，并根据出入法则和管理规则判断其有效性，若有效，则对执行部件发出动作信号。单门一体机、联网门禁控制器、虹膜识别门禁控制器和人脸识别门禁控制器分别如图 4-6 ~ 图 4-9 所示。

图 4-6　单门一体机

图 4-7　联网门禁控制器

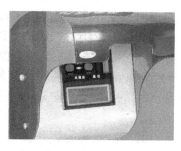
图 4-8　虹膜识别门禁控制器

图 4-9　人脸识别门禁控制器

4. 电锁

电锁是门禁系统的重要组成部分，通常称为锁控。电锁的主要品种有电控锁、电插锁（又称为电控阳锁）、电控阴锁、磁力锁（又称为电磁锁）。电锁有以下 4 种区分方式。

1）电锁按电源控制方式可分为断电"开门"（通电"锁门"）和断电"锁门"（通电"开门"）两种启闭方式。

断电"开门"电锁（通电"锁门"电锁）。常见的是磁力锁、电插锁和电控阴锁。当停电时，电锁处于"开"的状态，门扇开。如磁力锁，平时状态为通电状态，通过电磁铁产生的磁性与金属片吸合，使门闭合。当室内分机发出开锁信号时，系统将锁电源断开。断电"开门"电锁，一般有开锁延时时间，在延时时间过后，系统将恢复到通电状态，门在此时若复位到闭合位置时，电磁锁将自动吸合。使用断电开锁应该注意调整门口主机的控制开锁时间：如果时间过短，就将造成开门后马上吸合，使用者在没有来得及拉开门的时候门又锁上；如果时间过长，就将造成开门后一段时间内不能够锁门，给安全带来隐患。

断电"锁门"电锁（通电"开门"电锁）。常见有电控锁，即停电后电控锁处于"锁"的状态，门扇关闭。这类电锁内部有一个磁性线圈，平时为断电状态，不产生磁力，只在通电后磁性线圈才产生磁力，磁力吸动锁舌以实现开锁。断电"锁门"的电锁通常不采用开锁延时方式，因电流比较大，磁性线圈在通电时间过长的情况下容易烧毁。如 H306 型电控锁"开锁"的瞬间电流可达 1.1A。

2）电锁按锁舌控制方式可分为以下两种方式。

① 电控阳锁（阳极锁）。如电插锁（玻璃门锁）和电机锁。其特点是在配套的锁片中附有锁片检测装置（磁性材料），其控制过程分为两步：第一步，当给出闭锁信号时，通电；第二步，若装在门框上的锁具未检测到锁片到位（门没有关闭到位）的信号，则锁舌不会伸出，直至锁片到位才依靠磁力控制锁具内的干簧管接通内部电路，将锁舌推出，完成闭锁动作。该锁工作模式是断电"开门"、通电"锁门"，闭锁时的电流在 0.3 ~ 1.2A。

② 电控阴锁（阴极锁）。如电锁口（阴极锁）和电控锁。通过磁力杆锁住锁舌，外力无法开锁；开锁时松开磁力杆，在外力作用下推开锁舌，达到开锁的目的。这种类型的锁多采用加电开启，断电闭锁的模式，如电控锁；也有加电闭锁，断电开启的模式，如阴极锁。

3）电锁按开启控制方式分为两种：一种是电控开启锁具，如电磁锁、电插锁；另一种是用电控或机械两种方式开启锁具，如电控锁和电机锁。

4）电锁按主要品种可分为以下 4 种类型。

① 电控锁（如图 4-10a 所示）。电控锁常用于向外开启的单向门上，具有手动开锁、室外用钥匙或加装接触性和非接触性感应器开锁等功能，无电时可机械开锁。关闭门扇时需要碰撞才能闭门，并发出撞击声，但现在产品机械撞击声已经可以做得较小，关门的噪声＜30dB，被广泛地应用于居民楼的对讲开门系统中。它属于断电开门、得电关门一类的电控锁。

② 电锁口（如图 4-10b 所示）。又称为阴极锁、阳极锁（应用必须两者配套使用），通常被安装在门侧，与球形锁等机械锁配合使用，电动部分为锁孔挡板，被安装在门框上，适用于办公室普通木门，可与 IC 卡锁具、阳极锁配套使用。

③ 电插锁（如图 4-10c 所示）。锁具被固定在门框的上部，配套的锁片被固定在门上。可通电上锁或通电开锁，或自行互换。电动部分是锁舌或者锁销，适用于双向 180°开门的玻璃门或防盗铁门。

通常双向开启玻璃门装有地弹簧，在闭门时，若地弹簧安装不良或质量问题，则会导致不能正常关闭到位，如门尚未到位插销已落下，或门根本无法回到预定的位置上。若遇这种情况，则可根据需要调整延长电插锁的闭门时间，或调整地弹簧。

阳极锁适用于双向开门，无需碰撞关门，自动上锁，因此没有关门撞击声。

④ 磁力锁（如图 4-10d 所示）。分明装型和暗装型两种，结构上由锁体和吸板两部分组成。磁力锁的锁体通常被安装在门框上，吸板则被安装在门扇与锁体相对应的位置上。当门扇被关上时，利用锁体线圈通电时产生的磁力吸住吸板（门扇）；当断电时，吸力消失，门扇即可打开。

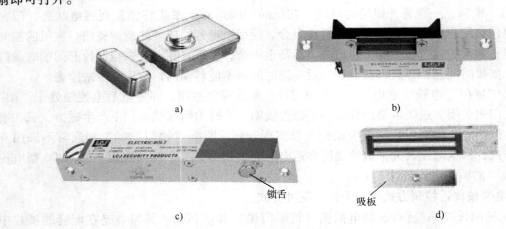

a)   b)

锁舌   吸板

c)   d)

图 4-10 电磁锁具

a) 电控锁　b) 电锁口　c) 电插锁　d) 磁力锁

磁力锁安装方法示意图如图 4-11 所示。

5）电锁的选用。

① 选用电锁的原则如下。

其一是选择门的材质：玻璃门、铁门和木门。玻璃门（含无框玻璃门）宜采用电插锁；铁门和木门宜采用磁力锁或阴极锁。

其二，选择单向开门，还是双向开门。单方向开门，可选用磁力锁或阴极锁（电锁口）；双向开门（一般为玻璃门）应选用电插锁。

其三，要符合安防、消防规定。安防、消防与电控锁种类选择无关，但电控锁的启闭状态至关重要，也就是说，要选择采用断电开门还是断电闭门。若断电处于"开"的状态，则当发生火灾时有利于人员逃离现场，可对于防盗极为不利。因为如果切断电源，那么大门必然打开，行窃者就会畅通无阻；断电处于"闭"的状态，行窃者即使切断电源，门锁也仍然处在关闭状态，但当发生火灾时，若电力被中断，门锁关闭，则室内人员无法逃生。

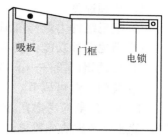

图 4-11　磁力锁安装方法示意图

② 门禁系统往往采用下述 3 种办法加以解决。

其一，在门禁控制层，电控锁选用断电"锁"状态的电控阴锁，安装在门框上，再增加一把嵌入式手动机械锁安装在门扇上，正常情况下，出门时按室内电子按钮开关，电控锁打开，当停电或火灾断电时，电子按钮开关无效，电控锁处于"锁"的状态，这时按照开普通门锁的方法，手动门扇上机械锁的锁柄将门打开，同样可以方便地离开房间。

其二，门禁控制层备有 UPS 供电，当外部供电拉闸或短时间停电时系统仍能正常工作，除非人为将门禁控制器的电源断开或将读卡、电控锁的电缆切断，若发生这种情况，则可由第一种方案解决。

其三，电控锁与机械钥匙锁相结合。门扇上安装的锁舌，不采用门禁专用锁舌，而是采用普通钥匙的嵌入式门锁，当门禁系统出现故障时，可以用普通钥匙开门，不会影响正常使用。

这里需要提醒读者的是，电锁锁体在断电后依然残留磁力，残磁会造成锁体依然吸附而无法开门，一旦发生火灾这是很危险的事情，因此对于电锁的残磁不可大意。

5. 闭门器

闭门器是安装在门扇头上一个类似弹簧可以伸缩的机械臂，如图 4-12 所示。在门开启后通过液压或弹簧压缩后释放，将门自动关闭，类似弹簧门的作用。闭门器可分为弹簧闭门器和液压闭门器两种。

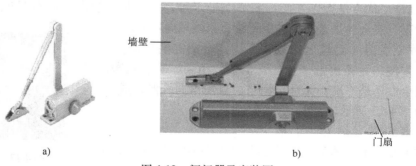

a)　　　　　　　　　　　　　　　　b)

图 4-12　闭门器及安装图

a）闭门器　b）安装图

液压闭门器是通过对闭门器中的液体进行节流来达到缓冲作用的。其核心在于实现对关门过程的控制，使关门过程的各种功能指标能够按照人的需要进行调节。闭门器的意义不仅在于将门自动关闭，而且在于能够保护门框和门体（平稳关闭），它是现代建筑智能化管理的一个不可忽视的执行部分。

闭门器的功能主要如下。

① 闭锁速度。

② 阻尼缓冲力量与范围可以根据使用要求自行调节。

③ 阻尼缓冲功能：快速开门到一定位置后产生阻尼缓冲。

④ 可调闭门段——止动功能（停门的角度，如 90°、180°）。

⑤ 关门力量可调节。

选择闭门器应考虑门重、门宽、开门频率、使用环境以及消防要求。如果是液压闭门器，就还要考虑防冻要求（北方的冬季可达零下 35℃）。

6. 门禁电源

门禁电源在正常供电情况下由系统供电。当发生停电或人为制造的供电事故时，为保障门禁系统的正常运转，通常还设有备用电源。如佳乐 DH-1000A-U 备用电源，一般可维持 48h 的供电，以防不测。

7. 出门按钮

门禁系统出门按钮设在门禁大门的内侧。住户出门时，只要按下出门按键，门即打开。如设置出门限制，还必须通过刷卡才能开门，这一方式只适用于不希望人员随意出入的场所，通常小区住宅不采用这种方式，这种方式比较适用于办公场所。

8. 门禁软件

门禁软件负责门禁系统的监控、管理和查询等工作，监控人员通过门禁软件可对出入口的状态、门禁控制器的工作状态进行监控管理，并可扩展完成人员巡更、考勤及人员定位等工作任务。

4.1.2 门禁系统的分类

1. 按进出识别方式分类

（1）密码识别

通过检验输入密码是否正确来识别进出权限。这类产品又分为以下两类。

1）普通型。优点是操作方便，无需携带卡片，成本低。缺点是同时只能容纳 3 组密码，容易泄露，安全性很差；无进出记录；只能单向控制。

2）乱序键盘型（键盘上的数字不固定，不定期自动变化）。优点是操作方便，无需携带卡片，安全系数稍高。缺点是密码容易泄露，安全性还是不高；无进出记录；只能单向控制；成本高。乱序键盘如图 4-13 所示。

（2）卡片识别

通过读卡或读卡加密码方式来识别进出权限。按卡片种类又可分为以下两类。

图 4-13　乱序键盘

1）磁卡。优点是成本较低；一人一卡，安全一般，可与计算机联网，有开门记录。缺点是卡片会有磨损，寿命较短；卡片容易被复制；不易双向控制。卡片信息容易因外界磁场丢失而导致卡片无效。

2）射频卡。优点是卡片与设备无接触，开门方便安全；寿命长，理论数据至少为 10 年；安全性高，可与计算机联网，有开门记录；可以实现双向控制；卡片很难被复制。缺点是成本较高。

（3）生物识别

通过检验人员生物特征等方式来识别进出权限，有指纹型、虹膜型和面部识别型。

优点：从识别角度来说安全性极好；无需携带卡片。

缺点：成本很高；识别率不高；对环境要求高，对使用者要求高（如指纹不能划伤，眼不能红肿出血，脸上不能有伤或胡子不能太多或太少）；使用不方便（如虹膜型和面部识别型，安装高度位置不易确定，因使用者的身高各不相同）。

2. 按设计原理分类

（1）控制器自带读卡器（识别仪）

控制器自带读卡器（识别仪）这种设计的缺陷是必须将控制器安装在门外，因此部分控制线必然露在门外，内行人无需卡片或密码即可轻松开门。

（2）控制器与读卡器（识别仪）分体

控制器与读卡器（识别仪）分体这类系统控制器被安装在室内，只有读卡器输入线露在室外，其他所有控制线均在室内，由于读卡器传递的是数字信号，若无有效卡片或密码任何人都无法进门，所以这类系统应是用户的首选。

（3）门禁系统按与计算机机通信方式分类

1）单机控制型。

单机控制型这类产品是最常见的，适用于小系统或安装位置集中的单位。常用于酒店、宾馆。

2）采用总线通信方式。

采用总线通信方式的优点是投资小，通信线路专用。缺点是受总线负载能力的约束，系统规模一般比较小；无法实现真正意义上的实施监控；受总线传输距离影响（485 总线理论上可达1 200m，但实际施工中能达到400～600m 就已算比较远了），不适用于点数分散的场合。另外，一旦安装好就不能方便地更换管理中心的位置，不易实现网络控制和异地控制。

3）以太网网络型。

以太网网络型这类产品的技术含量高，它的通信方式采用的是网络常用的 TCP/IP 协议。这类系统的优点是，控制器与管理中心是通过局域网传递数据的，管理中心位置可以随时变更，不需重新布线，很容易实现网络控制或异地控制。适用于大系统或安装位置分散的单位使用。这类系统的缺点是系统通信部分的稳定需要依赖于局域网的稳定。

485 总线、TCP/IP 联网型门禁系统示意图如图 4-14 所示。

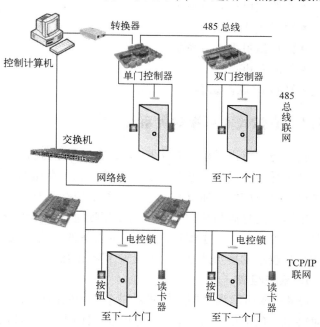

图 4-14　485 总线、TCP/IP 联网型门禁系统示意图

4.2 访客对讲系统的组成与工作原理

访客对讲系统是门禁系统的典型应用，是住宅小区安防系统建设的核心部分。通过系统的有效管理，可实现住宅小区人流、物流的三级无缝隙管理。

第一级小区大门。通常较大的小区都装有入口机（又称为围墙机），来访客人可通过入口主机呼叫住户，在住户允许进入后，保安人员放行。

第二级单元楼门口。单元楼门口装有门口机（又称为梯口机），用于控制单元楼的人员进入。

第三级住户门口。安装住户门前机，即门前铃，主要用于拒绝尾随人员，二次确认来访人员。

小区住户可凭感应卡或密码（或钥匙）进入小区大门或住户本单元楼宇大门（后述简称为单元门）。外来人员要进入单元门，只有在正确按下门口被访住户房号键、接通住户室内分机、与主人对话（可视系统还能通过分机屏幕上的视频）确认身份后，方可进入。一旦来访者被确认，户主将按下分机上的门锁控制键，打开梯口电控门锁放行。

随着技术的进步和人们对生活品质的追求，访客对讲系统也由单纯的对讲发展到可视对讲，从黑白可视到彩色可视，从功能单一到多功能，从非联网（独立）型到联网型。至今，对讲/可视对讲系统已发展成为住宅小区安防系统不可或缺的组成部分。我国强制规定，新建的小区住宅必须安装楼宇对讲系统。

经过十几年的发展，访客对讲系统经历了以下几个阶段。

- 直按式非可视对讲系统
- 直按式可视对讲系统
- 编码式非可视对讲系统
- 独户型可视对讲系统
- 联网对讲系统
- TCP/IP 联网访客对讲系统

4.2.1 直按式非可视对讲系统

我国访客对讲系统的起步是从直按（又称为直呼、直通）式对讲系统开始的。直按式对讲系统适用于零星普通高层、多层楼宇和早期楼盘。其特点是，在梯口机面板上装有很多与住户直接对应的按钮（房号键），每个按钮对应一个住户，也就是每一按键代表一个住户，按键上的号码与住户房间号码互相呼应，操作十分简单，一按就应。直通式缺点是，功能单一，容量较小，主要适应于 10 层以下的住宅，无法统一管理，属于非联网型产品。目前在一些较小的楼盘或独户型住宅中仍有采用。

1. 系统组成

图 4-15a 所示为早期直按式对讲系统中的门口机。早期直按式对讲系统由门口机（又称为对讲机、门前机和梯口机）、电控锁、闭门器、不间断电源（UPS）、室内机和传输线缆构成。这种系统通常采用简单的非可视室内分机，如图 4-15b 所示。

（1）门口机

在直按式门口机的面板上有很多与住户对应的按钮，每个按钮对应一个住户，按下相应住户按钮就可以呼叫指定住户。直按式门口机最大的优点是操作方便，每一按键代表一个住户，按键上的号码即为住户房间号码。门口机主要汇集了对讲、开门按键、锁控等单元电路，组成对讲系统的一个重要内容——门禁。

门口机通常设有夜光键盘，方便来访客人夜间操作。每个门口机按键最多可达24组，也就是可支持24户住户使用。

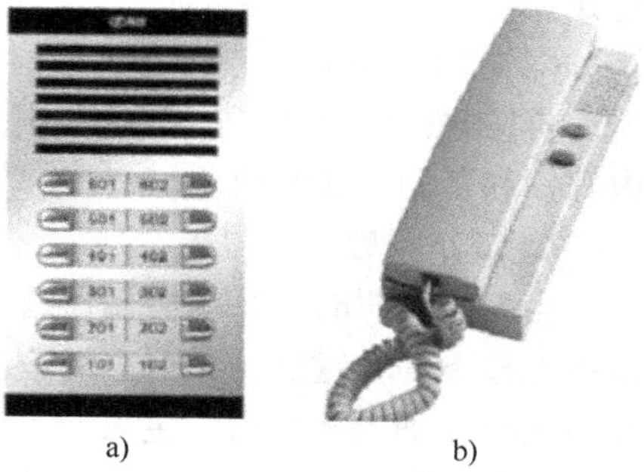

（2）传输系统

直按式对讲系统从门口机到各户室内机需要5条的馈线，其示意图如图4-16所示。各条馈线的功能分别是，1号线为呼叫线；2号线为开锁线，其直径应≥1mm；3号线为公共地线；4号线为送话线；5号线为受话线。

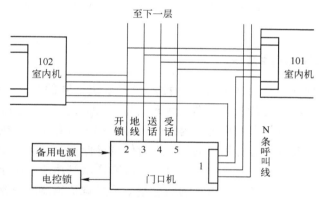

图4-15　直按式对讲系统
a）门口机　b）非可视室内机

图4-16　4+N直按式对讲系统接线示意图

由图4-16所示可知，2～5号传输线为各住户公共用线，由门口机直通各户的室内机。由于户主与访客通话时为双工方式，所以受话线与送话线各一根。1号接线组每户一根，有N个住户就有N根，故称之为4+N。这里需要提醒读者的是，因为直呼之故，门口机的按键与住户房号为对应关系，呼叫线数量与住户数相等，若多住户时，则将使布线十分复杂，容易混淆。

（3）室内机

室内机被安装在各住户内，它是访客通话对讲及控制开锁的装置。在本系统中，室内机主要功能为接收呼叫、通话和开锁（门禁功能）。传统对讲分机结构由分机的底座及分机的手柄组成。手柄内置有扬声器和受话器，前者用于接听，后者用于声音的传输。分机面壳上有多个按键（有的产品将按键装在手柄上），根据分机功能不同，按键数量不等，但是最基本的功能按键应有开锁按键，在当门口机呼叫户主被确认后，按下此键即可开启门口电控锁，开门放行。

编码式和智能型室内机在功能上有较多的扩展，详细内容将在后面介绍。

按室内分机安装方式分类可将其分成壁挂式分机及嵌入式分机两种，早期室内机多为壁挂式。

(4) 门禁组成

直按式梯口机除了用于对讲外，还兼具了门禁功能，这部分主要由电控锁、闭门器、室内开锁和备用电源组成。

2. 工作原理

当无人呼叫时，系统控制器通过电控锁把门关闭，室内分机处于待机状态。来访者在门口机上按下房号键后，相对应的室内分机即有振铃，主人摘机、通话和确认身份，决定是否开门放行。确定放行后，主人按下开锁键，电控锁立即将门打开，客人进入后，闭门器通过其机械臂把门关上，电控锁自动锁门。楼宇的住户进入，必须使用钥匙开门，出门应按下开门按钮，电控锁才把门扇打开。直按式非可视系统工作流程图如图 4-17 所示。

直按式非可视对讲系统受每个梯口机板面空间限制，住户按键数量配置有限，当楼宇的高度或户数打破这一容许值时，系统就难以支撑，故建议使用编码式对讲系统。

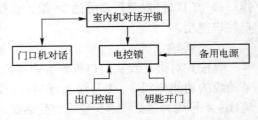

图 4-17　直按式非可视系统工作流程图

4. 2. 2　编码式非可视对讲系统

编码式（又称为数字式）对讲系统与直按式对讲系统不同的是，在门口机与室内机的传输通道上加入了分配器（又称为适配器、解码器）。它的加入，使门口机的按键与住户房号不再是对应关系，而是将每个住户定义为一个可寻的地址（编码）。在门口机上输入这个可寻的地址后，通过层间分配器对相应的住户进行信息存储、音视频选通（解码），这个分配器除能振铃、通话、开锁外，还具有故障隔离、故障指示等功能。由于本身包括故障隔离及故障指示功能，所以单一住户分机出现的问题基本不影响解码器的正常工作。故障隔离功能对于访客对讲系统的维护、保养十分方便。主机上的键盘不再与住户一一对应，而是标准的数字键盘。

1. 编码方式

目前国内编码式非可视访客对讲系统的层间分配器的解码方式有分机外置解码器和室内分机内解码两种方式。

(1) 分机外置解码

将解码部分集中在一台层间分配器中（一般一台支持 4 户型），层间分配器被放置在大楼内弱电井中。门口主机通过主线连接（串联）单元内所有的层间分配器，再从分配器引出分线进入住户室内，连接住户分机。

编码式非可视对讲系统（室内机外置解码器）系统示意图如图 4-18 所示。由图可见一进一出 4 分支，可以连接 4 台室内机，负责为室内机提供电源、视频及控制信号。对总线传输信号具有隔离放大作用，可避免因住户终端设备故障而导致系统失常的现象发生。室内机可互换。

(2) 室内机内解码

图 4-19 所示将解码部分放置在室内机内部，理论上可以将各个室内机串联在一条数据通道上，接线十分方便。但一旦某一户出现问题，将影响到一条线上的所有住户，排查困

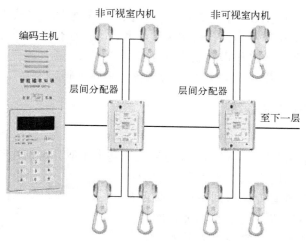

图 4-18　编码式非可视对讲系统（室内机外置解码器）示意图

难。因为是内解码，必须进入住户室内检查，故必须增加短路保护器（因厂家不同也有称为隔离器的），具体方式就是将原先串联在一起的各个住户室内机通过短路保护器进行隔离。在增加短路保护器后，布线结构与外置解码器系统相同。编码式非可视对讲系统（室内机内解码）示意图见图 4-19。

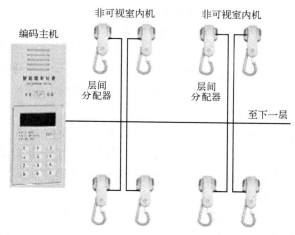

图 4-19　编码式非可视对讲系统（室内机内解码）示意图

2. 工作原理

编码式门口机面板上设有数字键盘，根据住户房间号码的不同，可以进行不同数字按键组合来呼叫住户。当来访客人在门口机上按下住户号码（不再是单键）时，系统将这一信息经层间分配器的核对后，找到对应的住户，而后，振铃、对讲、开锁。住户进门则采用自编密码开锁。编码式非可视对讲系统的工作流程如图 4-20 所示。

由于门口机的开门按键不再与房号一一对应，门口机面板上的数码键可任意组合，组合的空间很大，所以系统的容

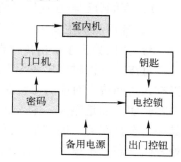

图 4-20　编码式非可视对讲系统的工作流程图

167

量大增，这是直按式不可企及的。它的缺点是，操作比较繁杂，访客者必须知道住户的房间号码，并会在门口机上操作使用，若是初次接触者，则往往会不知道如何使用，因此一般数字式主机面板上都有基本的操作指南或语言提示。

编码式门口机一般使用 4 位 LED 数码管来显示房间号码。

4.2.3 直按式可视对讲系统

1. 系统简介

直按式可视对讲系统与直按式非可视对讲系统基本相似，区别在于它具有图像传输显示功能。因此门口主机相应设置了摄像头，用于图像的采集，通过视频通道传输送到室内分机的显示屏上。住户分机不仅有传送语音功能，而且带有图像显示装置。摄像头通常设有红外补偿，使住户在夜间照度比较低的情况下仍然可以辨认访客的面孔。如果说依赖声音确认来访人员的身份难免有误的话，那么图像给出的则是完全真实的信息。此系统在布线上也做了相应的调整，除使用一根四芯（RVV-4×0.5）导线外，同时还增加了一根同轴视频线（SYV-75-3）来传输图像信号，此外，室内机增加了供电单元。直按式可视对讲系统示意图如图 4-21 所示。

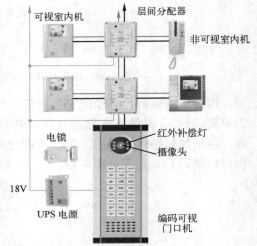

图 4-21　直按式可视对讲系统示意图

访客对讲系统门口机的视频部分由于空间的狭小，所以摄像头基本采用单板机式，与专业监控系统摄像机相比，性能上有较大差别，主要是像素低、一般不具备逆光补偿功能，只能进行简单的电子快门、照度限制（黑白摄像头照度均在 0.1lx 左右，虽然采用红外补光，但距离有限制）。基于以上原因，直按式可视对讲系统主机视频部分的最佳监视范围一般在距离主机 0.5m 的范围内。

2. 系统组成及工作原理

直按式可视对讲系统主要由层间分配器、梯口主机、室内主机、电控锁、不间断电源信号传输线、电源线和视频线等构成。

1）层间分配器在这里起到户与户之间隔离和分配的作用。与前节所提的工作原理相同。

2）梯口主机主要由摄像机、单键呼叫按钮、对话系统及电控锁等构成。

3）室内分机主要由传声器手柄（或免提）、显示屏、开门按钮等组成。

直按式可视对讲机在无人访问时，门口机显示屏显示工作状态，室内机处于待机状态。当有人访问按下对应房号键时，摄像头即开始采集图像，对应的室内机即振铃，显示屏显示来客画面。如是熟人，主人摘机、通话和开门放行；如是不速之客，主人可以有几种选择：其一，在盘问后，确定是否开锁放行；其二，对不想见的人，可按下免打扰键，门口一切仍处呼叫状态，不速之客就会知道这是主人婉约谢客，主人还可呼叫管理中心出面干预。门口机的摄像头另一个功能是，用于主人对门口场景的监视，只要用户按下室内机监视键（免摘机），门口的场景就一目了然显示在室内分机的屏幕上。

直按式可视对讲系统门口机接口信号示意图如图 4-22 所示。

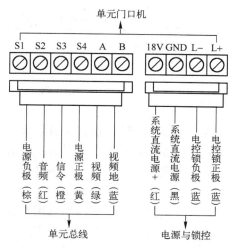

图 4-22　直按式可视对讲系统门口机接口信号示意图

直按式可视对讲系统和直按式非可视对讲系统一样不适用于高层楼宇，道理相同，见上节介绍。

4.2.4　独户型可视对讲系统

独户型可视对讲系统（其示意图如图 4-23 所示）与直按式可视对讲系统并无多大区别，它的特点是，其一，把门口机进行"缩小"，免去众多的数字键，只设置一个按键，内置一个摄像头，通常称它为门前铃；其二，室内分机不再是互相独立，而是同时服务于一个门口机，当来访客人按下门前铃的呼叫按键时，室内各分机同时进入工作状态。当然只要当中一台室内机被启用，另外的室内机也就"停工"了。独户型可视对讲系统一台的门口机最多允许带 3 台可视室内机（兼容非可视室内机）。此外，支持室内机之间的对讲。

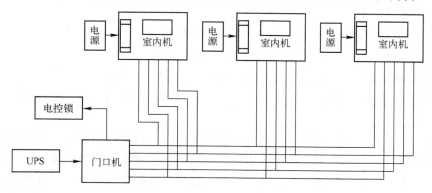

图 4-23　独户型可视对讲系统示意图

门前铃用于可视对讲系统的二次门铃呼叫。有时住户不想见的人员，可能尾随他人进入楼宇内部，如果住户门口安装了门前铃（其示意图如图 4-24 所示），来人就必须通过门前铃呼叫，这样，就给住户补偿了另一次确认来人的机会。使用二次呼叫，不影响联网可视对讲系统原有的工作状态，故不必更换室内机，可以兼容。

此外，室内机还可用于监视。住户可通过室内机，按下监视键，监视门前的情况。独户型可视对讲系统特别适用于别墅住宅。

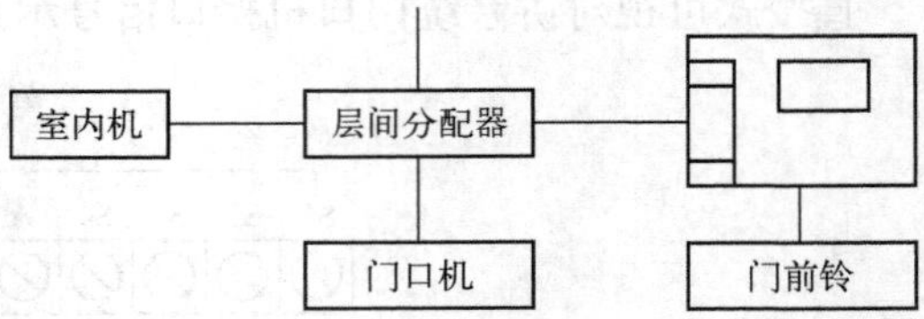

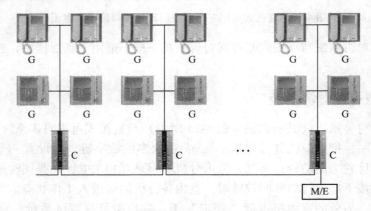

图 4-24　二次门铃（门前铃）示意图

4.2.5　联网型可视对讲系统

联网的目的在于，把原本各自为政、分散的访客对讲系统，通过一定的技术措施，将它们融合在一起，集合更多的功能，以提高防范的安全系数，降低管理成本。根据小区的经济条件及小区的规模，联网对讲系统大致有以下几种，分别进行介绍。

1. 直按式联网型

直按式联网型对讲系统建立在原有直按式非联网型对讲系统的基础上，只是增加了管理机和改变了部分的传输结构。此系统结构示意图如图 4-25 所示。

图 4-25　直按式联网型对讲系统结构示意图

由图 4-25 所示可知：

1）单元门口机至各住户室内机 G 经信号线直连通。

2）单元门口机的电源由不间断电源 UPS 集中供给。

3）联网时单元门口机 C 至下一单元门口机 C 的音频线并接。

4）视频信号采用手拉手连接，最后接入中心管理机 M 或小区入口机（又称为围墙机）E。

该结构为联网型可视对讲电控智能系统的基础形式，组成结构简单，但系统的信号布线像蜘蛛网一样交叉直达各节点，存在着信号匹配反射、干扰和串扰等因素，不仅系统易受干扰，而且信号质量下降，如某节点发生故障时，极易导致整个系统瘫痪。因此，这种结构方式仅适用于低层建筑且范围较小的住宅区，户型小于 12 户，一般不做典型结构推荐。

在直通型结构中设备配置时，室内机 G 需采用直通型，单元门口机 C 和管理机 M 等设备，对下述其他型结构，系统所用的单元门口机和管理机与此相同。

此外，联网型门口机与非联网型访客系统也有差别。联网型访客系统一般由系统管理设备（含控制软件、网络控制器及门禁控制器）和前端（门口机）设备（集成了读卡器、巡更、电控锁及出门按钮等功能）两大部分组成。从表面上看，门口主机自身的功能如通话、遥控开门、刷卡（密码）开门，与前面的非联网型门口主机并无多大的区别，但这里发生改变的是，管理中心的管理主机可以通过访客对讲系统，实现对门口机的控制、现场通话和监视（可视型）操作。

2. 隔离保护型

在上述的直按式联网结构中，当单元楼层设备、住户层设备及线路发生故障时，可能导致单元楼层（指本楼）及整个小区联网层故障，呼叫锁控无法正常运作，甚至造成整个联网系统瘫痪，这种现象在设备新安装或是住户装修时屡有发生。因而增设了层间分配器 J，以避免因某室内机 G 故障，影响本楼内其他室内机的正常工作。同样道理，还引入了单元隔离器 Q。此系统结构示意图如图 4-26 所示。

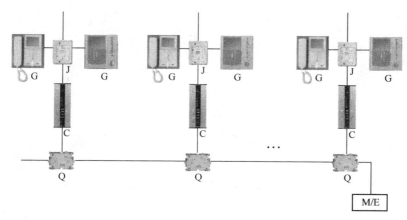

图 4-26　隔离保护型对讲系统结构示意图

单元隔离器在系统中的作用是，避免某一单元门口机 C 发生故障而影响整个联网系统的正常工作。

隔离保护型对讲系统结构组成如下。

在单元楼的各层增设了层间分配器 J，由单元门口机 C 引出的楼层主干线经各层的层间分配器 J，再连接至各室内机 G 上。

单元门口机的电源由不间断电源 UPS 集中供给。

联网干线由各单元门口机 C 连接至该单元隔离器 Q，将信号隔离后，再沿水平环网线干干线，传送至管理中心 M 和小区入口机 E（小区规模小，可能不设入口机），将整个小区的各单元各住户连成一个统一的小区网络。本结构适用于多层和高层建筑等规模中等的住宅区，是常见的典型结构。

因为增设了层间分配器 J，所以隔离保护型结构在设备配置时应注意，相应室内机 G 需采用层间型。另外，隔离保护型结构在功能上有标准型和智能型之分，在功能上有所区别：标准型室内机与标准型层间分配器配对，智能型室内机与智能型层间分配器配对，不能混用。层间分配器 J 有一进一出两分配的两户型和一进一出 4 分配的 4 户型两种，在单元中每层为两户时，选配二分支层间分配器，每层为 3 户或 4 户时，选配 4 分支层间分配器，若每层户数多于 4 户，则根据实际情况将两种型号搭配使用，以实现功能要求且成本最低。

单元隔离器标准配置为每栋楼配一台或若干个单元配一台（不能多于 5 个单元）。当单元楼有多个出入口时（如大型写字楼或地下室入口），可配副门口机，并用副机切换器进行视频切换（每台副机切换器支持 4 台门口机，最多可配两台接入 8 台门口机）。联网时根据信号实际大小，可适当使用信令中继器 T 和视频放大器 V。

3. 分片切换联网型

当小区规模较大或建筑物比较分散又要进行集中管理时，各点到管理中心的距离加大，联网布线势必加长，导致线损增大及信号质量下降。因此，在联网设计时，应采用分片（区）布局方式，将小区划分为多个片区进行管理。分片切换联网型对讲系统结构示意图如图 4-27 所示。

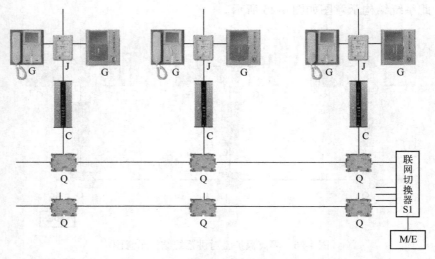

图 4-27　分片切换联网型对讲系统结构示意图

分片切换结构是在上述隔离保护型结构的基础上，引入了联网切换器 S1。

联网切换器的作用是主要解决小区规模较大或建筑分散、联网线路长、信号质量下降的问题。通过联网切换器 S1，将划分为多个片区的小区连接成一个系统，各片区仍然采用隔离保护型结构连接。分片切换结构适用于单个小区入口机且有一定规模的住宅区。

4. 分片交换联网型

上述分片切换联网型结构虽然能实现小区规模较大而划分成多个片区的管理，解决了干扰问题，达到了比较理想的音频和视频效果。但当某片区占用联网总线时，其他片区因通信信道被占用，就无法进行正常联网呼叫了。当有多个小区入口机时，问题尤为突出。

对小区较大、入口较多的情况，建议采用分片交换型联网结构。

联网交换器的作用是，可实现 4 个入口机 E1 ~ E4 或一个总管理中心 M 与 4 个住户片区同时进行呼叫对讲。4 个住户片区可以独立设立片区管理中心 M1 ~ M4。分片交换联网型对讲系统结构示意图如图 4-28 所示。

分片交换型联网可实现下列功能。

1）单元门口机呼叫本单元住户。

2）住户监视本单元门口机。

3）各入口机呼叫小区任一住户。

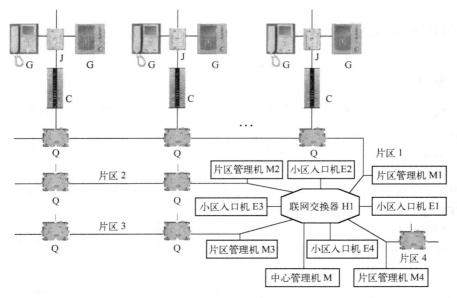

图 4-28　分片交换联网型对讲系统结构示意图

4）各入口机呼叫总管理中心。

5）各入口机呼叫本片区管理中心。

6）各入口机呼叫本入口门岗。

7）总管理中心与全部住户互呼。

8）片区管理中心与本片区住户互呼。

9）总管理中心监视各入口机。

10）总管理中心监视小区任一单元门口机。

11）片区管理中心监视本片区各单元门口机。

12）各单元门口机呼叫本片区或总管理中心。

13）各入口门岗呼叫总管理中心。

14）住户报警、撤/布防信息向本片区或总管理中心报告。

15）门口机打卡、门口机呼叫住户信息、门口机开锁或防拆报警信息等向本片区或总管理中心报告。

16）各管理中心可选择对各种信息及呼叫是否接受处理。

17）总管理中心与各片区管理中心互呼。

18）各片区中心互呼（需中心联网线支持）。

联网交换器 H1 和联网切换器 S1 一般被放置在小区的中心区域（可极大减少总体布线长度），建议将其装入联网控制柜箱体中。此箱体具有抗干扰和防水作用，能够提高联网设备运行稳定性，适当地降低雷击概率。联网总线过长可考虑加信令中继器 T 和视频放大器 V。

值得注意的是，联网系统选择应根据项目的实际需要而定，在确定系统类型的框架内，原则上是高端的配置可向下兼容，低端的配置则不能向上兼容。

4.3 访客对讲系统的设备

4.3.1 室内机

室内机除了有可视与非可视之分外，还有联网型与非联网型之分。非联网型室内机主要功能只有两个，一是通话，二是开锁。

联网型室内分机通常为多功能分机。可视室内分机接口标志如图4-29所示。

可视室内分机除振铃、开锁基本功能外，还主要体现在以下几个方面。

1) 可根据用户需要接入梯口场景监视、紧急按钮；收发短信以及接入红外探测器、门磁开关、烟感探头、火警探测器。

2) 智能型室内机还能对来访人员进行图像采集存储及回放。

	室内机总线6芯						门前铃接线5芯				
标识	S1	S2	S3	S4	A	B	L1	L2	L3	L4	L5
色标	棕	红	橙	黄	绿	蓝	棕	红	橙	黄	绿
说明	电源负极	音频	信令	电源正极	视频地	视频	视频	音频	电源负极	电源正极	锁控信号

图4-29 可视室内分机接口标志图

3) 在通话功能方面，比直按式室内机更为强大，如除了与来客对讲外，还能与管理中心、门岗通话以及与同一单元的住户通话。

4) 室内机防盗、报警的布防与撤防。报警有两种方式，即遥控报警器报警、紧急按钮报警。遥控器报警可在室内的任何地方作为紧急求助使用。紧急求助过程不会中断原有系统的通话。

5) 按对讲结构可分为手柄式（由分机底座和受话器构成简称为手柄式）、免提式（将受话器嵌入到机座内）。

6) 分机底座设有多个按键，不同的按键代表不同的功能。基本的功能按键是，开锁按键和呼叫求助按键（呼叫管理中）以及利用按键组合进行功能设置。

7) 可视分机显示器分黑白（CRT）和彩色（LCD）显示屏（也可以显示黑白图像）。黑白显示屏由于自身结构上的原因，机身显得厚重笨拙，而LCD室内机则显得小巧玲珑，符合轻、薄、免提和壁挂的时尚潮流。

8) 分机安装方式分为明装（壁挂式）和嵌入式。壁挂式分机，虽然安装方便，但分机突出墙面，视觉效果不好。由于容积的限制，导致功能模块受到限制。嵌入式分机为暗装方式。安装前预埋底盒，再将分机固定在预埋底盒上。分机安装后与墙面基本持平，视觉效果好。缺点是需要预埋底盒，施工难度比较大。

9) 信息发布和接收：分机可以接收小区物业管理中心或小区内所发布的信息，通过可视分机的显示屏显示。

10) 此外，住户还可根据自己的需要，同户内（如跃层房型）可并接分机，并机方式如图4-23所示。同户并机时必须注意保证视频信号为75Ω阻抗匹配，此时往往需要在最后一个分机的视频级联端口接一个75Ω电阻。

4.3.2 门口机

门口机是被安装在楼宇防盗门入口处的选通、对讲控制装置。门口机一般安装在各单元住宅门口的防盗门上或附近的墙上，其实物图如图 4-30 所示，联网可视对讲门口机接线标志图和示意图分别如图 4-31、图 4-32 所示。

图 4-30　门口机实物图

a）编码门口机　b）别墅门口机

标识	单元设备总线 4 芯＋视频						小区联网总线 4 芯＋视频					
标识	S1	S2	S3	S4	A	B	S8	S9	S10	NC	A	B
色标	棕	红	橙	黄			棕	红	橙	黄		
说明	电源负极	音频	信令	电源正极	视频	视频地	电源负极	音频	信令	空脚	视频	视频地

图 4-31　联网可视对讲门口机接线标志图

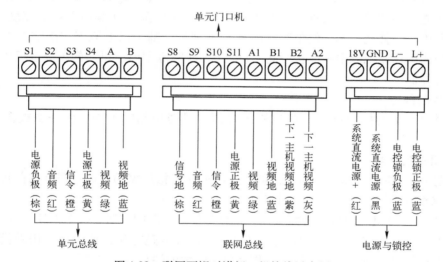

图 4-32　联网可视对讲门口机接线示意图

1. 门口机的组成

门口机包括面板、底盒、操作部分、音频部分、视频部分和控制部分。

（1）面板

门口机的操作面均裸露在安装面上，为使用者提供操作。楼宇对讲系统主机的面板一般要求为金属质地，主要是要求达到一定的防护级别，以确保门口机的坚固耐用。一般早期产品以及单户使用的门口机也有塑料质地的面板。

（2）底盒

门口机的安装暗埋（明装）盒主要通过底盒进行固定（一般有埋墙安装、镶门安装等），然后门口机的面板再被固定在底盒上。根据厂家不同，门口机底盒的使用材质有金属底盒以及塑料底盒两种。选择的主要原则是坚固，以避免因为暗装而产生的挤压变形。

(3) 操作部分

可操作是门口机的最基本要求。操作部分均在门口机的面板上，通常由操作按键部分及操作显示部分组成。按照质地划分，操作按键（直按式的按键及数字式的数字键盘）一般有金属按键及塑料按键两种。金属按键坚固耐用（门口机的按键是使用频率最高的部分，坚固耐用应该是首先考虑方面，目前市场上出现的银行柜员机按键，将单键寿命设到百万次以上），但金属按键的缺点主要是夜间显示弱的问题，有些厂家的产品已基本解决此类问题。塑料按键的透光能力比较强，但缺点是耐用性不强，按键容易老化及损坏。

(4) 音频部分

门口机的音频部分由扬声器和受话器组成，主要实现音频播放与音频接收的功能。音频部分在门口机的内部。

(5) 视频部分

门口机的视频部分由摄像头组成，完成门口机的图像采集，再通过视频通道发送到分机显示屏上。目前楼宇对讲系统门口机的视频部分受到空间的局限，摄像头基本采用单板机，与专业监控系统的摄像机在性能上有比较大的区别：像素低（显示屏最高只能达到 380 线，门口机摄像头一般采用在 480 线以下的产品）、逆光性能差（单板机受体积的限制，摄像头一般不具备逆光补偿功能，只有简单的电子快门）、照度限制（黑白摄像头照度均在 0.1lx 左右，均采用红外补光功能，但距离有限制）不理想。基于以上原因，楼宇对讲系统门口机视频部分的最佳监视范围一般在距离门口机 0.5m 的范围内，再远的距离也可以看到，但是清晰度将降低。

(6) 控制部分

楼宇对讲系统的控制部分在门口机的内部，根据功能的不同，由一块或多块电路板构成。

2. 门口机的分类

1）根据门口机的操作方式不同，可将门口机（根据厂家的不同，还有门前机等不同的称谓）分成直按式门口机和数字式门口机。

① 直按式门口机。门口机的面板上有很多与住户对应的按钮，每个按钮对应一个住户，按动按钮可以呼叫指定住户。直按式门口机最大的优点是操作方便，每一按键代表一个住户，按键上有住户房间号码的标注，操作简单。最大的缺点是功能性不强。

② 数字式门口机。门口机的面板上有数字键盘，根据住户房间号码的不同可以进行不同数字按键组合来呼叫住户，此类型门口机基本应用于数字式楼宇对讲系统。数字式门口机最大的优点是功能性强，客户可以在门口机上执行诸如密码开锁等功能。最大的缺点就是操作比较繁杂，来访者必须清楚地了解住户的房间号码，并可以在门口机上进行准确的操作，在实际使用中会出现刚接触者不知道怎样使用的问题，因此一般的数字式门口机的面板上都有基本的操作指南，以提升数字式门口机的可操作性。数字式门口机均有显示屏，以提醒使用者所按的内容。一般的数字式门口机使用 4 位 LED 数码管来显示房间号码，更新的系统使用 LCD 液晶显示屏显示中文字符（并可以进行有中文菜单的编程），在操作过程中均有中文提示，极大的方便操作者使用。

2）根据实际使用户数不同，可将门口机分成单户型门口机、多户型门口机和大楼型门口机。

① 单户型门口机。门口机使用在只有一个住户的系统中，一般情况下多为别墅、仓库、厂房等地点，这种门口机所对应的用户是唯一的，单户型门口机大多数为直按式门口机。

② 多户型门口机。门口机使用在 30 户以内的住户的系统中，一般情况下使用对象为多层（10 层以下）住宅。这种门口机所对应的用户数量在 2 ~ 30 户范围，在不同的厂家中，直按式及数字式门口机均可作为多户型门口机使用。

③ 大楼型门口机。门口机使用在 30 户以上的住户系统中，一般情况下使用对象为高层（10 层以上）住宅。这种门口机一般最大容量在 100 户以上（根据厂家及内部存储容量的不同，最多的可单机带 9 999 户），大楼型门口机基本上是数字式主机。

3）根据机功能不同可将门口机分成非可视对讲门口机、可视对讲门口机。

① 非可视对讲门口机。门口机主要功能为呼叫住户、与住户通话、住户遥控开锁。此类型的门口机通道主要是控制通道（呼叫住户功能及开锁功能）和音频通道（下面将具体介绍）。

② 可视对讲门口机。门口机的主要功能为呼叫住户、与住户通话、住户遥控开锁及住户可看到门口机的视频信号等。此类型的门口机通道主要是控制通道（呼叫住户功能及开锁）、音频通道及视频通道（下面将具体介绍）。

4.3.3 管理中心机

管理中心机（简称为管理机）被安放在控制室，是访客对讲系统的神经中枢，是各种信息的交汇点，它控制各子系统的终端。在管理上，通常与供水、供电、广播、消防和电视监控各个子系统的管理集中在一起。在这繁杂的大系统内，访客对讲管理主机重点除了在保证工作可靠和稳定之外，在使用操作上还应突出方便、醒目、直观。如采用 7 位 LED 数码管，用来显示小区某处传送来的信息；采用多种彩色发光二极管提示信息类型，一旦有突发事件发生，管理人员可以直观获取事件信息。图 4-33 所示为佳乐 DH-1000A 管理中心机。

图 4-33　佳乐 DH-1000A 管理中心机

管理机的主要功能如下。

1）通过管理中心能主动监视各梯口状态，以扩展小区监控区域。

2）在管理中心空闲时，能启动自动模式，对小区内各梯口状况轮流监视（监视时间可以调整）。实现小区监控部分功能，增加监控密度。

3）管理中心在任何时刻均能记录小区各个地方传送来的报警、求助、电控开启状态和撤/布防等信息。

4）管理中心可以呼叫小区的任一住户，并与之进行通话联络。

5）管理中心能接收梯口门口机的呼叫，并开启该梯口的电控门锁。

6）管理中心能实时记录各梯口门口机发送来的巡更打卡信息（如时间地点、巡更员号码），并具有值班室人员上、下班打卡功能。

7）当管理中心接收到梯口电控门超时未闭合信息时，会显示该单元梯口地址，并有提示音。

8）当有访客通过梯口门口机呼叫住户时，管理中心能接收并显示该信息，并可按监视键查看来访情况。

9）管理中心能通过 RS-232 接口与物业管理计算机连接，小区智能管理软件能实现信息的海量存储，同时能通过打印机将所需信息打印出来。

10）小区智能管理软件具有值班室人员上、下班用密码打卡功能，能方便地进行考勤管理。用户呼叫、报警等信息均有美观简洁的弹出窗口，值班员可进行必要的文字记录，并自动生成报表存档，以供日后查询。

11）小区智能管理软件可对巡更线路、巡更时间段进行设置，超时无打卡则提示报警，对巡更打卡管理具有强大的功能。

12）小区智能管理软件可对小区资料信息、住户资料信息、物管收费记录进行管理和查询。

4.3.4 小区入口机

小区入口机又称为围墙机，通常将它设置在小区人流、物流的出入口处，是访客对讲系统的第一道防线。其基本功能如下。

1）可呼叫小区内任一住户，实现可视对讲通话。

2）可实现锁控功能。

3）能与管理中心对讲通话。

它的设置相当于楼宇门口的门口机，来客只有通过与被访人或管理中心对讲和确认后，才被允许或拒绝进入。

4.3.5 层间分配器

层间分配器是安装在同一个楼层有多个住户的连接隔离设备。利用它可以进行户与户间的隔离，同时也方便分机的布线安装。

设备的主要参数如下。

负荷：20mA/100mA。

分支数：二分支/四分支。

安装方式：壁挂或嵌入预埋箱体中。

佳乐 DH1000A-J-CJ 层间分配器接口标志图如图 4-34 所示，为一进一出四分支（或二分支），可以连接 4 台（或两台）室内机，为室内机提供电源、视频及控制信号。对总线传输信号具有隔离放大作用，可避免因室内机故障而导致系统不正常现象的发生。

层间分配器可以将单元门口机（或管理机）发出的各种信令编码按地址和功能态进行搜索过滤加工，以相应的信令格式发送至被寻址（呼叫）的住户。

层间分配器可以存放各住户室内机号。

层间分配器采用弹性软件编码，避免了使用机械拨码开关因机械寿命而带来的隐患。

各分支用户室内机是彼此独立的，并有隔离保护，当用户室内机有短路情况发生时，会自动切断该路分支，直至短路故障排除为止。

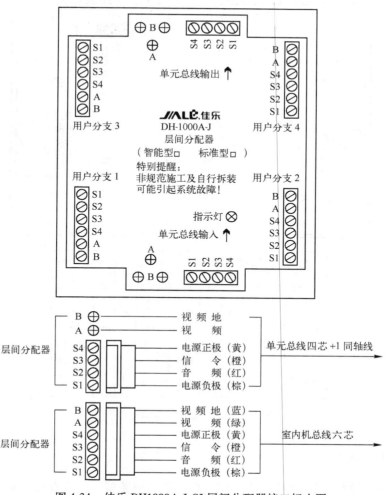

图 4-34 佳乐 DH1000A-J-CJ 层间分配器接口标志图

4.3.6 单元隔离器

单元隔离器是多个门口机进行联网隔离的设备，其接口标志图如图 4-35 所示。

设备参数如下。

电源：总线供给。

负荷：15mA/60mA。

分支数：一进一出，一分支。

单元隔离器为一进一出一分支，可以连接多台门口机，由门口机负责为隔离器提供电源及控制信号。对联网总线传输信号起着隔离保护作用，可避免因单元门口机的故障而导致系统联网不正常现象的发生。在连接数个门口机的系统中若不选用此设备，则系统同样支持联网。

单元隔离器平时以高阻状态挂接在楼梯内的系统联网总线上，因此该隔离器故障也不会影响系统的联网使用。

单元隔离器同时还对总线视频进行补偿放大，以减少因总线长而影响视频图像质量。

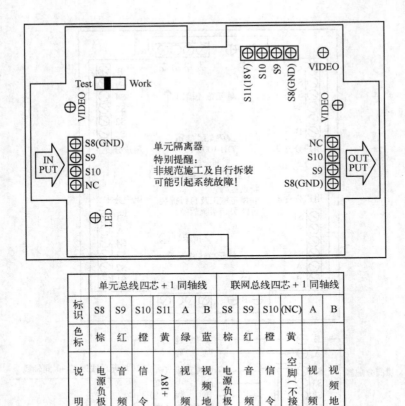

单元总线四芯＋1同轴线						联网总线四芯＋1同轴线					
标识	S8	S9	S10	S11	A	B	S8	S9	S10	(NC)	A	B
色标	棕	红	橙	黄	绿	蓝	棕	红	橙	黄		
说明	电源负极	音频	信令	+18V	视频	视频地	电源负极	音频	信令	空脚（不接）	视频	视频地

图 4-35　单元隔离器接口标志图

4.3.7　副机切换器

副机切换器是用于同一个楼梯有不同入口、需要安装多个门口机的主副机切换设备。

当有些楼栋单元含多个入口时，可在每个入口安装门口机，实现多门口机呼叫用户，并用副机切换器进行视频切换，以保证视频达到最佳效果。同时，室内机可以通过按监视键监视不同梯口，当按一次时监视门口机，接第 2 次时监视 2 号副机，按第 3 次时监视 3 号副机……当副机较少（少于 4 台）时，还可以通过剪线的方式来避免监视悬空的状况。佳乐系统可支持同单元 8 台门口机联网。

例如，有地下室（车库）的小区为了方便业主的上楼，会在地下室设置电梯入口，在进入电梯之前要装有一套对讲门口机，而在 1 楼的单元入口处也要装一个对讲门口机。这两个门口机的功能应该是一样的，都可以同时呼叫单元的每一户。这时候为了避免功能的冲突，可将其中的一个设置为主门口机，另一个设置为副门口机，并通过副机切换器进行连接。

4.3.8　门禁系统

1. 组成及功能

门禁系统是单元门口机一个不可分割的组成部分，访客对讲门禁系统有非联网型和联网型两大类。

非联网型可视对讲系统的最基本的功能表现为通过室外主机键盘可以呼叫住户并与之通话，并执行用户分机发来的开锁指令，开启电控门锁，允许访客进入。

联网型门禁系统一般由控制设备（含控制软件、网络控制器及门禁控制器）和前端设备（含读卡头、电控锁及出门按钮开关）两大部分组成。在访客对讲系统中，将网络门禁控制、门禁控制器、读卡器都集成在门口机中。

门禁在访客对讲系统主要具有以下功能。

1）访客或住户可在门口机键入"000"呼叫（视编码而定）管理中心，通话后，管理中心可根据实际情况核对，通过系统决定是否开锁放人。

2）通过单元楼门口机的键盘，可以设定每一住户各自独立的住户密码（可随时修改），该密码用于住户开启电控门锁。

3）住户通过生物特征识别技术开启电控锁。

4）通过可视门口机的非接触式IC卡、读卡器开启电控门锁。

2. 智能卡门禁识别技术

智能（IC）卡门禁识别系统具有较高的安全性和较好的性价比，使用便捷，目前已成为门禁系统的主流，其组成框图如图4-36所示。

IC卡工作原理是，经过授权的感应IC卡在近距离接近读卡器后（内置于门口机内），信息被传送到控制器中，控制器中的CPU将读卡器传来的数据与存储器中的资料进行比较处理，会出现以下3种可能结果：

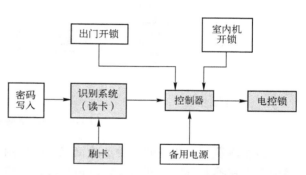

图4-36　智能卡门禁识别系统组成框图

第一，传来的数据是经过授权IC卡产生的，读卡的时间是允许开门的时段，若这两个条件同时满足，则向电控锁发出开锁指令，电控锁将门打开，同时产生声或光提示。

第二，传来数据是未经授权的，读卡无效，或是非开门时段，则不向电控锁发指令，不打开门。如果某人的门禁卡丢失，则取得者也无法在非工作时间非法进入。

第三，用于电子巡更时，当保安人员刷卡时，系统只做巡更记录，不做开门处理。

当需要外出时，按下大门内侧开门按钮，控制器即向电控锁发出指令，电控锁把门打开，放行，稍后闭门器自动把门扇关闭。

来客访问，需在门口机上按下被访主人的房号键，在通过对讲确认后，由主人按下开门键，开门放行。

智能卡可分为接触型IC卡和非接触型IC卡（又称为ID卡、射频卡、感应卡）两种。

接触式IC卡简称为IC卡，证卡载体上镶嵌（或注塑）IC芯片，具有存储或微处理器的功能。信息容量大，可存储照片、指纹等人体生理资料，保密性能好，可以不依靠数据库独立运行，存储器可分成多个应用区，实现一卡多用，故又称为一卡通。

非接触IC卡（又称为感应卡或射频卡）继承了接触式IC卡的强项，同时在卡片的读写方式上作了改进，由电信号接触式读写，调整为无线感应式读写。如在门禁系统中，持卡人只需将射频卡在距射频读卡器5~15cm处快速晃动一下，射频读卡器就能准确快速地读取卡中的信息，同时将读取的信息发送到门禁控制主机中，门禁控制主机进行分析该卡的合法性，然后决定是否发出开门信号。非接触 IC 卡在使用功能上表现出极大的优势。

ID 卡无分区，只能依赖网络软件来处理各子系统的信息，这就大大增加对网络的依赖。其功能操作完全依赖于计算机网络平台数据库的支持。

4.3.9　户内报警系统

户内报警系统是以室内机为核心，将煤气、红外、门磁、玻璃破碎探测以及紧急按钮（含无线）等功能纳入其中，经过层间分配器、门口机和单元接入器，而后到管理机，形成了一个完整的室内报警体系，其组成框图如图 4-37 所示。

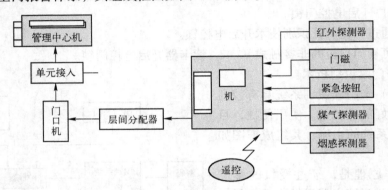

图 4-37　户内报警系统组成框图

当住户发生上述任何一种危险情况，即可由室内机通过访客对讲系统传至管理中心，管理中心在获悉警讯后，即可及时派员处理。这里必须指出，当主人外出时，必须预先布防盗警（红外探测器、门磁开关、玻璃破碎探测）防范系统，否则形同虚设；待主人回来后，必须记得先撤防。

根据报警接入信号类型可分为紧急呼叫（门磁属于常开开关量类）、烟感报警和瓦斯报警（属于脉冲、高电平类，信号脉冲宽度大于 0.5s）等。

室内机也可接收无线紧急报警信号。

4.3.10　三表远抄

对住户来说，传统的入户抄表打扰了住户正常的生活不说；对物业公司来说，抄表难自然成为了物业公司较头疼的事。在建立自动抄表系统后，减少了人为因素，提高了小区物业管理水平和质量。

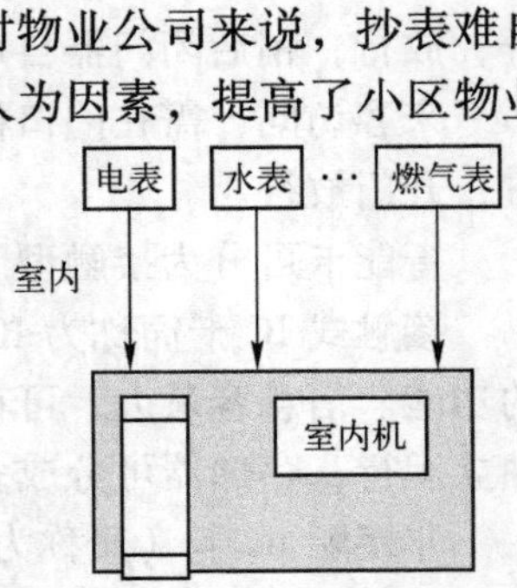

承担三表耗能数据抄送的终端机有两种类型。一种是以佳乐 CN-2A 智能终端室内机为代表的、基于佳乐自身的总线格式。佳乐 A9 三表耗能远抄的终端机则是采用 CAN 两级总线制的通信网络。佳乐 CN-2A 智能终端室内机（其组成框图如图 4-38 所示），不仅承担室内机的角色，不再是单纯的门禁管理，而且集可视、家居安防、火灾、煤气泄漏、三表远抄、小区短信录音录像、监控、二次确认和门禁管理等功能于一身。佳乐 CN-2A

图 4-38　佳乐 CN-2A 智能终端室内机组成框图

通信主要基于佳乐自身的总线格式，故必须依附在佳乐访客对讲系统上使用，其采集的最终数据，也由佳乐管理中心主机处理，不再上传，比较适合目前的市场需求。

耗能数据远抄的另一种方式是，由用户三表（水表、电表和煤气表）或四表（水表、电表、煤气表和热能表）、采集器、楼宇服务器、通信适配器和物业计算机管理中心组成。佳乐 A9 型三表或四表远抄系统组成框图如图 4-39 所示。

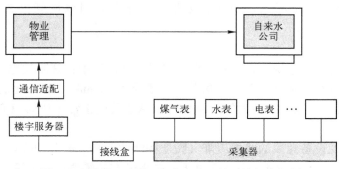

图 4-39　佳乐 A9 型三表或四表远抄系统组成框图

数据采集原理是，系统采用两级总线制通信网络，网络由四层节点三级联线构成，呈金字塔形的树状结构。4 个层接点分别如下。

第一层节点是在原耗能表内加入探头组件。用于将表盘所转圈数转换为电脉冲输出。

第二层节点是采集机。用于接收耗能表读数，并能被系统读写。

第三层节点是系统总成。用于接收计算机的指令，完成对采集器的数据采集，并传送至数据处理中心。

第四层节点是数据处理中心的计算机。利用计算机通信接口转换器与系统集成，以实现远程通信。

三级联线如下所述。

第一级联线为探头线，即耗能表（水表、电表和煤气表）与采集器的联线。

第二级联线为用户级总线，即数据采集机与住户级的联线。

第三级联线为系统级总线，即所有数据采集与管理中心相联，其工作原理是，将住户的原耗能计量表（水、电、气表）的数据转换为脉冲信号，由用户采集器实时采集、处理及存储，通过总线传输至楼宇服务器，最后到物业管理计算机抄收。同时自来水公司还可以通过互联网直接向物业公司读取数据，从而解决了物业管理人员每月抄写三表的一大难题。图 4-39 为佳乐 A9 型三表或四表远抄系统组成框图。

佳乐 A-9 和佳乐 CN-2A 通信格式不同，它采用 CAN 组成两级总线制通信网络，由 4 层节四级联线构成金字塔树形结构，因此自成系统，与访客对讲系统无关。

系统每月自动进行三表抄表、读数，并自动将数据存储于服务器的数据库中，自动进行数据统计、整理以及收费清单的打印。住户可以到小区管理中心查询任何一个月的三表收费情况，可以与银行联网，从个人的银行账户中扣除费用。

4.3.11　系统供电

1. 供电原则

供电布局应主要考虑维护方便和系统稳定可靠。一般按下述办法处理。

1）除报警器外，所有可视对讲设备均采用直流 18V 电源供电，由不间断电源 UPS 提供。

2）在系统组成中，层间分配器和室内机采用总线集中供电，其他设备单独就地供电或从就近设备上取电。

3）原则上每台单元门口机配一个电源。

4）对中心管理机、小区入口机每台各配一个电源，对联网切换器和交换器配一个电源。

2. 供电容量计算

单元门口机应配一个电源（能提供 2 000mA 电流），其中：呼叫耗电约为 350mA；层间分配器耗电约为 20mA；智能型室内分机静态负荷约为 25mA（标准型室内机静态负荷约 1mA）；可视室内机呼叫振铃时最大负荷约为 600mA（系统正常工作时只有一台室内机处于对讲呼叫状态）。

下面，考虑单元设备总线的线损压降（按层间接线距离 4m 计，RVV4 ×0.5 四芯线 100m 回路电阻约为 8Ω），以及室内机最低工作电压不应小于 15V 等要求以及设备接插座接触线损、四芯总线与接插头接线损耗（施工质量不好将出现较大的损耗）等因素，并以最大供应电流计算。如一个佳乐 DH1000A-U 电源能同时供应一台单元门口机，10 个 2 分支层间分配器，20 台智能型室内机（或 7 个 4 分支层间分配器 28 台智能型室内机；或 12 个两分支层间分配器，24 台标准型室内机；或 12 个 4 分支层间分配器，48 台标准型室内机）正常工作。实际电源数量不能少于该配置，否则可能引起系统运行不稳定、室内机图像不正常等现象。

工程经验表明，当电源长期处于满负荷工作状态时，其寿命将大打折扣，并影响系统的工作稳定性，增大维护成本。因此建议在电源标准配置上应有一定安全系数，每 16 台智能型可视室内机（2 分支 8 层）或每 24 台智能型可视室内机（4 分支 6 层）或每 20 台标准型可视室内机（2 分支 10 层）或每 36 台标准型可视室内机（4 分支 9 层）加一台电源，在高层楼型中，若户数更多，则可依此标准增加电源数量。上面给出的典型电源配置及线材选用数据，未考虑报警器用电，且实际施工时还应考虑安装环境和施工质量的影响。

若系统有带四防区报警要求，则建议单独供给报警器电源。智能型室内机可提供 12V、200mA 的外接报警器电源，当报警器负载不超过 200mA 时，可由室内机直接供电，但因室内机长期工作在高电流状态下会影响其使用寿命，所以当外接报警器负载较大时建议另外提供电源，如佳乐 DH-1000A-U2 电源可提供（18V、2A）+（12V、300MA）的双输出。

若报警器需要由室内机供给时，建议二分支层间分配器每 4 个层间分配器合用一台电源，4 分支层间分配器每两个分配器独立使用一台电源。

4. 3. 12 传输系统布线

传输系统布线是小区智能管理系统的重要组成部分，是小区内的"信息高速公路"。大量的工程实践证明，管线布局、线材品质和施工质量对访客对讲系统效果影响很大，因此布线是系统长期、稳定、可靠运行的前提。不合理、低质量的布线不仅使工程系统调试困难，而且更可怕的是，日后线路容易造成老化、短路、断线，造成信息不畅通，甚至导致系统瘫痪，飙高了售后维护成本。

数据信号通道。在数字式访客对讲系统中，住户信号的编程、选通、报警信号的传送等均通过访客对讲系统的数据信号通道完成。一般访客对讲系统中的数据信号通道均采用 RS-485 的通信协议,此种通信协议采用串联的连接方式进行,最大传送距离可以达到 1 200m。采用放大器的方式,还可以使数据信号传送得更远,但放大器的增加数量有限,不能够无限制的增加。目前国内采用 RS-485 通信协议的联网线路(单条)最大的传送距离在 1 000 ~ 5 000m 左右。但是在实用中尽量使单条线路距离控制在 1 000m 以下为最佳。为了更好地适应大型小区的实用,可以在联网线中增加信号集线器的方式,将小区数据线路分成多路进行传输,以减少单条线路的距离。

音频信号通道。音频信号通道是通过信号线进行传输的,信号线的截面积越大(线径越粗),传送音频信号的能力越强,传输距离越远。

视频信号通道。传统的视频信号传输一般使用专用的 75Ω 视频电缆进行传输,视频电缆由视频线(通常称为 V 端)及屏蔽层(通常称为 M 端)组成。根据视频线线径的不同,可将其分成 75-3、75-5、75-7 等不同的规格。不同规格的视频电缆传输视频信号的距离不同:如 75-3 电缆可以最大传输 200m;75-5 电缆最大传输在 400m 左右;75-7 电缆最大传输距离在 600m 左右。线径越粗的视频电缆传输的实际距离越远。提升视频信号传输距离的设备一般为视频放大器,它可以比较有效的提升视频信号的强度,以增加传输距离,但视频放大器不允许增加很多级。根据小区的实际联网距离,可以测算视频信号通道所需要的线路长度,并根据线路长度适当的增加提升视频通道传输距离的相应设备。视频信号容易受到外界干扰的影响,这些干扰包括电磁干扰、音频干扰等。视频电缆的屏蔽层主要是对外界干扰进行阻隔,以保证视频信号的正常传输。衡量视频电缆屏蔽层多少的单位为编,一般的视频电缆屏蔽层有 68 编、96 编、128 编等,编数越高,屏蔽效果越好。黑白视频信号的抗干扰能力比彩色视频信号抗干扰的能力强,因此在相同距离的视频信号通道中,彩色系统使用视频电缆的编数应该大于黑白系统使用视频电缆的编数。

1. 系统信号

(1)音频信号

与视频信号相比,音频信号显得简单。没有同步信号,没有消隐信号等各种信号互相交错,通常使用普通二芯非屏蔽线缆直接连接即可。考虑到外界干扰问题,可采用二芯屏蔽线缆。

(2)视频信号

视频信号包含图像、行场同步和消隐等信号,因此对传输视频信号比传输音频信号的要求高。其传输方式有以下几种。

1)视频信号的基带传输方式。

对这种视频传输方式,图像不被进行任何的处理,直接通过同轴电缆传输。优点是工程造价成本低廉;缺点是信号传输距离短,虽经放大,但传输距离一般不超过 1km,易受外界干扰。访客对讲系统普遍采用此种传输方式。

2)视频信号调制成射频信号的传输方式。

视频信号转换成射频信号,再经放大,同轴电缆传输的最远距离可达 5km,需要相关调制和解调电路。这种传输方式,工程造价高,多用于有线电视信号传输,如电视监控。

3)视频信号数字化传输。

由于视频信号转换成数字信号的设备复杂,工程造价高,所以访客对讲系统一般不采用这种传输方式。当用这种方式进行视频传输时，通常是用一根视频线，采用手拉手的联线方式将小区各梯口门口机及管理中心连接起来。这种方式的特点是，施工、布线方便和简洁明了，另一个优点是，即使门口机出现故障，也能照样保持整个系统信号传输通畅，而不影响监视其他梯口的门口机。

（3）控制信号

从设备的层次看，控制信号的通信范围主要是，管理中心机、小区入口机、门口机、层间分配器和终端室内机。控制信号比较简单，范围不大的小区对线缆不做特别要求。

2. 传输线路

传输线路主要由下述 3 大模块构成。

（1）小区网络主干总线

小区网络主干总线是小区公共区域的总线，图 4-40 所示的粗黑线部分即是。

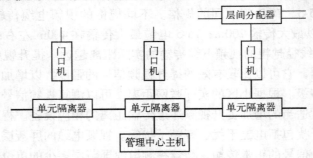

图 4-40　小区网络主干总线示意框图

1）使用线缆。信号线采用 RVV4 × 0.5mm² 四芯信号线，距离比较远，可考虑采用 RVV4 × 0.8mm² 或截面积更大的导线；视频线采用 SYV-75-5。

2）布线范围。由管理中心机至单元隔离器；单元隔离器至各门口机。

（2）单元设备总线

单元设备总线是单元楼内公共区域的总线，图 4-41 所示的粗黑线部分即是。

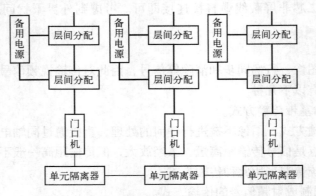

图 4-41　单元楼内公共区域总线示意框图

1）使用线缆。信号线采用 RVV4 × 0.5mm² 或 RVV4 × 0.75mm²、RVV4 × 1.0mm²；视频线 SYV-75-5；电源线 BVR2 × 1.5mm²。

2）布线范围。门口机至层间分配器；门口机至备用电源；层间分配器至备用电源。门口机至层间分配器的垂直主干线，采用 RVV4×0.5mm² 四芯信号线，加一根 SYV75-5 的视频线连接。当同一单元有多个门口机时，其他副门口机的信号线及视频线经副机切换器引至层间分配器的总线上。

当干扰严重时，门口机至层间分配器的垂直主干信号线要采用屏蔽线 RVVP4×0.5mm²，主干线线长大于 30m 信号线应改用 RVV4×0.75mm²，主干线线长大于 60m 信号线可用 RVV4×1.0mm²。实践上，根据负荷和施工质量可适当提高或降低线材要求。

系统不间断电源可明装或预埋在箱内，暗装于门口机附近，采用 BVR2×1.5mm² 二芯线引入 220V 交流市电，输出线采用 BVR2×1.5mm² 二芯线。电源至门口机的引线距离不大于 10m。电源及设备的安装应有良好的、符合规范的接地，以保证用电安全，避免因静电或漏电等引起的损失，降低雷击概率。

根据门口机和室内机数量的总负荷及线路损耗来计算电源的配置台数。工程经验上每两分支 8 层共 16 台智能型可视室内机，或每 4 分支 6 层共 24 台智能型可视室内机，或每两分支 10 层共 20 台标准型可视室内机，或每 4 分支 9 层共 36 台标准型可视室内机需加一台电源，增加时在相应位置的层间分配器处用 BVR2×1.5mm² 两芯线就近引入市电，输出线采用 BVR2×1.5mm² 二芯线。

单元隔离器与下一个单元隔离器之间采用 RVV3×0.5mm² 三芯线加视频线依次连接后，由最后一个单元隔离器连接至管理机（如果联网距离不长，同轴视频线就可采用 SYV-75-5）。

施工中为方便布线，可将同栋楼多个单元门口机合并为一组共用一个单元隔离器，接线采用 RVV3×0.5mm² 三芯线。

（3）住户设备总线

设备总线是楼内公共区域进入住宅室内的线路，图 4-42 所示的粗黑线部分即是。层间分配器至室内机采用 RVV4×0.5mm² 四芯信号线加一视频线 SYV-75-3 连接即可。当连线距离小于 10m 时，也可用 RVV6×0.5mm² 六芯信号线代替。彩色室内机用视频线 SYV-75-3 连接，以保证色彩效果。

住户若采用纯门铃或可视对讲门铃作为门前铃时，则门前铃至室内机信号线应分别为 RVV2×0.1 或 RVV4×0.5；若需可视门前铃或别墅门口机带锁控功能时，则应增加一条 0.5mm² 的连接线，采用 RVV5×0.5mm² 五芯线。当连线距离大于 30m 时，建议采用 RVV4×0.5mm² 四芯信号线加一视频线 SYV-75-3 连接。彩色室内机用视频线 SYV-75-3 连接，以保证色彩效果。

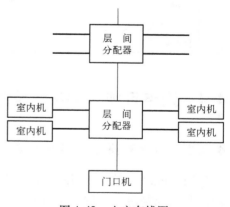

图 4-42　入户布线图

户内报警器可采用 RVV4×0.3mm² 四芯线连接至室内机，其中二芯为电源线，另二芯为信号线。由于不存在串扰及信号共地干扰，所以能较好地提高报警信号的可靠性。

1）使用线缆。报警信号线 RVV4×0.3mm²；信号线 RVV4×0.5mm；视频线为 SYV-75-3。

2）布线范围。报警探头至室内机；层间分配器至室内机。施工工程各种的因素还会影响系统的运行效果，因此在实践中应参考表 4-1 来选择线缆。

表 4-1　各区域配线一览表

住户设备总线	层间分配器至室内机	RVV4×0.5mm² + SYV75-3	室内机由总线集中供电	当连线距离小于10m时，也可用RVV6×0.5mm²六芯信号线代替作为入户线；当系统负荷小且连线短施工质量有保证时，也可用RVV6×0.3mm²六芯信号线
	室内机至门前铃	RVV4×0.5mm²	门前铃由室内机供电	
	至别墅门口机	RVV5×0.5mm²	提供锁控信号	
	室内机至一个报警器	RVV4×0.3mm²	报警器独立供电或由室内机供电	
		RVV2×0.3mm²		
单元设备总线	门口机至各层间分配器	RVV4×0.5mm² + SYV75-5	门口机由不间断电源供电，总线供电输出推荐供应两分支8层共16台智能型室内机或4分支6层共24台智能型室内机或两分支10层共20台标准型室内机或4分支9层共36台标准型室内机。若户数更多，则应增加电源数量	干扰严重时，信号线要用屏蔽线RVVP4×0.5mm²；主干线线长大于30m信号线应用RVV4×0.75mm²；主干线线长大于60m信号线可用RVV4×1.0mm²；可再根据负荷和施工质量适当提高或降低线材要求
	门口机至单元隔离器	RVV4×0.5mm² + SYV75-5		
	门口机至电控锁	BVR2×1.5mm²		
	门口机至不间断电源	BVR2×1.5mm²		
小区联网总线	单元隔离器至单元隔离器	RVV3×0.5mm² + SYV75-5	由门口机供电	干扰严重时，信号线应用屏蔽线RVVP3×0.5mm²；距离大于600m时信号线应用RVV3×1.0mm²，视频线用SYV75-7。RVV电缆用于室内布线，在室外易因严寒或炎热或潮湿而加速老化，故KVV电缆可敷设在室内、电缆沟、管道内及地下，建议联网采用KVV电缆
	单元隔离器至管理机或至小区入口机或至其他联网设备	RVV3×0.5mm² + SYV75-5	管理机独立供电，其他联网设备独立供电或就近取电	
	小区入口机至门岗	RVV4×0.5mm² + SYV75-5	小区入口机独立供电	
	小区入口机至电控锁	BVR2×1.5mm²		
	小区入口机至不间断电源	BVR2×1.5mm²		

4.4　网络可视对讲系统及数字化家居控制系统

4.4.1　访客对讲系统的发展趋势

通过前两节对传统型的访客对讲系统的学习，可以了解到目前此系统已全面进入联网阶段。此系统普遍采用的是单片机技术的现场总线技术，如 CAN、BACNET、LONWORKS 和国内 AJB-BUS、WE-BUS 以及一些利用 RS-485 技术实现的总线等。采用这些技术可以把小区内各种分散的系统互联组网、统一管理、协调运行，从而构成一个相对较大的区域系统。但是这些应用传统总线的访客可视对讲系统已经表现出了它的局限性。

1）抗干扰能力差。常出现声音或图像受干扰不清晰现象。

2）传输距离受限。远距离时需增加视频放大器，小区较大时联网困难，且成本较高。

3）采用总线制技术，占线情况特别多，在同一条音视频总线上只允许两户通话，不能实现户户通话。

4）功能单一，大部分产品仅限于通话、开锁等功能，设备使用率极低。

5）受技术上的局限性，产品升级或扩充功能困难。

6）行业缺乏标准，系统集成困难，不同厂家之间的产品不能互联，同时也很难和其他弱电子系统互联。

7）不能共用小区综合布线，工程安装量大，服务成本高，也不能很好融入小区综合网。

随着房地产业的蓬勃发展，楼盘越来越大，对楼宇访客对讲系统提出了更多的要求，业主对楼宇对讲的功能也提出了越来越多的要求，传统的对讲系统已经满足不了市场需求。访客对讲系统的功能也在发生着翻天覆地的改变，远程监控、互联网接入、信息发布、社区公告、视频点播、户户对讲、三表集抄和广告终端等内容都被纳入到楼宇对讲系统中来。为了迎合市场需求，必须建立一种全新概念的可视对讲系统。

随着互联网的普及，很多小区都已实现了宽带接入，信息高速公路已敷设到小区并进入家庭，而且随着现代功能强大的带网络功能的 ARM 或 DSP 芯片的出现，采用 TCP/IP 技术的数字访客对讲系统条件已经具备。用网络传输数据，模糊了距离的概念，可无限扩展；突破传统观念，可提供网络增值服务（如还可提供可视电话、广告等功能，且费用低廉），提高设备实用性。主要优点如下。

1）适合复杂、大规模及超大规模小区组网需求。

2）大幅度节约管网建设成本、联网设备成本、维护管理成本。

3）数字室内机实现了数字、语音、图像通过一根网线传输，从而不需要再布数据总线、音频线和视频线。只要将数字室内机话接入室内信息点即可。

4）可以出现多路同时互通而不会存在占线的现象。

5）可实现音视频点播。

6）对讲系统将成为广告系统，其利用率更高，效益更高，节省物业费用。

7）互联网接入，可实现远程监控。

8）可作为智能家居系统的控制终端，与数字家居系统结合在一起。

9）对于行业的中、高档市场冲击很大，并能跨行业发展。

10）接口标准化，规范标准化。

11）组建网络费用较低，便于升级及扩展。

12）利用现有网路，免去工程施工。

13）便于维护及产品升级。

4.4.2　数字化家居控制系统的发展

数字化家居控制系统（简称为数字化家居或数字化家庭）在国外已有几十年的发展历史，在 2000 年左右被正式提出，并逐步进入国内应用。数字化家居网络系统指的是融合家庭控制网络和多媒体信息网络于一体的家庭信息化平台，是在家庭范围内，实现信息设备、通信设备、娱乐设备、家用电器、自动化设备、照明设备、保安（监控）装置及水/电/气/热表设备、家庭求助报警等设备互联和管理以及数据和多媒体信息共享的系统。家庭网络系统构成了智能化家庭设备系统，提高了家庭生活、学习、工作、娱乐的品质，是数字化家庭的发展方向。

随着国内消费者生活水平的不断提高，对住宅的要求也越来越高。从最早对环境、位置、绿化、户型和小区综合配套等方面的挑剔，已经上升到了对整个家居安全、智能、健康和舒适等更高层面的要求。家居数字化自然成为了住宅建设的必然趋势，也成为房地产商吸引消费者的最新卖点。

数字化家居在国内属于新兴的技术和产品。它正在一些高档别墅和楼盘导入应用，成为竞争激烈的高端地产项目的新亮点和利润增长点，获得了市场的热情追捧。信息化和网络技术的发展为家庭网络数字化提供了强有力的技术保障。随着数字化家居概念的日益普及和推广应用，数字家居将引领住宅消费潮流，成为一个潜力无限的大市场。

家庭用户和企业用户最大的区别就是对价格的敏感性，要求产品必须是低价位。目前，国内外数字家居系统的构建主要基于传统的有线网络技术，在数字化家居系统构建中普遍存在着布线烦琐、无法实现移动访问、施工周期长、后期维护困难、可扩展性差等问题，有线系统的这些特点限制了它在数字家居系统中的应用。人们开始研究引入无线技术解决这些问题，因此，无线数字化家庭网络便应运而生。

无线数字化家庭网络系统可与信息设备、通信设备、娱乐设备、家用电器、自动化设备和保安装置等设备实现关联，使智能化、人性化的家居生活变成现实。可以很好地满足用户对家居设备控制、家庭网络的灵活性、可靠性以及便捷性等的需求，不但解决了有线系统的高成本和不方便的问题，而且还使消费者能够通过无线网络方便、快捷地管理家务，监测家居环境、遥控电器等。

4.4.3　网络可视对讲系统与数字化家居的结合

网络可视对讲系统是智能小区安全防范系统中最重要的安全方案，从管理中心一直延伸到了家庭，搭建了业主与物业的有效沟通平台。将网络化的对讲系统和数字化家居有效结合起来，进行统一规划构建，是智能小区发展的最新方向。

在网络可视对讲中将门口机、室内机等对讲设备都采用基于 TCP/IP 的标准网络协议，通过网络交换机可方便地进行互联和互通。其中很重要的一点是，将室内机作为数字家庭的服务器，使之成为整个数字化家庭的中控中心。TCP/IP 网络对讲系统示意图如图 4-43 所示。

基于数字化家庭的服务器（室内机）构成的数字化家庭网络系统示意图如图 4-44 所示。主要功能有：

可视对讲门禁系统、家庭安防系统、智能灯光控制系统、信息家用电器自动控制系统、家居综合布线系统、信息服务系统和远程控制系统（电话、手机、互联网）。

具体功能介绍如下。

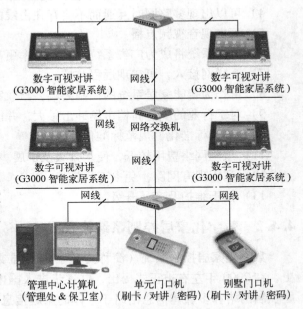

图 4-43　TCP/IP 网络对讲系统示意图

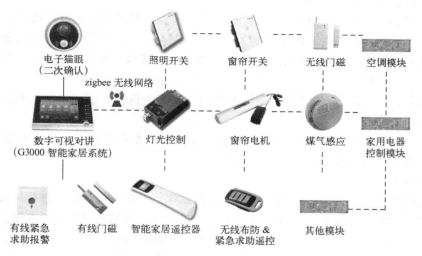

图 4-44　数字化家庭网络系统示意图

（1）可视对讲门禁系统功能

1）IC卡门禁识别。

2）呼叫，远程开锁。

3）可以监视门前图像。

4）当家中无人时，访客可以留影。

（2）家庭安防功能

1）提供有线防区和输出接口，可外接各种安防探测器与警灯、警号。

2）可以通过电话和网络进行远程撤/布防，设立/消除警报。

3）用户可通过网络查询报警类型、报警点、报警时间。

4）触发警情后通过网络向保安中心报警，同时拨打用户设定的电话号码进行报警。

5）通过家庭智能网关，可以实现各个防区与其他家用电器自动化设备的联动控制。

（3）智能灯光控制功能

1）通过遥控器可方便地管理家中所有的智能开关、插座，实现无线控制、场景控制；场景编排完全根据使用者的爱好任意设置，无需采用其他辅助工具，可在遥控器面板上随意编排，方便快捷，还可以根据需要随时、随地、随意调整。

2）通过家庭智能化网关方便地实现电话远程语音控制以及网络远程控制，控制设备可以是固定电话、移动电话、PDA以及各种其他PC。

3）通过家庭智能化网关以及连接在网关上的探测器、传感器发出的不同信号，控制不同区域的灯光开启或者关闭。

4）通过家庭智能化网关实现灯光的定时控制。

智能开关的调光与调光后状态记忆功能既节约能源，又使场景设置更具个性化，不同的场景有不同的灯光效果。

（4）信息家用电器自动控制系统

1）室内恒温控制。家庭智能化网关内置温度传感器，可以根据设置的条件，控制空调的开启与关闭，以平衡室内温度。

2）条件控制功能可根据外界温度、噪声等传感器，根据室外温度及噪声大小开启或关闭自动窗；可以在开窗的同时自动控制关闭空调、通风设备，方便节能；可以设置成当主人入户时开启入户场景并关闭监视系统；可以在发生火灾或煤气泄露的时候，关闭煤气阀门并打开窗子换气；也可以在下雨主人不在家时自动关闭窗户等。

3）定时控制功能可以使周期性执行的动作自动定时执行。例如，按时开关窗帘，定时浇花等。

4）组合控制功能可以做到一键式控制。例如，可将关闭主灯、打开背景灯、拉上窗帘、打开电视等一组动作通过一个组合键搞定。

（5）家居综合布线

布线箱把现代家庭内的电话线、电视线、网络线、音响线和防盗报警信号线等线路，组建成基础的智能家居布线系统，这样既可方便应用，又将智能家居中其他系统融合进去。

在装修前统一规划电话线、有线电视、计算机网线和视音频线，统一安排布局，集中管理，避免了乱拉线、乱复接、灵活性差等缺点。如果将来再有多媒体线缆入室，就不用开墙破洞，直接就可接驳。

（6）信息服务系统

1）家庭智能终端系统可实现家庭信息服务功能，信息查询可实现服务中心向住户家中发送中、英文电子公告消息。

2）可登录国际互联网进行信息查询，收发个人电子邮件，进行足不出户的电子商务和远程医疗，还具有"防火墙"功能等。

3）业主可发送中英文信息到管理论坛（即小区 BBS）上；服务中心可实现后台的管理；用户可任意查询服务数据；户户可通信。

4）语音留言服务。可录制不同信息留言，并有留言提示功能，通过互联网远程收听语音留言信息。

（7）远程控制系统

家庭智能化网关提供通过拨打家中的电话或登录互联网，实现对家庭中所有的安防探测器进行撤/布防、远程控制家用电器、照明及其他自动化设备的操作。

4.5 可视访客对讲系统的设计实例

4.5.1 概述

随着现代化社会的发展，人们都希望居住的小区有着良好的环境和安全感，享受安逸的生活。如何保障社区的安全及便于管理，既能保障发展商的利益，又能保障居住社区人员的需求及安全感、归属感，是一个新的课题。佳乐可视系统设计的宗旨是，在保障资金投入合理的情况下让社区形成一个安全、舒适的文明社区。

（1）项目名称

本项目为福建省福州市×××城市花园互通式可视访客对讲系统。此城市花园位于市区中心区域，由多幢多层和小高层住宅楼组成，特有的地理（依山）和人文（临近商业区但不喧哗）环境，较完美体现了另一种时尚。设计可视访客对讲系统的思路无疑必须基于这一点。

（2）项目目标

为住宅小区建立一套先进、严密、适用、美观和性能稳定的弱电系统。

4.5.2 系统设计依据

以设计的图样和投标的文件为基础，并依据下述国家有关标准，进行工程设计。

GA/T 74—2000《安全防范系统通用图形符号》

GB 12663—2001《防盗报警控制器通用技术条件》

GA 308—2001《安全防范系统验收规范》

DG/TJ 08-001—2001《智能建筑施工及验收规范》

GB 50303—2002《建筑电气工程施工质量验收规范》

《居住小区智能化系统建设要点与技术导则》（修订稿）

《智能建筑设计标准》（GB T-T-50314—2000）

《智能建筑工程质量验收规范》（GB 50339—2003）

《安全防范工程技术规范》（GB 50348—2004）

《访客对讲系统及电控防盗门通用技术条件》（GA/T 72—2005）

4.5.3 系统设计原则

1）系统的可靠性。系统的可靠性包括系统设备的可靠性、信号传输的可靠性以及抗人为故障的能力。

2）可扩充性。系统可扩充性包括系统能否逐步扩充用户数量、系统主机容量、传输距离以及系统编码能力（内部通信的通话通道数量）。

3）系统可维护性。系统可维护性是指当系统出现故障时，在最短的时间内找出故障部位，并在不影响整个系统正常使用的情况下更换设备，尽可能不影响其他用户的使用。并确保在发生设备故障、线路故障时不会影响整个系统的运行。

4）经济性。在满足先进性、可靠性原则下，优化设计，实现合理的性能价格比。

5）先进性与成熟型。在满足用户现有需求的前提下，充分考虑各种智能化适用技术迅猛发展的趋势，在技术上保持最先进和适度的超前，注重采用最先进的技术标准和规范，确保建筑智能化系统适应未来技术发展的趋势。

4.5.4 系统设计功能与配置

1. 系统设计功能

（1）设计概述

本系统结构示意图如图 4-45 所示。本系统是总线制数字双向对讲系统，系统网络为单元内垂直部分四芯总线连接。

根据小区特点，小区管理中心设置一台主管理机；每栋楼底大门口设置一台互通式带读卡头的可视门口机；每户设置一台带互通式数码型手柄式可视分机。系统集门铃、对讲、监视、锁控、呼叫、紧急报警、自动报警和巡更打卡于一体，并具有通话保密、通话限时等功能。由于系统采用模块式，所以，还可以根据住户需要进行功能扩展。本系统具有较高的性能价格比。

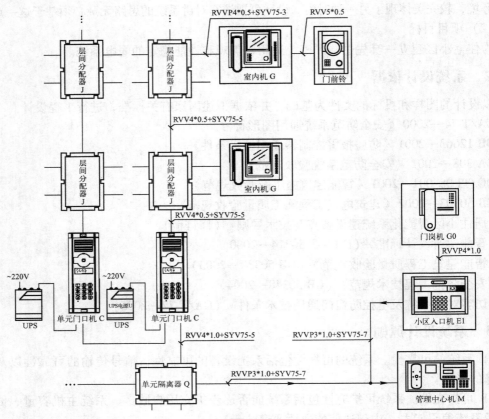

图 4-45　本系统结构示意图

（2）系统功能

系统具体功能如下。

1）三方通话。即住户与管理处、住户与住户以及同栋楼住户之间可互相呼叫与通话。

2）遥控开锁。住户在室内按〈开锁〉键可遥控开启门口电锁（只有在室内机被呼叫并接通后才有效，以防住户误操作而开锁）。

3）可视对讲。当门口机和室内机接通时，住户与访客可进行双向通话，并能看到访客的图像。

4）监视。当室内机空闲时，按〈监视〉键可监视到整个单元门口的图像，并可监听单元门口声音，声图并茂。

5）安保功能。室内分机自身具有 4 路防区的报警功能，可外接门磁、红外、烟感、煤气及紧急按钮等报警设施，也可以向管理中心的计算机报警。管理机或管理中心的计算机能记录报警地点、房号和防区等。管理中心的计算机还会自动弹出报警点的电子地图。

6）保密功能。任何双方进行通话时，第三方均无法窃听。

7）限时通话。任何双方的通话时间均被限定为约两分钟。

8）一卡通门禁。住户可用免接触式 IC 卡开启门口电锁，或用密码开锁。

9）二次门铃功能（可选）。即住户家门口安装呼叫按钮或独户型门口机，访客在住户门外按此按钮，住户室内机响铃，并可显示家门口图像。

10）整个系统的每一幢楼、管理中心单独供电，如有一方出现电源故障，不会影响整个系统的运行。遇到断电，自动启动后备电源。系统 USP 电源设有充电过电压、欠电压保护，以保障系统正常可靠供电，同时利于保护备用电池，延长电池使用寿命。

11）主机及分机采用看门狗技术，杜绝死机现象。

12）系统有线路短路保护，一旦线路短路，不影响整个系统正常运行。

13）系统连接简捷。

2. 系统配置

本系统主要由单元门口机、室内机、管理机、层间分配器、电源、单元隔离器以及小区管理中心机等构成，具体系统布局示意图如图 4-43 所示。

4.6　实训

实训设备采用 SZPT-KSDJ-01 可视对讲与门禁控制系统实训装置，可视对讲与门禁控制系统实训装置如图 4-46 所示。

4.6.1　实训 1　可视对讲门禁系统的情形模拟

1. 实训目的

1）熟悉可视对讲门禁系统的硬件结构。

2）了解可视对讲门禁系统在实验中的模拟方法。

3）了解可视对讲门禁系统的对讲、开锁、监视情形。

4）掌握基本的可视对讲门禁系统术语。

2. 实训设备

1）可视对讲门禁系统实训装置。

2）可视对讲门禁管理中心系统实训装置。

3）便携式万用表，一字螺钉旋具，十字螺钉旋具。

4）插接线一套、导线若干。

图 4-46　可视对讲与门禁
控制系统实训装置

3. 实训步骤与内容

1）打开实训装置后盖板，将装置内部的功能转换模块上所有"演示/实训"开关拨向"演示"位置，将"故障/正常"开关全拨向正常位置。此时系统处于演示状态，各设备的硬件连接已按图 4-47 所示完成系统接线。

2）打开实训装置电源。

3）教师应先对硬件设备完成必要的设置，然后由学生完成以下演示操作。

4）系统主机呼叫室内彩色分机 2 及开锁模拟。

① 在系统主机键盘上输入"0101"及〈#〉键。

② 室内彩色分机 2 发出"嘟嘟"的呼叫声；按室内彩色分机 2 的对讲键，可看到系统主机前的图像，并可与系统主机实现通话。

③ 按室内彩色分机 2 的开锁键，可将单元大门打开。

5）室内彩色分机 2 对系统主机的监视模拟。

触摸室内彩色分机 2，屏幕被点亮，单击"监视"按钮，屏幕出现系统主机前的图像。

6）室内彩色分机 2 的红外探测器报警模拟。

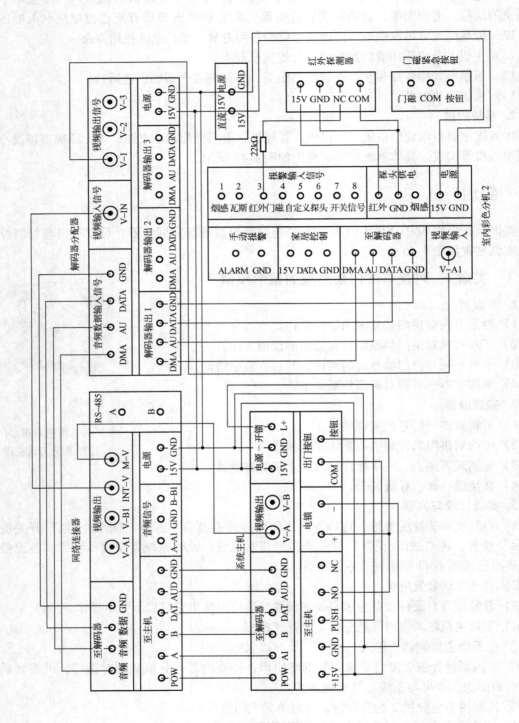

图 4-47　系统接线图

196

① 设防设置。

触摸室内彩色分机 2 屏幕，屏幕被点亮，单击"安防"按钮，出现密码对话框界面 1，如图 4-48 所示。

输入维护密码"20050101"，进入防区设置界面 2，如图 4-49 所示。

图 4-48　密码对话框界面 1

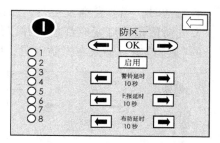

图 4-49　防区设置界面 2

界面左边 3 代表红外防区，单击或移动箭头选择 3 防区，再选择"启动"按钮，数字旁边的指示灯会从透明色变成绿色，按 ← 键或 → 键对该区的警铃延时时间、上报管理中心的时间及布防延时时间进行设置，完成后单击"OK"按钮，屏幕会显示"设置成功!"，如图 4-50 所示。

2s 后返回防区设置界面，按〈 ⇦ 〉键退出界面 3。

② 布防设置。

触摸室内彩色分机 2，屏幕被点亮，单击"安防"按钮，出现密码对话框界面 4，如图 4-51 所示。

图 4-50　防区设置界面 3

图 4-51　密码对话框界面 4

输入维护密码"12345678"，进入布防设置界面 5，如图 4-52 所示。

单击或按〈 ⬅ 〉键、〈 ➡ 〉键选择 3 防区，单击"布防"按钮，对应的指示灯将变为黄色，再单击"OK"按钮，显示屏提示图 4-53 所示的界面 6 信息。开始延时启动红外探测器，检测到入侵后立即发出报警信号。

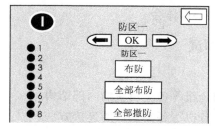

图 4-52　布防设置界面 5

图 4-53　显示屏提示信息界面 6

③ 撤防。

● 无警情时，选择"安防"图标，输入"12345678"密码，显示屏显示图 4-54 所示的界面 7 选择 3 号防区，单击"撤防"按钮，对应指示灯由黄色变为绿色，按钮由"撤防"变为"布防"，即表示该防区被成功撤防。

● 有警情时，当有警情发生时，在设定的室内分机会发出警报声，显示屏被点亮，被触发的防区指示灯变成红色，并以红色字体提示该防区被触发，按图 4-55 所示界面 8 的〈撤防〉键，输入布撤防密码，即可撤防。

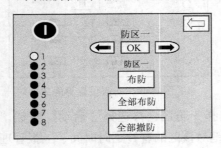

图 4-54　界面 7

图 4-55　界面 8

7）模拟系统主机与系统管理中心相互呼叫。

① 系统主机向系统管理中心呼叫。在系统主机键盘上按〈00〉以〈#〉号键结束，液晶屏会显示图 4-56 所示的界面 9，等待管理中心机摘机通话即可。

② 管理中心机向系统主机呼叫。管理中心机摘机，按〈00〉键或按住户栋号及楼层号，再按〈#〉键，可分别呼叫、监视系统主机或住户分机，显示屏会显示图 4-57 所示的界面 10。

您已拨通管理处	
请稍等！	
2012 年 3 月 7 日　星期三	

图 4-56　界面 9

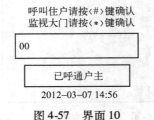

图 4-57　界面 10

注意：在后面的实训项目中，当遇到安装、拆卸和接线等操作时，为避免不当操作和保证设备安全，请务必关闭实训台电源，确认操作无误后再通电。初次操作时，应严格按照操作步骤进行操作，待指导老师确认无误后再通电。

4. 实训结果

写出实训结果、遇到的问题、解决方法以及实训心得体会。

4.6.2　实训 2　可视对讲门禁系统的安装与调试

1. 实训目的

1）熟悉系统主机、解码器、网络连接器、室内分机等各类模块的内部结构。

2）熟悉系统主机、解码器、网络连接器、室内分机等各类模块的连接方法。

3）掌握系统主机、解码器、网络连接器、室内分机等各类模块的检测方法。

4）掌握管理中心机与单元系统主机的连接方法。

2. 实训设备

1）可视对讲门禁系统实训装置。

2）可视对讲门禁管理中心系统实训装置。

3）便携式万用表，一字螺钉旋具，十字螺钉旋具。

4）插接线一套、导线若干。

3. 实训内容与步骤

操作前应关闭实训台电源，打开实训装置后部盖板，将装置内部的功能转换模块上所有"演示/实训"开关拨向"实训"位置，将"故障/正常"开关全部拨向正常位置。此时系统处于实训状态，各设备的内部硬件连接全部断开。

（1）可视对讲门禁系统的调试

1）实训室内黑白分机与安防探测器连接图（如图 4-58 所示）。

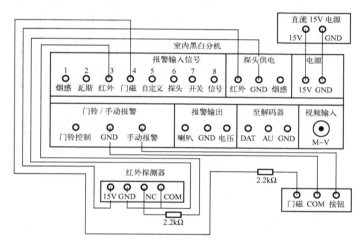

图 4-58　室内黑白分机与安防探测器连接图

2）硬件连接步骤。

① 按照系统连接图将系统主机与网络连接器连接。

② 按照系统连接图将系统主机与出门按钮、电锁连接。

③ 按照系统连接图将网络连接器与解码分配器连接。

④ 按照系统连接图将解码分配器与室内黑白分机、室内彩色分机 1、室内彩色分机 2 连接，解码分配器有 8 路输出，可连接任意一路。

⑤ 接好线后，用万用表的二极管档检测接线的连接状况。

3）系统调试。

① 设置解码分配器，确定室内黑白分机、室内彩色分机 1、2 的硬件地址。例如，将室内黑白分机设置为 103 号、室内彩色分机 1 设置为 101 号，室内彩色分机 2 设置为 102 号。

② 将其中一个分机通过系统主机设置为软地址。例如，将室内彩色分机 1 软件地址设置为 203 号。

③ 设置系统主机、管理中心机编号。

④ 系统主机呼叫分机、呼叫管理中心机。

⑤ 分机呼叫系统主机，监视系统主机画面，开单元门电锁。

⑥ 管理中心机呼叫系统主机、呼叫分机。监视系统主机画面。

（2）室内分机安防探测器的连接与设置

1）实训接线图。

按下面接线图分别进行室内黑白分机或室内彩色分机与安防探测器的连接实训。

① 按照图4-58所示进行室内黑白分机与安防探测器的连接。

② 按照图4-59所示进行彩色分机与安防探测器的连接。

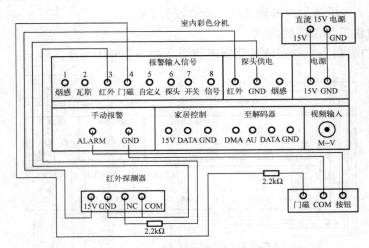

图4-59　彩色分机与安防探测器连接图

2）室内黑白分机的安防设置。

① 设防设置。

按〈布/撤防〉键，分级会发出"嘀嘀"两声，在正确的提示音后的3s之内必须输入布防的防区号：1——烟感、2——瓦斯、3——红外、4——门磁、5~8——自定义。输入完后会发出"嘀嘀"两声，同时所对应的防区灯闪烁，30s后进入布防状态。

② 分机警情处理。

在警情被触发后，住户可按〈布/撤防〉键，再输入密码"12341234"进行撤防。若管理中心机没收到报警，则分级每隔30s会报警一次。

3）室内彩色分机的安防设置参见实训1。

（3）管理中心机的使用

1）打开可视对讲门禁系统实训装置后盖板，将装置内部的功能转换模块上所有"演示/实训"开关拨向"演示"位置，将"故障/正常"开关全拨向正常位置。

2）按图4-60所示的管理中心机与可视对讲的连接图完成接线。

3）系统主机呼叫管理中心机。

4）管理中心机呼叫系统主机；监视系统主机。

5）分机呼叫管理中心机、系统主机，分机监视。

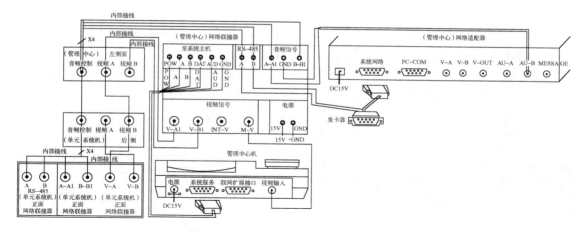

图 4-60　管理中心机与可视对讲连接图

注意：若探测器以常开触点报警，则连接时需并联一个 2.2kΩ 的电阻。若探测器以常闭触点报警，则接线时需串联一个 2.2kΩ 电阻。

4. 实训结果

写出实训结果、遇到的问题、解决方法以及实训心得体会。

4.6.3　实训 3　可视对讲门禁系统的管理

1. 实训目的

1）了解管理中心软件的用途与运作原理。

2）掌握管理中心软件使用方法。

3）了解门禁 IC 卡的用途与运作原理。

4）掌握门禁 IC 卡的使用方法。

2. 实训设备

1）可视对讲门禁系统实训装置。

2）可视对讲门禁管理中心系统实训装置。

3）PC（带有智能小区管理软件）。

4）便携式万用表，一字螺钉旋具，十字螺钉旋具。

5）发卡器。

6）插接线一套、导线若干。

3. 实训步骤

1）管理中心软件的使用。

① 参考实训 1 和实训 2 接线图对单元可视对讲门禁系统进行接线。

② 按图 4-61 所示的可视对讲门禁系统管理中心连接图完成接线。

③ 登录管理软件。

④ 管理软件呼叫系统主机。

⑤ 系统主机、室内分机呼叫管理计算机。

⑥ 管理计算机对单元系统主机进行开锁、监视、监听。

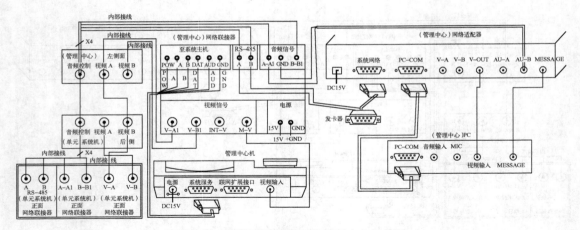

图 4-61　可视对讲门禁系统管理中心连接图

⑦ 管理计算机对室内分机进行短信发送。

⑧ 管理计算机响应室内分机的报警信息。

2）IC 门禁卡的登记与使用。

① 将发卡器与管理中心计算机连接，并打开管理中心软件。

② 将门禁控制器上的螺钉卸下，取下外壳将门禁控制器的短接端以二进制的模式进行编号短接：如二号门禁控制器，即将短接端的第二位的短接片短接，其余短接片悬空。装上外壳，拧上螺钉。

③ 打开实训装置后盖板，将装置内部的功能转换模块上所有"演示/实训"开关拨向"演示"位置，将"故障/正常"开关全拨向正常位置。

④ 将目标门口控制器按照接线图 4-59 进行连接。

⑤ 进行卡的登记。

⑥ 将登记好的 IC 卡放在对应登记授权的门口控制器进行开门实验。

4.6.4　实训 4　可视对讲门禁系统的故障判断与处理

1. 实训目的

1）熟悉可视对讲门禁系统线路中一些常见的故障现象。

2）掌握可视对讲门禁系统故障处理的基本方法。

3）熟悉可视对讲门禁系统程序设置中一些常见的故障现象。

4）掌握防可视对讲门禁系统程序的基本故障处理方法。

2. 实训设备

1）可视对讲门禁系统实训装置。

2）可视对讲门禁管理中心系统实训装置。

3）便携式万用表，一字螺钉旋具，十字螺钉旋具。

4）插接线一套、导线若干。

3. 实训原理

可视对讲门禁系统在工程应用中往往会出现很多的故障，但在本实验中不能全部予以体现，只能通过人工来设置和模拟一些主要的故障现象。

4. 实训步骤与内容

操作前应关闭实训台电源，打开实训装置后部盖板，将装置内部的功能转换模块上所有"演示/实训"开关拨向"实训"位置，将实训装置背面其中一个故障/正常端子拨到"故障"位置。实训接线图，参见实训 1 和实训 2。

（1）线路故障的判断与处理

1）系统故障的产生原因及处理方法。

当系统出现问题时，排除故障要分以下几步进行。

① 检查系统的电源输出是否正常。

② 检查出现故障的模块电源，检查其供电是否正常。

③ 在检查电源正常后，再查找相关的引线有无短路和断路现象。线路的故障，一般是指线路接错、线路断路、线路短路；可通过设防来检测探测器是否工作正常，从而判断线路开路或短路的位置。

④ 在确认接线无误后，再检查系统的设置，如解码分配器的跳码，系统主机的设置。

⑤ 当上、下位机通信出现问题时，除应先进行以上检查外，还要检查网络适配器和网络联接器的设置。

⑥ 如出现布防故障，即在探测器报警状态下不能进行布/撤防操作，则要先消除探测器的报警状态。如在红外探测器一定范围内不要有人，在本实验装置上也可用书或其他挡板遮挡住红外探测器的红外接收头。另外，如门磁报警后没有恢复，在按下紧急按钮后可用钥匙恢复等。

⑦ 如探测器在布防状态下不能报警，则要检查探测器是常开还是常闭触点报警，是否串联或并联了电阻。

⑧ 如按出门按钮不能开锁，则应检查电锁及出门按钮连接是否正确。

2）检查完一个故障后，将该故障/正常端子拨到正常位置，然后再将另一个故障/正常端子拨到故障位置，再重复上述的查障和处理过程。

注意：以上所列出的一些系统故障可能并不是唯一的，具体要依据实际情况进行分析和处理。

（2）系统设置故障的判断与处理

1）系统主机无法正常呼叫室内可视分机。

故障现象：系统主机在按下室内房号的时候对应的室内可视分机无反应，或室内分机无法显示系统主机图像，系统分机无法与室内分机通话。

处理方法：

① 用万用表测量线路上解码器上视频信号与语音信号是否连接正确，系统主机的音频、数据端是否接反，音频 1 与音频 2 是否接反。

② 检查解码分配器的跳码设置，硬件地址是否与分机号一致。

③ 检查系统主机是否对分机硬件地址进行了设置。

2）分机布防时探测器不工作。

故障现象：室内分机布防后，报警探测器不能正常报警。

处理方法：检查线路是否接错；检查对应的报警探测器是否外接了电阻。

3）无法正常用 IC 卡开启单元门。

故障现象：在正常状态下刷卡，单元门或 2 号门、3 号门无法打开。

处理方法：检查是否发卡正确；检查该卡是否授权；检查门禁控制器是否进行编码，编码是否跟卡授权编码一致。

5. 实训结果

写出实训结果、遇到的问题、解决方法以及实训心得体会。

4.6.5 实训 5 设计并组建一个可视对讲门禁系统

1. 实训目的

1）熟悉可视对讲门禁系统的设计流程。

2）综合考查学生对可视对讲门禁系统地掌握程度和实际应用能力。

2. 实训设备

1）可视对讲门禁系统实训装置。

2）可视对讲门禁管理中心系统实训装置。

3）便携式万用表，一字螺钉旋具，十字螺钉旋具。

4）插接线一套、导线若干。

3. 实训内容

由指导老师给定一住宅（或办公室、银行等）平面图，要求对此区域进行可视对讲门禁系统设计，并完成可视对讲与门禁系统调试。具体要求如下。

1）可实现系统主机、室内机、管理中心机以及管理中心计算机之间的多方通话。

2）可实现系统主机、室内机、管理中心机、管理中心计算机之间的视频及音频监视。

3）某一分机可实现防盗报警功能，报警探测器能正常工作，并能将有关信息反馈到室内分机、管理中心机、管理中心计算机。

4）用 IC 卡能正常开启对应授权单元门。

4. 实例操作步骤与内容

1）设备选择：系统主机、各室内机、门禁控制器、报警探测器、网络联接器、解码器、网络适配器、管理中心机以及管理中心计算机等。

2）设备连接。

3）系统调试。

更多的设计要求可由实训老师自己设定，为增加难度，还可以进行多台可视对讲门禁系统的相互连接等。

5. 实训结果

写出实训结果、遇到的问题、解决方法以及实训心得体会。

4.7 本章小结

本章先介绍了门禁系统的组成结构及分类，并对门禁卡、门禁识别器、门禁控制器、电锁等做了具体的介绍。在此基础上，介绍了智能小区中最常用的门禁控制系统——访客对讲系统。对直按式非可视对讲系统、直按式可视对讲系统、编码式非可视对讲系统、独户型可视对讲系统及联网型可视对讲系统分别进行了深入介绍和比较，分析了不同对讲系统的结构、功能和特点；接着对管理中心机、小区入口机、单元隔离器、层间分配器、室内机等具体设备进行了详细介绍。同时将网络可视对讲和数字家居这两种访客对讲技术的升级产品进行了介绍，使得大家对新技术有比较全面的认识。最后给出了一个可视访客对讲系统的设计实例。

4.8 思考题

1. 什么是门禁系统？
2. 画出门禁系统的组成结构，并说明每个部分的作用？
3. 门禁系统的识别技术有哪几种？
4. RS-485 总线联网门禁和 TCP/IP 联网门禁的区别是什么？
5. 什么是直按式对讲系统？
6. 什么是编码式对讲系统？
7. 什么是联网型对讲对讲系统？
8. 对讲系统的基本功能是什么？
9. 联网型可视对讲系统有几种结构方式，这样做的目的何在？
10. IC 卡与 ID 卡有何区别？访客对讲系统门禁通常采用何种智能卡？
11. 电锁有几种类型？某楼宇的门口为双开玻璃大门，宜采用何种电锁，为什么？
12. 线缆敷设中应注意哪些问题？
13. 户内报警有哪些形式？简述它们的主要特点和工作原理。
14. 室内机主要功能有哪些？
15. 门口机有哪些功能？
16. 层间分配器在联网可视对讲系统中主要起哪些作用？
17. 小区联网可视对讲系统设计有哪些要求？
18. 数字家庭的基本功能有哪些？
19. 访客对讲系统为什么会走向网络化？

第5章 停车场管理系统

随着经济的迅速发展，机动车数量与日俱增，停车场管理（或称为车库管理）已成为小区、大型公共场所对停车管理的一个重要内容。智能化停车场管理不仅提高了工作效率，而且大大地节约了人力物力，降低了物业公司的运营成本，并提高了车辆的安全保障。停车场管理主要包括车辆人员身份识别、车辆资料管理、车辆的出入情况自动记录、位置跟踪、车位引导和收费管理等项内容。

5.1 停车场管理系统概述

停车场（库）管理系统通常设置在小区、公共场所或地下车库的出入口处，主要由入口系统、出口系统及控制管理系统3大单元构成。车辆一进一出管理系统示意图如图5-1所示。一个比较完整的停车系统一般包括出入口读票箱（内置读卡器、发卡机、控制主板等）、出入摄像机、出入口道闸、收费计算机、车辆感应器、地感应线圈、传输媒介、中文显示屏以及硬盘录像机等。

当车辆进场时，设在入口车道下的车辆检测线圈检测出车到，启动系统由等待状态进入工作状态。若持卡在入口票箱感应区掠过，入口票箱内

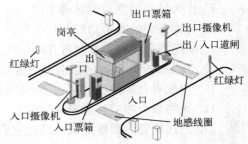

图5-1 车辆一进一出管理系统示意图

ID 卡读写器则读取该卡有关信息，并将相应信息传递至收费管理处的计算机硬盘中，判断其合法性。若为有效卡，则摄像机拍照，道闸升起，车辆驶过设在道闸前的地感线圈后栏杆放下，车位计数器自动加一。

当车辆出场时，出口票箱内的读卡器读取 ID 卡内的有关信息，如是临时停车，计算机自动计费，显示牌显示费用，提示交费；若是月租卡车辆出场，则需判别其有效性（出口摄像机拍照，与入口摄像对比），确认无误后，道闸即升起栏杆放行，道闸前的车辆感应器检测车辆通过后，栏杆自动落下，车位计数器自动减一；若为无效卡，则不予放行。

5.2 停车场管理系统的设备组成

5.2.1 出入口设备

出入口设备主要由车辆探测器、出入口票箱、道闸和图像对比系统等组成。

1. 车辆检测系统

为了检测出入车场（库）的车辆，常用两种典型的检测方式，即红外线检测方式和环形线圈检测方式。

（1）红外线检测方式

红外线检测方式是在水平方向上设置一对红外收发装置，其工作原理和安装方式与主动式红外对射探测器相同。其示意图如图5-2所示。为了区分通过的是人还是车，采用两组红外检测器，安装间距为1～2m。利用两组遮光顺序还可检测车辆行进方向。

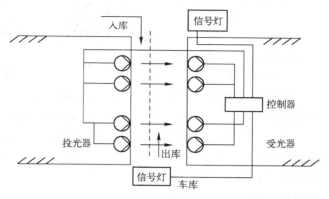

图5-2　红外线检测方式示意图

（2）环形线圈（又称为地感线圈）检测方式

由环形线圈和车辆检测器组成一个车辆探测器，用于车辆进场检测。车辆探测器通常有两组，一组被置于票箱处，用于提示有车进入的信息；另一组被安装在道闸处，检测车辆是否通过道杆，防止道闸栏杆意外砸车事故发生。

1）地感线圈。

地感线圈就是一个振荡电路。它是这样构成的，即在地面上挖出一个圆形的沟槽，直径约为1m，或是面积相当的矩形沟槽，再在这个沟槽中埋入几匝导线（一般采用1mm²抗老化的铁氟龙高温多股软导线），这就构成了一个埋于地表的电感线圈（线圈电感量在100～300μH之间）。这个线圈是振荡电路的一部分，由它和电容组成振荡电路，其原则是振荡稳定可靠。将这个振荡信号通过变换送到单片机组成的频率测量电路（车辆检测器），单片机就可以测量这个振荡器的频率了。当有大的金属物（如汽车）经过时，空间介质发生变化引起了振荡频率的变化（有金属物体时振荡频率升高），这个变化就作为汽车经过地感线圈的证实信号，同时这个信号的开始和结束之间的时间间隔又可以用来测量汽车的移动速度。这就是地感线圈的工作原理。技术关键是设计出的振荡器稳定可靠，并且当有汽车经过时的频率变化应明显。地感线圈示意图如图5-3所示。

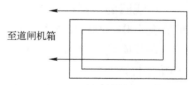

图5-3　地感线圈示意图

地感线圈在实际应用中要注意以下几点。

① 线圈材料。

在理想状况下（不考虑一切环境因素的影响），对地感线圈的埋设，可只考虑面积的大小（或周长）和匝数，而不考虑导线的材质。但在实际工程中，必须考虑导线的机械强度和高低温抗老化问题，在某些环境恶劣的地方还必须考虑耐酸碱腐蚀的问题。导线一旦老化或抗拉伸强度不够而导致导线破损，则检测器将不能正常工作。在实际的工程中，建议采用1.0mm以上铁氟龙高温多股软导线。

② 线圈形状。

a. 矩形安装。

通常探测线圈应该是长方形。两条长边与金属物运动方向垂直，推荐彼此间距为1m。长边的长度取决于道路的宽度，通常两端比道路间距窄0.3～1m。

b. 倾斜45°安装。

在某些情况下，当需要检测自行车或摩托车时，可以考虑将线圈与行车方向倾斜45°安装。

c. "8"字形安装。

在某些情况下，当路面较宽（超过6m）而车辆的底盘又太高时，可以采用此种安装形式以分散检测点，提高灵敏度。

③ 线圈的匝数。

为了使检测器工作在最佳状态下，线圈的电感量应保持在 $100 \sim 300 \mu H$ 之间。在线圈电感不变的情况下，线圈的匝数与周长有着重要的关系，即周长越小，匝数越多。

道路下可能埋设有各种电缆管线、钢筋、下水道盖等金属物质，这些都会对线圈的实际电感值产生很大影响。在实际施工时，用户应使用电感测试仪实际测试地感线圈的电感值来确定施工的实际匝数，只要保证线圈的最终电感值在合理工作范围之内（如在 $100 \sim 300 \mu H$ 之间）即可。

④ 输出引线。

在绕制线圈时，要留出足够长度的导线以便连接到环路感应器，又能保证中间没有接头。在绕好线圈电缆以后，必须将引出电缆做成紧密双绞的形式，要求最少1m绞合20次。否则，未双绞的输出引线将会引入干扰，使线圈电感值变得不稳定。输出引线长度一般不应超过5m。由于探测线圈的灵敏度随引线长度的增加而降低，所以引线电缆的长度要尽可能短。

⑤ 埋设方法。

首先要用切路机在路面上切出槽来。在4个角上进行45°倒角，防止尖角破坏线圈电缆。切槽宽度一般为 $4 \sim 8mm$，深度 $30 \sim 50mm$。同时还要为线圈引线切一条通到路边的槽。但要注意，切槽内必须清洁无水或没有其他液体渗入。绕线圈时必须将线圈拉直，但不要绷得太紧并紧贴槽底。将线圈绕好后，将双绞好的输出引线通过引出线槽引出。

在线圈的绕制过程中，应使用电感测试仪实际测试地感线圈的电感值，并确保线圈的电感值在 $100 \sim 300 \mu H$ 之间。否则，应对线圈的匝数进行调整。

在线圈埋好以后，为了加强保护，可在线圈上绕一圈尼龙绳，最后用沥青或软性树脂将切槽封上。

2）车辆检测器（车辆感应器）。

车辆检测器将地感线圈与道闸控制板连接，工作时通过地感线圈探测是否有车辆，并向道闸控制板发出一个 TTL 信号，车辆检测器根据信号决定道闸的起落。车辆检测器外形图如图5-4所示。通常将其安装在票箱内。车辆检测器工作流程图如图5-5所示。

图5-4 车辆检测器外形图

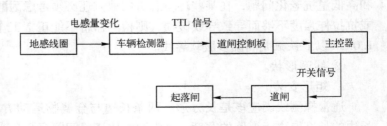

图5-5 车辆检测器工作流程图

2. 出入口票箱

（1）入口票箱

入口票箱如图5-6所示。它通常置于入口的左侧，方便驾乘人员进入时取卡。箱内根据不同的需求，安装的设备也有所不同，入口票箱标准配置是，专用电源、读卡器、发卡器、控制器、语音提示、中文显示屏和对讲分机等模块。

入口票箱的主要性能参数如下。

电源：AC 220V，50Hz。

工作温度：-10℃~55℃，配加热器可达-40℃。

工作湿度：10%~95%无凝露。

出卡机：取卡时间<2s，出卡即读，自动收卡。标准卡为85mm（宽）×54mm（长），厚度为0.8~1.5mm。卡仓容量为150张。

读卡器：读卡及验证时间<1s，标准配置Wiegand26接口EM近距读卡器，可选配IC读卡器。

图5-6　入口票箱

显示：64×16点阵高亮LED显示屏，视域尺寸为256mm×64mm或240×64点阵宽温液晶显示屏，带高亮度背光，视域尺寸为135mm×42mm。

智能控制单元：微处理器；掉电保持SRAM存储器；实时日历时钟；多路RS-232接口；多路0~5V开关量输入，多路继电器输出；DC/DC全电气隔离工业CAN通信接口，兼容最先进的Peli CAN2.0B格式；防雷击电路。

车辆检测：单路谐振式地感车辆检测器，温度补偿防温漂，多级灵敏度可调。

1）读卡器。

票箱内的读卡器用来自动读取IC卡。卡上记载有登记在册的合法编号以及系统认为必需的某些车辆特征信息。读卡器一般通过RS-485口与停车场管理系统中的控制器相连，当读卡器每读到一张卡号时，自动把卡号发送到控制器，在控制器判断为有效卡号后，打开道闸放车通行。

读卡器有近距离刷卡与远距离刷卡之分。近距离读卡器，其刷卡距离在2.5~100cm；远距离刷卡距离通常在3~5m之间。中、远距离读卡器（如图5-7所示）往往需要配置天线，方便信号的读取。

读卡器通常有防回潜功能（即防止一张卡被多部车辆使用）。

近来国内有部分厂商推出蓝牙读卡器，与传统的读卡器相比，它具有发射功率小、抗干扰好等优点。

a)　　　　　　　b)

图5-7　中、远距离读卡器

2）IC卡。

IC卡是自20世纪80年代以来发展起来的新型识别技术。它保密性好，难以伪造或非法改写，是一种理想的电子识别手段。IC卡分接触式和非接触式两大类。

接触式IC卡缺点是需要刷卡过程，因而降低了识别处理速度。同时，由于IC卡是通过卡上触点与读卡设备交换信息。一旦IC卡的触点或读卡设备的触点被污物覆盖，就会影响正常的识别，而停车场使用环境的粉尘比较大，所以一般车场不宜采用这种 IC 卡。这两个缺点局限了 IC 卡在停车场管理系统中的使用。

目前流行的停车场管理系统，多半采用非接触式 IC 卡。使用时只需将非接触式 IC 卡在出入口票箱读卡器附近掠过，读卡器即可判断该卡的有效性。按识别范围大小，非接触式 IC 卡又可分为近距离射频卡和远距离射频卡。近距离射频卡的识别范围一般在 3 ~ 6cm 之间，远距离射频卡识别有效距离在 3cm ~ 6m 之间。当使用远距离感应卡时，只要把卡贴在汽车挡风玻璃上，每次车辆到达停车场闸口（读卡器感应区）时，即可通过读感器发过来的激发信号产生回应。读感器再将这个读取信号传递给停车场控制器，停车场控制器收到信息后，经自动核对为有效卡后，道闸自动开启，因此固定用户车辆可以不必停车，极大地提高了车辆的通行效率，在停车库（场）频繁的地方，可有效地防止出/入口阻塞现象。

3）发卡机（又称为吐卡机或出卡机）。

发卡机如图 5-8 所示，是感应式 IC、ID 卡在停车场收费管理系统中的临时卡自动发卡子系统，通常由输卡机、储卡器、车辆感应器、驱动板、专用线性电源和支架等组成，所有设备均被安装于票箱内，主要用于临时停车进场时发放临时卡。发卡机分有磁卡式、条形码和可回收感应卡等。

磁卡或条形码设备造价较高，但条形码具有不怕变形、不怕遗失、容量大（5500 张/卷）、无磨损、界面友好、成本低等特点，适合商场、车站等大量临时车辆场所使用。

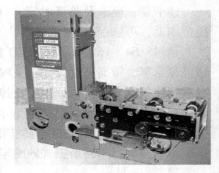

图 5-8　发卡机

可回收感应卡设备较便宜，适合临时车辆较少的写字楼、小区公寓等地方。对发卡机和读卡器有联动关系的设备，发卡时自动感应读取信息，吐卡后即升闸，因此司机无需再次刷卡。

对于少量临时停车的车辆管理，可考虑采用人工入口发卡的方式，免去自动发卡机，但用户持卡后必须在票箱读卡处刷卡，系统才能记录下该车辆的进入时间。

4）显示屏。

显示屏通常采用 LED 显示，其显示屏如图 5-9 所示。一般将其安装在出/入口票箱上，主要用于时间、礼貌用语、操作方式及刷卡信息的提示；还可以根据需求设定的独立于票箱之外的大型显示屏车位数量、停车区域和停车位引导的提示信息。

图 5-9　LED 显示屏

5）语音系统。

语音系统是与显示屏配合使用的，以达到视听双重效果。它由票箱内语音控制板管理，接收并播放由管理中心计算机提供的语音信息。

另外，票箱还可配置内藏式对讲机，驾驶人可直接通过对讲机咨询管理中心相关问题，管理中心也可及时向出/入口传达信息。

（2）出口票箱

出口票箱与入口票箱不同的是，出口票箱内部不设发卡机，只设有读卡器，显示屏的文字内容和语音提示也不同，如提示收费金额、告别语言等。

3. 道闸（挡车器）

道闸系统主要由电动机（含减速机构）与电动机控制电路、栏杆与传动机构（安装在箱体内）组成。道闸通常被安装在出/入口处，受箱内电动机控制电路的驱动，只有车到和刷卡，道闸才会升起或降落，缺少其中任一环节，系统控制都不会打开电动栏杆，以防止车辆非法进出停车场。

另外，为了防止车辆在通过道闸时栏杆意外落下砸车，通常还由道闸起落机构、地感线圈、车辆探测器组成一个防砸车系统（下面将详细介绍）。

（1）栏杆与传动机构

栏杆多由铝合金材料制成，外表涂有显目的条纹（如黄、黑或红、白相间），用于警示驾乘人员的注意。臂长根据入口的宽度而定，多半在 1～6m 之间，起落杆的速度有低速（6s 左右）和高速之分（1.2s 左右）。常用的道闸（如图 5-10 所示）有直杆、折杆和栅栏型 3 种。

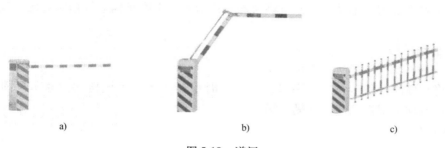

a)   b)   c)

图 5-10 道闸
a）直杆型 b）折杆型 c）栅栏型

这 3 种道闸栏杆的功能和技术参数基本相同，它们之间不同之处是，直杆型通常杆的长度可达 6m；折杆型杆长通常小于 4.5m，升降时间一般为 6s，属低速型，折杆型升起时主动杆与地垂直，副杆呈水平状，适合安装在地下车库等有限制高度的通道上；栅栏型栏杆杆长小于 4m，升降时间一般为 6s，栅栏杆升起时栅栏收紧，降落时张开，可防止人员穿越，适合安装在客户有特殊要求的场所。

栏杆升降方式有手动、遥控、地感和计算机多种控制模式。

为防止栏杆起落过程的抖动，栏杆的悬臂上通常还安装有平衡弹簧。

（2）防砸车功能

道闸防砸车功能可通过几种方式实现，即地感检测、车辆检测（与读卡模块共用）、光电检测、压力波检测。市面使用较多的是地感检测器。

地感检测装置主要由地感线圈和车辆检测器及相关电路组成。地感线圈被埋于栏杆前后地下约 30～50mm 处，当路面上有车辆经过（相当于铁质材料切割线圈）时，线圈感生的电流就会传给车辆检测器，由车辆检测器将信号至道闸控制板，只要车辆还在栏杆下，栏杆就不会落下，直至车辆驶离道闸 2～3m 后才会落杆，这样就可达到防止栏杆落下意外砸车的目的。

压力波开关检测器被安装在起落机构箱体内，对道闸的运行起到缓冲作用，而且可以给出开关信号停止道闸电动机工作或者让电动机反转，在使用中往往与车辆探测器组合构成防砸车双重保险。

道闸通常具有车过自动落闸、防砸车或冲闸自动抬杆的功能。

（3）道闸主要性能指标

其主要参数如下所述。

① 工作电压：220V/50Hz。

② 环境温度：−25 ~ +85℃。

③ 额定功率：150W。

④ 遥控距离：≥30m。

⑤ 闸杆长度：3 ~ 6 m 可选（根据拉簧数量而定）。

⑥ 落杆时间：3 ~ 6s 可选。

⑦ 停电应急手动控制。

4. 图像比对系统

图像比对系统的作用是将入库车辆与统一持卡人的出库车辆进行拍照对比。其工作过程如下所述。

（1）工作过程

1）入口处。

车主将有效的月租卡在入口刷卡或取卡（时租）入场，系统自动拍摄车辆图像并保存于系统中；自动道闸杆升起，车辆入场。

2）出口处。

① 收费处。

车主在出口验卡机上刷卡，读卡器进行读卡，收费处的计算机快速地调出对应编号的此车在入口时抓拍的图像资料，并与现时出口车辆的即时图像进行对比。

② 出口处。

车主在出口验卡机上刷卡，或将时租卡交给保安读卡；计算机会快速地调出对应编号的此车在入口时抓拍的图像资料与现时出口车辆的即时图像进行对比。若相符，则时租车主缴费后出口道闸机升杆放行；否则，道闸机不升杆放行。

③ 图像资料的保存系统自动将拍摄车辆入场、出场时的图像存入计算机，供调用对比和查询；图像的清晰度使管理者能看清车牌号码、车辆颜色。各出、入口在计算机中的图像，除了入车拍摄和出车对比的时间外，在其他时间还可显示各自出、入口 24h 全过程监控的图像（不间断）。

（2）分类。

图像比对系统分为半自动图像对比和全自动图像对比两种类型。

1）半自动图像对比（自动拍照，人工对比）。

当车辆入场时，图像对比系统对车辆及驾驶员进行摄像，并将与之对应的车票号一同存入数据库中；当车辆离场时，图像对比系统读取出口车辆及驾驶员图像资料，并与该车辆进入时摄像机、图像捕捉卡及软件组成图像进行对比。当车辆进场刷卡时，摄像机自动启动，并将所摄制的照片和车主所持 IC 卡的信息存储到计算机里；当车辆出场读卡时，摄像系统再次工作，摄下出场车辆，计算机自动将新照片和该车最后一次入场时的照片同时显示在计算机屏幕上，以帮助值班人员对图像资料进行人工对比，如有效，系统收到管理员的放行确认后，栅栏机将自动升起，放行车辆；如与进口数据不相符，则拒绝放行，管理员可出面盘查处理。半自动图像对比系统界面如图 5-11 所示。

图 5-11　半自动图像对比系统界面

2）全自动图像对比（系统自动识别对比）。

全自动图像对比系统界面如图 5-12 所示。当车辆入场时，图像对比系统对车辆及车牌号进行摄像，并将其进场时间一同存入数据库中。当车辆离场时，图像对比系统读取出口车辆及车牌号图像资料，并与该车辆进入时的图像资料进行自动对比，如一致，栅栏机将自动升起，放行车辆；如与进口数据不相符，则系统发出报警信号，栅栏机关闭，拒绝放行。

全自动图像对比系统识别率高，图像清晰度高，图像角度可人工调整（便于更好的识别车辆），操作简单。

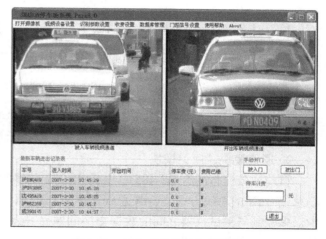

图 5-12　全自动图像对比系统界面

3）图形对比系统的作用。

① 解决丢票争议，当车主遗失停车凭证时，可以通过进场图像解决争端。

② 验证免费车辆，作为免费车辆处理的出场记录，事后可以通过查询对应的图像来验证免费车辆的真实性。

5.2.2　控制管理设备

1. 控制模块（控制器）

控制模块是位于现场设备与管理中心计算机设备之间的一个中间层控制设备，是出入口票箱和出入口道闸与管理中心计算机相互通信的神经中枢。图 5-13 所示为控制模块电路。

控制模块电路的主要接口如下。

1）通信接口，RS-485、RS-422、RS-232。

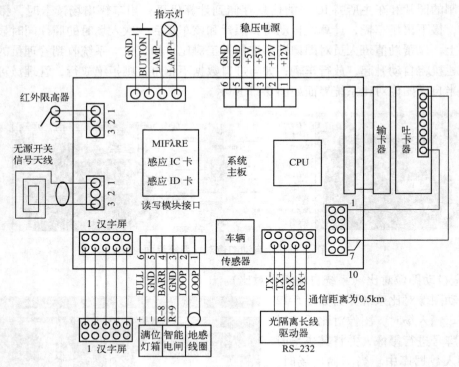

图 5-13　控制模块电路

2）输入接口，多路 TTL（车辆检测器、压力电波、出卡器和中心控制）。

3）输出接口，开闸、落闸、音频信号以及指示灯等。

2. 通信模块、通话模块

目前比较流行的有 RS-485 总线或 RS-232 总线的通信方式。同时，有一部分厂商采用现场总线 CAN 的总线方式。CAN 总线是德国 BOSCH 公司在 20 世纪 80 年代初为解决现代汽车中众多控制与测试仪器之间的数据交换问题而开发的一种串行通信协议。CAN 总线具备脱机（终端设备与计算机脱离）与联机（终端设备与计算机实时通信）自动切换的功能，当计算机通信发生故障时，系统自动转换成脱机模式工作，临时卡收费，非临时卡进出，语音提示、自动发卡、中文电子显示等功能均可正常工作。

5.2.3　车位引导系统

1. 车位检测与显示系统

随着车辆的增加，停车场建设得越来越大，导致客户驾驶车辆进入一个大型停车场后，满眼是车，不能快速地找到空车位，造成停车场道路拥堵，使用效率低下。同时停车场使用大量的管理人员进行疏导，既浪费人力，又容易造成管理人员与客户以及客户与客户间的矛盾。

同样，当客户消费完毕、返回停车场时，由于停车场楼层多、空间大、车辆多，场景和标志物类似，使得客户不容易找到车，会感觉不方便，浪费时间，停车场也降低了周转速度和使用效率。

智能车位引导系统可以引导客户迅速找到理想的空车位，还可以帮助客户找到车辆停放的位置，这两个系统都可以提高顾客的满意度，同时加快停车场的车辆周转，提高停车场的使用率和营业收入。

（1）车流量检测系统

车流量检测系统用于检测停车场出入口和各停车区域出入口的进出车辆数，通过数据采集器和节点控制器将数据实时发送到主控器，由主控器通过运算及时更新各个入口引导屏的空车位数，指引客户停车车流量检测系统示意图如图5-14所示。

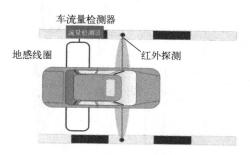

图 5-14　车流量检测系统示意图

（2）车位检测系统

车位检测系统实时检测车位上是否有车辆停放，通过数据采集器和节点控制器将数据实时发送到主控器和管理计算机上，由主控器及时更新各个交叉路口的引导屏指示的空车位数，指引客户停车。

常用的检测方式有超声波车位探测器。通常将它安装在停车场每一车位的上方，分别检测车顶和地面的反射波，以侦测每个车位是否停车。将侦测到的信息传输给计算机，由区位显示屏和区位引导屏实时显示，还可通过系统控制入场道闸栏杆的起落。

除了超声波外还采用地感线圈检测方式，其原理与前面谈及的车流量检测系统的工作原理相同。对于小型停车场也可用管理计算机中的管理软件，通过进出车辆的刷卡信息，自动统计剩余车位数。车位检测系统示意图如图5-15所示。

图 5-15　车位检测系统示意图

（3）信息显示系统

信息显示系统动态实时显示停车场车位数的变化，主入口引导屏显示整个车场空车位数，区位引导屏显示该区域的空车位数，交叉路口引导屏显示行车方向上的空车位数。

驾车人在进入停车场时根据主入口的引导屏，可立刻了解想去的停车区域有没有空车位，在到达停车区域后根据车位指示灯可以非常方便地找到停车位，无须再茫然地来回找停车位，大大减少了停车时间。信息显示系统示意图如图5-16所示。

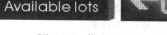

图 5-16　信息显示系统示意图

（4）控制系统

控制系统是整个引导系统的核心，它完成所有数据的采集、传输、控制，计算车位数的变化，实时更新各个引导屏的车位数，并将数据实时上传到管理计算机上，在电子地图上直观反映车位的使用情况。

（5）系统结构

车位引导系统结构图如图5-17所示。

2. 车位通道引导设备

车位通道引导设备主要有路标（如图 5-18 所示）、转角后视镜等。

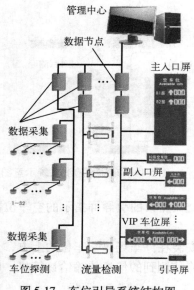

图 5-17　车位引导系统结构图

图 5-18　路标

5.2.4　管理中心设备

管理中心设备主要由计算机、打印机、读卡器和管理软件组成。管理软件主要用于车辆用户管理、设备管理、数据记录、IC 卡挂失和恢复、图像对比、车牌识别及停车场引导等。

5.3　停车场管理系统的管理模式

停车场管理是由车辆管理、车场管理和收费管理 3 部分组成，由停车场出入口管理和管理中心共同完成的。

5.3.1　入口管理模式

入口管理的工作流程如图 5-19 所示。

1) 月卡持有者、储值卡持有者，将车驶至读卡机前取出卡并将卡放在读卡机感应区域，值班室计算机自动核对、记录，并显示车牌。感应过程完毕，发出"嘀"的提示音，过程结束，道闸自动升起。

2) 中文电子显示屏显示："欢迎入场"，同时发出语音提示音（如读卡有误，中文电子显示屏也会显示原因，如"金额不足""此卡已作废"等）司机开车入场，进场后道闸自动关闭。

3) 临时泊车者，司机将车驶至读卡机前，值班人员通过键盘输入车牌号，司机按动位于读卡机盘面的出卡按钮取卡，在读卡机感应区读卡，将车牌号读进卡片中。感应过程完毕，发出"嘀"的一声，读卡机盘面的中文显示屏显示礼貌性语言，并同步发出语音，道

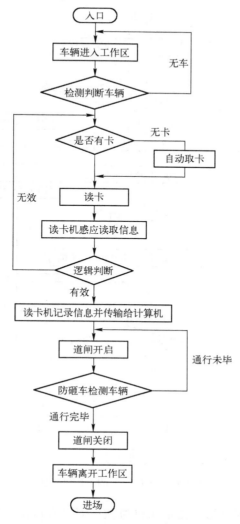

图 5-19 入口管理的工作流程图

闸开启，司机开车入场。进场后道闸自动关闭。

5.3.2 出口管理模式

出口管理的工作流程如图 5-20 所示。

1）固定停车者取出卡在读卡机盘面感应区读卡，读卡机接受信息，计算机自动记录、扣费，并在显示屏显示车牌，供值班人员与实际车牌对照，以确保"一卡一车"制及车辆安全。感应过程完毕，读卡机发出"嘀"的一声，过程完毕。

2）票箱中文显示屏显示字幕"一路顺风"礼貌性语言（如不能出场，会显示原因），道闸自动升起，司机开车离场，出场后道闸自动关闭。

3）临时泊车出场，司机将车驶至车场出场收费处，将卡交给值班员，由值班员将卡在收费器的感应区晃动，收费计算机根据收费程序自动计费，计费结果自动显示在计算机显示

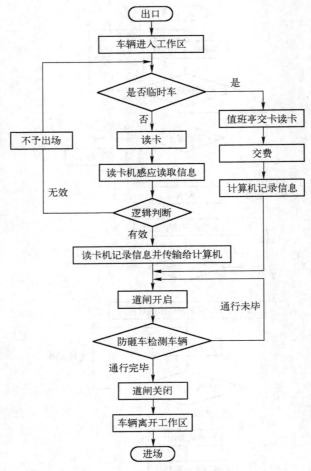

图 5-20　出口管理的工作流程图

屏及票箱中文显示屏上，同时语音提示司机付款；值班人员按计算机〈确认〉键，计算机自动记录收款金额，中文显示屏显示"一路顺风"礼貌性语言，道闸开启，车辆出场，出场后道闸自动关闭。

5.3.3　管理中心管理模式

1. 智能卡管理

（1）分类

停车管理系统发行的 IC 卡通常有 3 种类型。

1）临时卡。属于临时停车收费凭证。通常在入口处由人工发给或票箱自动发给，在发给的卡上当即记录下车辆进场时间，出场刷卡出口票箱即根据车辆类型、逗留时间，计算出停车费用，并给予显示和语音提示。车辆出场后，卡即被收回。

2）储值卡。一般用于进出不频繁的用户，通常要求用户在卡内存有一定数额的现金，每当车辆出场刷卡时，即会被扣除停车费。

3）月租卡。类似公交月票，一般用于频繁出入用户。用户按月缴纳固定费用，当月有效，通常与车辆的出入次数无关。

（2）安全管理模式

要求一张 IC 卡对应一辆车。同一辆车在取卡的同时读卡无效，或在读卡的同时取卡无效；车辆取卡或读卡后没有进场，在车辆退出后该张卡或该次读卡自动失效；入场有效后，在没有出场之前无法再次读卡进入，若一张卡没有进场，则不能在出口处读卡出场。

2. 权限管理

管理系统选择管理员、操作员等多级管理制度，各级别设定不同的操作权限，用登入密码识别验证身份。操作员通过密码验证身份才能登入系统并进行出入管理和 IC 卡管理。若以管理员密码登入，则不仅能完成操作员权限的功能，而且能对数据库进行增加、删除和修改等操作，并可修改操作人员密码。所有的软件操作均有日志记录（不可更改），以备查询。

5.4 移动手持机停车管理

与前面几种停车管理系统相比，还有一种比较简单的停车管理办法，即移动手持机（简称为手持机）停车管理系统。移动手持停车管理系统没有通常意义上的票箱、自动道闸和与之相配套的设备，其管理系统由员工卡、车辆出入卡、移动手持机、管理机和手动道闸（根据需要配置）组成。移动手持机如图 5-21 所示。

移动手持式停车管理系统在管理上形式灵活，可实现多个出入口同步管理，不需要有固定的出入口，也可在停车现场流动收费，特别适合商用停车场的车辆管理。

这种管理模式在卡的发行上与固定式停车管理系统相似，也有临时卡、月租卡和存储卡，体现的功能也相同。

图 5-21　移动手持机

1. 主要设备

（1）移动手持机

移动手持机上通常设置有车辆进入、车辆出场、卡片测试、历史查询、收费显示及数据上传等功能键。

手持机由门岗员工持有，员工上岗后，必须刷员工卡，才能激活手持机。当车辆进场时，门岗人员即向车主发卡，同时利用手持机将车牌号、时间信息写入卡中，而后放行，车辆进场；当车辆出场时，由门岗人员负责将出场车主的卡收回，在手持机的感应区内读卡，手持机自动计算停车时间和显示收费金额，收费后车辆放行。可以看出，上述过程手持机所记录信息是，门岗人员个人资料及车辆进场时间、出场时间和收费金额。

手持机通常既可用于门岗，也可作为管理机使用，只是权限设置不同。门岗用机由门岗人员管理，管理用机则由管理人员使用。

（2）员工卡

员工卡是手持式停车管理系统的重要组成部分，为当班人员所持。员工卡内记录有员工的个人编号，便于管理中心管理机的识别。如手持机数据上传后，即可知道该员工何时在岗、何时离岗以及该员工在岗期间所收取的停车费。

（3）管理机

管理机用于读取手持机记录的信息，在与管理软件通过数据线连接完成后，将手持机中的停车场（库）时间、金额等数据信息分析、保存在数据库中，以统计、查询、报表等形式提供给本停车场的管理者。

2. 工作流程

进入车辆发卡，向卡内写入车辆进入管理区的时间、车型（大或中或小）、车牌；车辆离开刷卡，读取卡内的时间数据及其他数据。

手持管理机可自动计算停车时间，自动计算停车应收费用的金额，并将停车时间、进车时间、应收费用金额、车型、车牌号显示在液晶屏上。

当班员工离岗时需在手持机上刷员工卡，手持机即把停车收费金额、收费笔数转存到员工卡内，便于员工持卡到管理中心交接结账。

5.5 停车场系统的设计与实施

5.5.1 停车场系统的设计

1. 设计原则

停车库设计的主要原则如下。

1）稳定性。停车管理系统集合了硬件、软件等多种技术，设计时要确保它们之间的协调，还要适应室外恶劣的环境，因此在硬件选型时必须采用技术成熟的设备，不但可以减轻管理人员工作强度，而且减少维护，降低管理运行成本。

2）实用性。根据现场和实际使用要求，配置上既应考虑操作简单实用，又应考虑确保系统的服务质量和实时性。

3）安全性。准确记录当前停泊车辆的数量和凭证号或卡号，任何非正常车辆的出入均会被系统记录，堵塞收费漏洞。

4）可扩展性及易维护性。

2. 系统功能设计

当前，停车库管理系统所能提供的功能大致有如下几个方面。

1）自动计费、费用显示、语音提示和产生收据。

2）多出入口收费管理系统实现联网。

3）收费系统即时现金查账。

4）每一次交易的自动记录。

5）每班操作、收费报表和统计报表。

6）提供多种收费标准模式。

7）一车一卡防反复进出场。

8）IC、ID卡丢失禁用管理。

9）临时车的自动吐卡。

10）进出车辆的图像、车牌信息对比。

11）停车库（场）自动计数。

12）车位信息的自动显示。

13）可遥控、手动开启道闸栏杆。

14）车辆过杆自动落闸及车辆的防砸。

上述功能并非每个停车库管理系统必备，设计时应根据工程的实际情况，先确定项目要求，而后根据要求配置相关设备，以避免功能闲置。在有条件的情况下，可选配具有可扩充模块的设备，便于日后扩充之需。

5.5.2 停车场系统的设备配置

1. 停车场系统的设备配置分类

（1）经济型

经济型停车管理系统适合安装在多固定用户的场所，通常不安装显示屏、自动发卡机、图像对比、语音提示和对讲等模块。系统一般只配备读卡器、道闸系统和与之相关的必要设备。对临时停车实行人工发卡。

（2）标准型

标准型一般为一进一出型，通常安装有 IC、ID 等多种读写装置，还有图像采集、对讲系统、中文显示。

（3）豪华型

除了标准型的功能之外，同时还具有图像（车牌）比对、远距离读卡、自动出（票）卡机、语音提示和系统自动计费功能。同时在停车场（库）入口处，还设置大型车位引导及车位显示牌。

（4）远距离型

远距离型主要是指读卡距离可在 $3 \sim 5m$ 之间，与其相类似的还有中距离型，读卡距离在 $0.5 \sim 1m$ 之间。配置时，可与上述经济型、标准型、豪华型中的任一类型系统进行组合。

2. 标准型配置功能

由于标准型配置使用较为普遍，所以这里以标准型配置为例进行技术介绍。标准型小区的停车场管理系统，主要体现在如下几个功能。

1）停车库（场）道闸自动控制关启。

2）防砸车。

3）记录停车库（场）时间。

4）信息自动存档。

5）统计分析及对泊车费用进行结算。

6）与管理中心双向对讲。

上述功能的标准不是一成不变的，当配置设备时，可根据实际情况灵活掌握，适当增加或减少。目前控制系统多半具有模块式，很容易对功能配置进行增减。

3. 系统设备配置

（1）出入口设备配置

对出入口设备进行配置，应根据车辆出入口的结构制定。根据出入口结构可分为双车道（如图 5-1 所示）、单车道（如图 5-22 所示）和出入口分离型（如图 5-23 所示）。

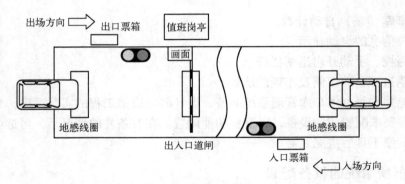

图 5-22　单车道出入口管理系统示意图

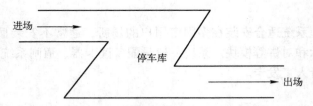

图 5-23　出入口分离型管理系统示意图

采用何种出入口配置取决于出入口的结构，应因地制宜（如出入口通道宽度、出入口的净空高度、出入口是否分离）选择最佳配置。在这里以常见的双车道（一进一出）为例进行配置说明。

1）入口设备配置。

入口设备主要控制月租卡车辆及临时车辆的进场，其常用配置如表 5-1 所示。

表 5-1　入口设备常用配置

序　号	设备名称	数　量	功　能
1	票箱	1	内含读卡器、控制器、吐卡机（选配）
2	中文显示屏	1	显示"欢迎"礼貌性语言
3	车辆感应器	1	检测车到
4	地感线圈	1	检测车到
5	对讲机	1	车主或门岗与管理中心对话
6	票箱配件		安装固定读卡器、控制器等

2）出口设备及收费设备配置。

出口设备与收费设备共同设置在车场的出口处，负责控制月卡车辆和临时缴费车辆的出场。出口设备常用配置如表 5-2 所示。

表 5-2　出口设备常用配置

序　号	设备名称	数　量	功　能
1	票箱	1	内含 IC 读卡器、控制器
2	中文显示屏	1	显示费用、"送别"礼貌性语言（选配）

序　号	设备名称	数　量	功　能
3	车辆感应器	1	检测车到
4	地感线圈	1	检测车到
5	对讲机	1	车主或门岗与管理中心对话
6	票箱面板配件及内件支架		安装读卡器、控制器

（2）道闸系统配置

道闸栏杆有直杆式、栅栏式和折杆式之分。在通常情况下，当道闸栏杆举起时，上方无障碍物者，通常应首选直杆式；有限高的地方，可选用折杆式道闸；栅栏式栏杆只有当防范人员穿越时才使用。

杆长视进出车道宽度而定。直杆长度一般不超过6m，还要考虑不要全部覆盖整个入口，应留有缺口供自行车一类的小型车辆通行。

道闸系统配置如表5-3所示。

表5-3　道闸系统配置

序　号	设备名称	数　量	功　能
1	栏杆（直杆）	2	挡车
2	地感线圈	2	防砸检测
3	车辆感应器	2	防砸检测
4	道闸遥控器	2	遥控道闸起落
5	道闸遥控接收器	2	遥控道闸起落

（3）图像对比设备配置

图像对比设备（其配置如表5-4所示）包括安装在管理计算机内的一套图像对比套件及安装在出入口的两台抓拍摄像机。图像对比设备将每辆车的进出图像实时显示在管理计算机屏幕上，收费员可以及时知道当前要出场的车辆是否与进场时的车型一致，并且当车主遗失停车凭证时，可以通过进场图像解决争端。抓拍到的图像可以长期保存在管理计算机的数据库内，方便将来查证。

表5-4　图像对比设备配置

序　号	设备名称	数　量	功　能
1	摄像头	2	
2	自动光圈镜头	2	
3	摄像机室外防护罩	2	图像对比
4	摄像机安装立杆	2	
5	视频捕捉卡	2	

（4）收费配置

收银设备（POS机）负责对临时停车进行收费，读票时，POS机的液晶屏幕显示票号、进出场和滞留时间及收费金额数据，缴费后，收银员按下POS机确认键，栏杆升起，车辆放行；车辆出场后，栏杆自动落下。若与管理计算机联机，则所有的数据均由计算机记录、存储。收银管理设备包括 POS 收银机、条形码阅读器、发票打印机及管理计算机。收费处设备如表 5-5 所示。

表 5-5 收费处设备表

序　号	设 备 名 称	数　量	功　能
1	收费计算机	1	
2	报表打印机	1	打印收费资料
3	对讲机	1	管理中心与车主及门岗对话
4	收费管理软件	1	
5	通信数据转换器	1	用于 RS-485 与 RS-232 间的通信转换

5.5.3 停车场系统的工程施工

1. 管线敷设

停车场出入口系统管线敷设相对比较简单。首先在管线敷设之前，理清各种信号属性、信号流程及各设备供电情况。对信号线和电源线要分别穿管；对电源线而言，不同电压、电流等级的线缆不可同管敷设。

地感线圈的埋设方法是，首先，在路面票箱和道闸下方切割出 600mm×1800mm 可容纳 5～8 圈地感线圈的线槽；在线槽转角处，应进行倒角处理，以防止直角割伤线圈。由线槽处再切割一条引线槽至道闸的立柱内。线槽的宽度约 5cm，槽深为 3～5cm 左右。线圈应采用线径大于 0.5mm 的单根软镀银铜线，外皮耐磨、耐高温、防水。将地感线圈按顺时针方向平面敷设在切割好的地槽中，将线圈的头尾通过馈线接入控制器。敷设调试完毕，再用水泥或沥青或环氧树脂封住锯缝即可。地感线圈敷设示意图如图 5-24 所示。

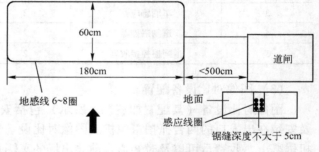

图 5-24 地感线圈敷设示意图

此外要注意的是，相邻地感线圈之间的电感量应留有差异（面积不同或匝数不同），以免发生电磁共振而导致检测失效；在环形线圈周围 0.5m 范围内不可有其他金属物；所有线路不得与感应线圈相交，并与线圈至少保持 6cm 的距离。

2. 票箱设置

票箱分入口票箱和出口票箱，其功能不尽相同。为避免读卡时车头触及道闸，出入口票箱设立的位置与道闸距离要求相距一般为 2.5m 左右，最短不小于 2m。

出入口为双车道的，票箱通常被安装在安全岛上，置于出入口的左边，方便驾驶人员读卡。

3. 道闸安装

双车道道闸的位置与票箱相同，通常被设置在安全岛出入口的左侧，与票箱的距离在 2.5m 左右。道闸电动机采用 220V 交流供电，因此，在道闸底座安装前必须处理好电源线的敷设。

4. 确定岗亭的位置

岗亭通常被设在停车场（库）的出口处，以方便收费。岗亭内部安装有系统管理计算机和其他设备，同时也是值班人员的工作场所，因此对岗亭面积有一定要求，最好不小于 $4m^2$。

5. 摄像机设置

摄像机镜头应对准出入车辆读卡时的位置，以便于采集车辆的外形和车牌，为达到图像对比的效果，安装高度一般为 $2 \sim 2.5m$。如果仅用于采集车牌，就可将摄像机安装高度降低到 $1.2m$ 左右。另外，出入口的照度通常变化比较大，为适应这一特点，摄像机宜选择自动光圈镜头。

6. 车位引导指示屏

车位引导指示屏应安装在车道出入口的明显位置上。当安装在室外时，需考虑防水措施。安装高度距地面一般约为 $2.0 \sim 2.4m$。

7. 安全岛

安全岛除承载票箱、道闸、岗亭和摄像机等多种设备外，同时还起着隔离、规范车辆的进出的作用，因此安全岛与路面之间应有 $100mm$ 左右的落差，以防范意外碰撞。由于在安全岛内安装了许多设备，因此设备线缆的敷设需与安全岛的建设同步进行。

5.6 实训

5.6.1 实训1 认识停车场（库）管理系统

1. 实训目的

1）熟悉停车场（库）管理系统的主要设备及功能。

2）熟悉停车场（库）管理系统的工作运行过程。

2. 实训设备

出入口分离的停车场设备及管理中心计算机设备。

3. 实训内容

要求认真观察停车场（库）管理系统中各类设备的功能、运行、场地分布与设备安装的特点。

1）停车场（库）管理系统的主要设备及主要功能如下。

① 入口票箱 —— 取卡、读卡、记录信息、语音与显示提示。

② 出口票箱——读卡、安检、收费、语音与显示提示。

③ 出、入口道闸——挡车与防砸车功能。

④ 出入口摄像机——图像对比系统。

⑤ 停车场系统控制器 —— 通信枢纽。

⑥ 管理层设备—— 系统管理软件。

2）车辆管理工作流程。

① 入口处车辆信息采集（入口设备自动完成）→入场升闸放行（由管理中心机自动或人工完成)→引导司机选择合适的车位停车。

② 出口处车辆信息采集（出口设备自动完成）→防盗安全检查和停车缴费核对（在管理中心由人工完成）→出场升闸放行（由管理中心机自动或人工完成）。

3）场地分布与设备安装。

包括出入口和停车位的分布设计；设备安装地基、安装方式和布线管道等。

4）讨论。

① 车库管理系统由哪些设备组成。

② 车库管理系统应具备哪些功能。

③ 以深圳市飞宏达电子设备有限公司为例，为适应不同需要所开发的停车场管理设备的名称、功能、分类等。

4. 实训结果

写出实训结果、遇到的问题、解决方法以及实训心得体会。

5.6.2 实训2 停车场（库）管理系统的设计与实施准备

1. 实训目的

1）掌握一个单车道且出入口分离的停车场设计与实施准备的方法。

2）根据现场勘查，完成设备选型及设备安装设计，确定线材类型，估算敷设长度。

2. 实训设备

入口票箱、出口票箱、入口道闸、出口道闸、地感线圈、摄像机、控制器、管理计算机、线缆及辅材等。

3. 实训内容

1）根据实训室提供的设备和场地，选择合适的系统类型，画出系统拓扑结构图（或系统结构框图），如图 5-25 所示。

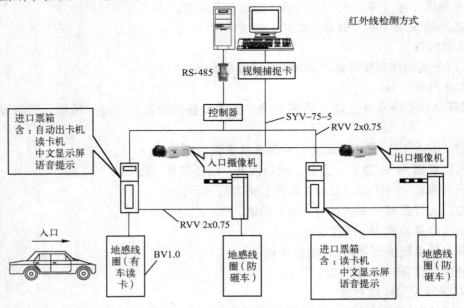

图 5-25 系统拓扑结构图

226

2）确定典型设备名称、型号、规格和数量（以深圳市中飞宏达电子设备有限公司产品为例）。

① 入口设备表（见表5-6）。

表 5-6　入口设备表

序　号	名　　称	型　号	数　量
1	电动道闸	ZFHDZ-NW	1
2	数字车辆检测器（含镀银高温感应线圈、聚四氟乙烯护套，内置地感处理器）	VD-108	1
3	图像对比设备		
	彩色摄像机	420 线	1
	自动光圈镜头	SSG0812	1
	摄像机室外防护罩	含支架、万向头	1
	摄像机立柱	含抱箍	1
	摄像机电源	DC 12V	1
4	入口票箱		
	ID 卡读卡系统	ZFHD-ID	1
	自动发卡系统	ZFHD-FK	1
	线性电源	24V/12V/5V	1
	中文电子显示屏	ZFHD-LED	1
	语音提示	ZFHD-VOICE	1
	箱体	ZFHD-PX2	1
	数字车辆检测器	VD-108B	1

② 出口设备表（见表5-7）。

表 5-7　出口设备表

序　号	名　　称	型　号	数　量
1	电动道闸	ZFHDZ-NW	1
2	数字车辆检测器（含镀银高温感应线圈、聚四氟乙烯护套，内置地感处理器）	VD-108	1
3	图像对比设备		
	彩色摄像机	420 线	1
	自动光圈镜头	SSG0812	1
	摄像机室外防护罩	含支架、万向头	1
	摄像机立柱	含抱箍	1
	摄像机电源	DC 12V	1

序　号	名　称	型　号	数　量
	出口票箱		
	ID 卡读卡系统	ZFHD-ID	1
4	线性电源	12V/5V	1
	电子中文显示屏	ZFHD-LED	1
	语音提示	ZFHD-LED	1
	箱体	ZFHD-LED	1

③ 管理中心设备表（见表5-8）。

表 5-8　管理中心设备表

序　号	名　称	型　号	数　量
1	计算机		1
2	多用户串口卡	SUNIX	1
3	图像卡及软件	SDK2000	1
4	控制器	ZFHD-NT2	1
5	通信转换器	RS485-232	1
6	收费控制管理软件	ZFHDID2000	1
7	台式 IC 读卡器		1

3）画出车库管理系统的综合布线图，并列出配线表。

① 车库管理系统的综合布线图如图5-26 所示。

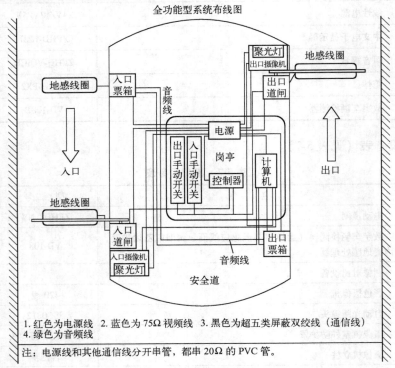

1. 红色为电源线　2. 蓝色为 75Ω 视频线　3. 黑色为超五类屏蔽双绞线（通信线）
4. 绿色为音频线

注：电源线和其他通信线分开串管，都串 20Ω 的 PVC 管。

图 5-26　车库管理系统的综合布线图

② 配线表（分别见表5-9～表5-12）。

表 5-9 电源线（线材：2芯铜线）

停车场总电源处到收费亭	2芯（2mm²）	1根
收费亭到入口票箱、出口票箱各1根	2芯（1.5mm²）	2根
收费亭到入口道闸、出口道闸各1根	2芯（1.5mm²）	2根
收费亭到入口摄像机、出口摄像机各1根	2芯（1mm²）	2根
从收费亭到入口聚光灯、出口聚光灯各1根	2芯（1.5mm²）	2根

表 5-10 通信线（线材：超五类屏蔽双绞线8芯）

从收费亭到入口票箱 （1根超五类屏蔽双绞线）	收费计算机和汉字显示屏	2芯
	控制器和入口票箱内读卡器	2芯
	对讲主机和对讲分机	2芯
	剩余2芯线暂未使用，留做备份	
从收费亭到入口道闸 （1根超五类屏蔽双绞线）	道闸控制板和岗亭内手动按钮	4芯
	道闸控制板和控制器	2芯
	剩余2芯线暂未使用，留做备份	
从收费亭到出口票箱 （1根超五类屏蔽双绞线）	收费计算机和汉字显示屏	2芯
	控制器和出口票箱内读卡器	2芯
	对讲主机和对讲分机	2芯
	剩余2芯线暂未使用，留做备份	
从收费亭到出口道闸 （1根超五类屏蔽双绞线）	道闸控制板和岗亭内手动按钮	4芯
	道闸控制板和控制器	2芯
	剩余2芯线暂未使用，留做备份	

表 5-11 视频线（规格为128编75Ω）

从收费亭到入口摄像机	1根
从收费亭到出口摄像机	1根

表 5-12 音频线

从入口票箱音频线到出口票箱（2芯音频线）	1根

4）依据产品说明书，画出设备之间的接线图（如图 5-27 所示），并注明线路标号。

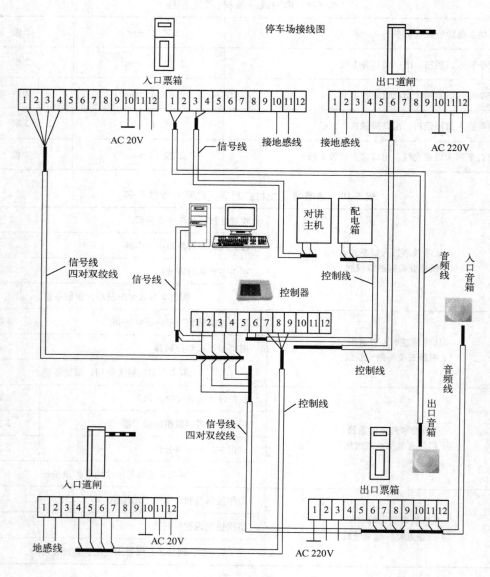

图 5-27　接线图

5）依据对停车场的现场探测，画出停车场施工大样图（如图 5-28 所示）、停车场局部管线示意图（如图 5-29 所示）和地感线圈施工大样图（如图 5-30 所示）。

以佳乐电器有限公司工程图样为例。

6）列出所需要的设备、线材和其他（电工、土工、木工）材料清单。

例如，木工板材

① 机房：防静电地板为 170 元/m^2。

内墙体：密度板（要求表面平整）为 2.44m×1.22m，70 元/m^2。

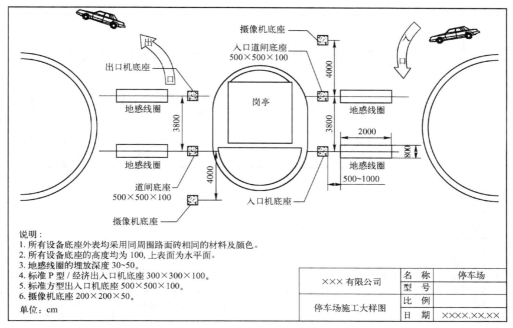

说明:
1. 所有设备底座外表均采用同周围路面砖相同的材料及颜色。
2. 所有设备底座的高度均为100, 上表面为水平面。
3. 地感线圈的埋放深度30~50。
4. 标准P型/经济出入口机底座300×300×100。
5. 标准方型出入口机底座500×500×100。
6. 摄像机底座200×200×50。

单位: cm

×××有限公司	名 称	停车场
	型 号	
停车场施工大样图	比 例	
	日 期	××××.××.××

图 5-28 停车场施工大样图

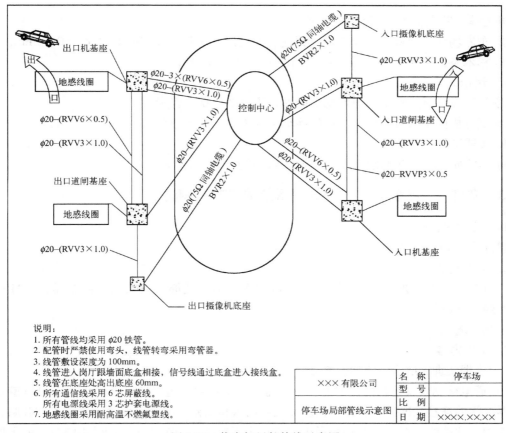

说明:
1. 所有管线均采用 φ20 铁管。
2. 配管时严禁使用弯头、线管转弯采用弯管器。
3. 线管敷设深度为 100mm。
4. 线管进入岗厅跟墙面底盒相接, 信号线通过底盒进入接线盒。
5. 线管在底座处高出底座 60mm。
6. 所有通信线采用 6 芯屏蔽线。
   所有电源线采用 3 芯护套电源线。
7. 地感线圈采用耐高温不燃氟塑线。

×××有限公司	名 称	停车场
	型 号	
停车场局部管线示意图	比 例	
	日 期	××××.××.××

图 5-29 停车场局部管线示意图

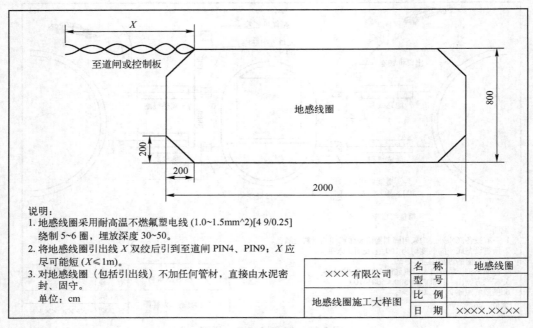

说明:
1. 地感线圈采用耐高温不燃氟塑电线 (1.0~1.5mm^2)[4 9/0.25] 绕制 5~6 圈, 埋放深度 30~50。
2. 将地感线圈引出线 X 双绞后引到至道闸 PIN4、PIN9; X 应尽可能短 (X≤1m)。
3. 对地感线圈 (包括引出线) 不加任何管材, 直接由水泥密封、固守。
单位: cm

×××有限公司	名　称	地感线圈
	型　号	
地感线圈施工大样图	比　例	
	日　期	××××.××.××

图 5-30　地感线圈施工大样图

外墙体: 防火板为 70 元/m^2。

② 车库场地: 地板为工程模板 (强度、硬度好, 耐踩), 0.9m×1.8m, 60 元/m^2。

③ 杉木条: 墙体为 4cm×6cm, 车库地板为 5cm×10cm。

7) 讨论。

① 施工设计时, 除了考虑使用功能外, 还应考虑哪些因素。

② 试分析两个入口与两个出口的停车场 (库) 管理系统结构。

4. 实训结果

写出实训结果、遇到的问题、解决方法以及实训心得体会。

5.6.3　实训 3　停车场 (库) 管理系统的安装与调试

1. 实训目的

掌握停车场管理系统设备的安装与调试方法。

2. 实训设备

入口票箱、出口票箱、入口道闸、出口道闸、地感线圈、摄像机、控制器、管理计算机、线缆及辅材等。

工具为弱电专用工具箱。

3. 实训内容

1) 依据实训 3 的设计方案, 按要求安装、接线、检查。

2) 通电检测入口票箱的读卡器和取卡器、入口道闸、出口票箱的读卡器、出口道闸和控制器之间的连接状况是否正常。初步完成: 出入口道闸由手动开关控制, 能正常升闸、降闸和停闸; 地感线圈对出入车辆能做出响应; 出入口读卡器对智能卡能做出响应; 取卡器能正常取卡。

3）检测计算机管理系统与控制器、摄像机、字幕显示器、语音器和台式 IC 读卡器的连接是否正常。要求管理计算机与控制器连接检测应有正常响应，与摄像机连接应有图像出现，与字幕显示屏连接应有字幕出现。

注意：安装接线应符合规范要求，通电之前应严格检查接线是否正确，特别是电源线；首次通电时应仔细观察，发现异常立即切断电源，以保证设备安全。

4）讨论。

① 在具体安装实施过程中，怎样保证工程质量？

② 设备在首次通电时，需要注意什么？

4. 实训结果

写出实训结果、遇到的问题、解决方法以及实训心得体会。

5.6.4 实训4 收费软件和摄像软件的调试和使用

1. 实训目的

1）掌握收费软件和摄像软件的具体使用和维护方法。

2）理解停车场信息管理软件将控制器、显示屏、视屏捕捉卡和语音播放器联系在一起，对车辆进行综合管理。

2. 实训设备

入口机、出口机、入口道闸、出口道闸、地感线圈、摄像机、控制器和管理计算机等。

3. 实训内容

1）登录软件主界面，理解界面内各菜单的分类和内容，以及菜单的使用方法。注意首次使用管理软件需要对设备、接口、通信进行设置，注意设置要求、参数选择以及信息指示，做好记录。

2）ID 卡分类管理。

分析月租卡、时租卡和特殊卡等 ID 卡管理方式，管理计算机与控制器之间是怎样进行 ID 卡信息交换。

3）系统操作员管理。

操作员管理分为几类，不同类型的操作员拥有怎样的权限，需要承担什么责任，做好记录。

4）掌握数据资料、视频捕捉资料查询、统计、备份管理。

数据资料（ID 卡使用、停车数量、费用设置与结算）、视频捕捉资料查询、统计和备份的管理方法，以及备份资料的存放路径。

5）讨论。

① 收费软件和摄像软件从几个方面对系统进行管理。

② 为保障系统安全运行和客户资料安全，采用了哪些软件登录权限、管理权限、数据备份和计算机使用权限。

4. 实训结果

写出实训结果、遇到的问题、解决方法以及实训心得体会。

5.6.5 实训5 停车场（库）管理系统的综合调试

1. 实训目的

对车库管理系统进行综合调试，完成汽车从入场至出场的全过程管理，检验各项功能是否达到要求。

2. 实训设备

入口机、出口机、入口道闸、出口道闸、地感线圈、摄像机、控制器、管理计算机和汽车模型等。

3. 实习内容

1）入口控制调试。探测入场车辆，读卡器读取感应卡信息，并正确判断月租卡、临时卡或无效卡，控制道闸栏杆升降，统计入场车辆数目，与计算机管理中心进行通信。

2）出口控制调试。读取出场车辆的感应卡信息并确认车辆、控制道闸升降、统计出场车辆数目，并与计算机管理中心进行通信、收费核算。

3）道闸控制调试。道闸开放和关闭的动作时间及出入口栏杆的自控功能。

4）计算机管理中心控制调试。能实现车辆进出检测、分类收费、统计报表、收费指示、导向指示、闸门机控制、进出口摄像、车牌号复核或车型复核等各项功能。

5）感应卡台式读写器。完成新增卡和月租卡的收费管理。

6）讨论。

① 如何进行设备的日常维护？

② 结合所学知识和实际练习，对车库管理系统做一次综合分析，并写出实训报告。

4. 实训评价

① 评定系统是否达到上述功能要求和规范要求。

② 写出设备安装调试报告。

③ 评定全过程的学习态度和工作态度。

5. 实训结果

写出实训结果、遇到的问题、解决方法以及实训心得体会。

5.7 本章小结

停车管理系统由停车场（库）出入口管理与车场（库）管理两部分构成。

入口管理系统通常由票箱（内含读卡器、出卡器、对讲机、控制器和显示屏）、车辆探测器、地感线圈、道闸、摄像机、图像（车牌）对比、传输线缆以及计算机等构成。其主要功能是探测车辆驶入、发放停车卡及进行车位引导等。

出口管理设有票箱（内含对讲机、电子显示屏）、地感线圈、道闸和收费计算机等。其主要功能是探测车辆驶出、回收并检验停车卡、计算收费金额与中心管理站进行信息通信等。

管理中心包括计算机主机、显示器、对讲机和票据打印机等。其主要功能是对整个停车场情况进行监控和管理，包括出入口管理、内部管理、采集数据和控制整个停车场管理系统工作等。

车位引导系统包括：车流量检测系统、车位检测系统、信息显示系统和控制器系统。

5.8　思考题

1. 入口系统通常由哪几个单元构成？
2. 出口系统的设置与入口系统有哪些异同点？
3. 试述道闸防砸的工作原理。
4. 试述地感线圈的工作原理。
5. 简述当临时停车车辆进场时入口系统的工作流程。
6. 简述当临时停车车辆出场时出口系统的工作流程。
7. 车位引导系统是如何工作的？
8. 试对二进三出的车库管理系统进行系统设备配置。

第6章 电子巡更系统

巡更这一安全防范手法，古已有之。电子巡更是通过先进的移动自动识别技术，将巡逻人员在巡更巡检工作中的时间、地点及情况自动准确地记录下来。它是一种对巡逻人员的巡更、巡检工作科学化、规范化管理的全新产品，是治安管理人防与技防中一种有效的、科学的整合管理方案。

6.1 电子巡更系统的组成与工作原理

电子巡更系统是将技防与人防融为一体的安全防范系统，它主要体现在巡更方式是建立在二者支持的平台上，因此其名称也就冠为电子巡更。古已有之的巡更是游走式的，没有固定路线，没有固定时间；而电子巡更却有严格的人员巡视路线（方向）、确定的巡查时间，这些都被电子巡更系统所记录。

电子巡更除了便于有效管理外，同时还具有主动发现问题和及时解决问题的功能，因此被广泛用在医院医护人员查房、油田油井、电力部门的铁塔、铁路路况、通信部门的机站巡查和军火库、边防、监狱、公安部门的巡检以及住宅小区的安防等方面。

电子巡更根据其系统结构可分为实时在线式和离线式两个系列。

6.1.1 实时在线式电子巡更系统

在线式电子巡更系统中，采用 RS-485 总线网络，一条总线最多可接多个控制器，每个控制器至少可接多个读卡器，终端为转接器、计算机和打印机。巡更数据可实时上传，也可以脱机存储。在线式电子巡更系统组成示意图如图6-1所示。

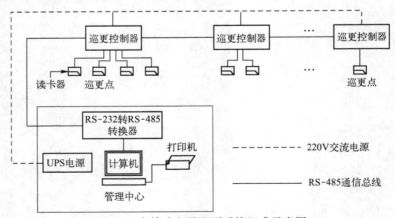

图6-1 在线式电子巡更系统组成示意图

1. 系统组成

系统由感应式 IC 卡、事件卡、读卡器（头）、传输线、通信转换器、巡更系统管理软件、后备电源、计算机和打印机等组成，其中计算机可与其他安防子系统共享。

（1）读卡器（又称为读卡头）

读卡器采用感应式或接触式，主要用于采集巡检人员的身份卡信息。它设有专用地址码的拨码开关和 RS-485 输出通信接口，可方便识别巡更的具体位置。

（2）巡更控制器

巡更控制器是具体巡视地点的物理标志，用于记录巡更人员的巡逻信息，如巡视时间、人员姓名、巡视地点等。通过它可将巡逻信息实时传到管理中心，也可暂且存放，以便日后读取。每个控制器可接多个巡更点。

（3）通信转换器

通信转换器负责信号转换，用来把前端读取的信息转换为 RS-232，以便与计算机机连接。通常可接多个巡更控制器。

（4）巡更信息卡（ID 卡）

ID 卡由巡查人员持有，免接触（根据读卡器也可采用接触式），存储有巡检人员的个人资信。

（5）事件卡

当巡检人员现场发生意外时，利用事件卡通过读卡器可向管理中心发出求助信号。事件卡由当班巡逻人员持有。

（6）传输线

传输线采用一般双绞线即可，防区控制器与读卡头之间的距离最长不超 50m。

（7）系统软件

系统软件的运行平台为 Windows 操作系统，其功能是编排巡更班次、巡查时间间隔、线路走向及事件设置等，可根据时间、个人、部门和班次等信息来生成报表。

（8）计算机

计算机用于巡更系统的管理，通常与其他系统共用。

（9）打印机

打印巡检报告，供上一级管理人员检查或用于案情处理。

（10）UPS 电源

UPS 电源是所有读卡头及控制器的电源供给设备。

2. 工作原理

在线式电子巡更系统的巡更过程很简单，当巡更人员出巡时，只需携带信息卡，按事先布线的路线进行巡逻刷卡即可。巡查结果即能实时通过巡更控制器、数据转换器传送到计算机中，计算机即会对这些数据进行记录和提示，而后根据需要再由打印机打印出相关资料（包括巡查人员的姓名、到达时间和地点）。

在线式电子巡更系统能够实时掌握巡更人员的巡更情况，一旦巡更人员没有按规定的时间、路线到达巡更点，系统即会报警提示，系统管理人员可迅速通过对讲机与巡更人员取得联系，进一步了解巡更人员的现状，防止意外情况发生（尤其是在夜静更深巡逻时，体现了系统的人性化）。

在线式电子巡更系统还可同门禁（或访客系统的梯口机）联动使用，实施时只需在使用门禁（或楼宇对讲梯口机）的基础上，配置一套巡更管理软件和增加巡更点即可。

在线式电子巡更系统的读卡方式有接触式和非接触式两种。

在线式电子巡更系统的优点是，可进行实时管理。缺点是，施工量大，成本高，室外传输线路易被人为破坏，对已装修好的建筑物配置在线式巡更系统就显得有些难度。此外，不便于路线变更和系统扩容，维护也比较麻烦。

6.1.2 离线式电子巡更系统

离线式是指在电子巡更巡检过程中无需通过线缆来传递巡检信息，免去系统的传输网络，因此，离线式电子巡更系统可任意设置巡更路线和巡更地点，只要在需要巡查点安装信息钮即可。

巡查时，由巡查人员手持巡更棒（又称为巡更机）到每一个巡检点采集信息，到达该巡查点的时间、地理位置等数据就会自动记录在巡更棒上。完成巡更后，把巡更棒安插到通信器（座）上，即可通过通信器把信息传输给计算机，显示出巡查人员到达的巡查点和每个巡查点的时间，还可通过打印机打印出一份完整的巡检记录。离线式电子巡更系统工作流程图如图6-2所示。

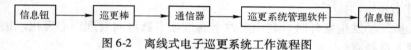

图6-2 离线式电子巡更系统工作流程图

离线式电子巡更系统由信息钮、身份识别卡（钮）、巡更棒、通信座、巡更信号线、巡更系统管理软件及计算机组成。

相对于在线式电子巡更巡检系统而言，离线式电子巡更系统的优点是无需布线，安装简单，操作方便，成本低廉，当系统需要扩容或巡查线路变更时尤为简便，适用于任何需要巡视的领域。缺点是不能进行实时管理。

离线式电子巡更系统按信息检取方式不同可分为两类，即接触式巡更系统与非接触式巡更系统（也称为感应式巡更系统）。

1. 接触式巡更系统

接触式巡更系统是指在巡检过程中，巡更棒必须与信息钮零距离接触，才能把信息钮上所记录的位置以及巡更棒与信息钮接触的时间、连同巡更巡检人员姓名等信息记录下来，然后通过通信器，将数据传输给计算机进行处理。接触式巡更系统示意图如图6-3所示。

由于这种系统需要"接触"，所以也带来一些问题：一是巡更棒与信息钮必须非常准确地接触才能读取信息，操作起来不够方便，尤其在晚上，光线不好，不易找准信息钮；二是信息钮外露的金属外壳易

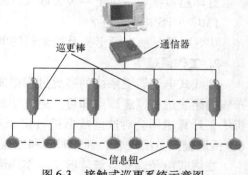

图6-3 接触式巡更系统示意图

受污染，造成接触不良，导致不能有效地采集信息；三是外露的信息钮容易遭受人为损坏。

（1）接触式信息钮（TM钮）

接触式信息钮的功能是将储存的地理位置信息放置在必须巡检的地点或设备上，也可用

来代表人员或事件。其内部由 IC 晶片和感应线圈组成。接触式信息钮外形如图 6-4 所示。

接触式信息钮通常为纽扣式封装，不锈钢外壳，且防水、防霉和防腐蚀，一般被安装在墙体或设备表面。工作温度在 −40～80℃ 之间。其内部无需电池供电，当巡更棒接触到信息钮的同时即为信息钮供电，并同时进行通信。

图 6-4　接触式信息钮外形图

（2）身份识别卡

身份识别卡又称人员钮，如图 6-5 所示。其内部存储巡查人员的身份等信息。在读取信息钮之前，巡查人员应先用巡更棒碰触身份卡，以便区分出是谁在巡逻，再至各巡查点接触信息钮，这时巡查棒即自动生成包括人员、地点、时间在内的巡查信息，使整个巡查有效。

图 6-5　身份识别卡

必须将身份识别卡与相应型号的巡更棒配套使用才有意义。

（3）接触式巡更棒

接触式巡更棒大多为无按键式。一般采用全金属外壳，内置实时时钟，可存储数千条的巡查记录。接触式巡更棒由于其读取信息的方式必须是接触式，故外壳通常用金属材料制造，具有防震、防潮、防静电等功能，如图 6-6 所示。

当巡更棒在接触信息钮时，巡更棒内置的蜂鸣器及指示灯会有相应的"声光"提示，表

图 6-6　接触式巡更棒

示已把信息钮内的地址号码读出、储存并记录下了触碰时间。在巡检完成后，把巡更棒插入专用的通信器（如图 6-3 所示的通信器）中，即可通过通信器把巡检的数据传入计算机，由软件进行处理。

接触式巡更棒使用十分简单，采用无开关和按钮设计，无需培训即可使用。

接触式信息钮所需电流小于 1mA，因此接触式巡更棒一般选用一次性电池，一块电池可以连续读卡 30 万次以上为好（每天读卡 300 次，连续工作 1 000 天）。

由于信息钮必须与巡更棒接触，所以在夜间照明不良的情况下，操作起来稍显不便。

（4）通信器

通信器又称为通信座、传输器，用于巡更棒的数据下载，即把巡更棒采集到的信息钮所在位置、采集的时间、巡更巡检人员姓名等信息自动记录成一条数据，在进行分析处理后，

通过传输器把数据导入计算机。

通信器设有标准计算机串口，以便与计算机连接。无需电源。

2. 感应式巡更系统

感应式巡更系统又称为非接触式巡更巡检系统，它的优点是读取数据不需要接触信息钮。当巡更人员到达巡更点的时候，只要将巡更棒靠近信息钮，巡更棒就能自动探测到信息点的信息，并自动记录下来。感应式巡更棒信息读取示意图如图6-7所示。

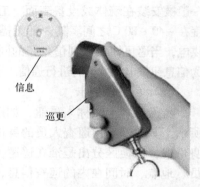

图6-7　感应式巡更棒信息读取示意图

此外，有厂家还推出一种带现场拍照的巡更棒。

（1）感应式（非接触式）信息钮

感应式信息钮又称为感应卡，其内部是由 IC 晶片和感应线圈组成的，外部用 ABS 塑料密封而成。通常分为 EM 型和 TI 型（即 EM 卡或 TI 卡，原属不同厂商的产品，并非型号，它们在工作原理上并无大的区别，只是巡更棒与信息钮之间的通信方式有所不同，信号传输的距离略有差异）。在巡更时，读钮不需要接触，它是通过感应巡更棒的无线电信号来获取能量并进行通信的，感应距离在 46 ~ 55mm 左右。因此不能将它安放在金属物体表面或内部（接触式信息钮则不受限制），并且避免附近有强电磁场干扰。感应式信息钮可被埋入隐蔽性较高的物体（如墙体内）避免了信息钮被破坏的问题。为便于夜间使用，其体外宜加装标识牌或其他发光标识。

感应式信息钮外形有圆柱或圆片状。圆柱形信息钮大多为玻璃封装，直径有 32mm 和 23mm，如图6-8a 所示。圆片状形小如纽扣，如图6-8b 所示。直径从 22 ~ 40mm 不等，将其可直接粘贴在墙上，也可埋入墙内或其他物体内。

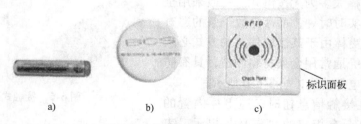

标识面板

　　　　a)　　　　　　　b)　　　　　　　c)

图6-8　感应式信息钮外形图

因为安装信息钮的地理条件不同（有时将其安装在墙内，有时又将其暴露在室外空间），所以设计多为密封式，既防雨又防水。工作温度一般在 - 10 ~ 60℃之间。

为了便于巡检，通常将信息钮的外部饰以标示面板，形象标记巡更点的位置，如图6-8c 所示。

（2）感应式巡更棒

感应式巡更棒与信息钮之间是通过射频信号进行通信的，射频线圈被置于巡更棒的内部，因此巡更棒壳体宜采用非金属材料。感应式巡更棒和通信器如图6-9 所示。

图6-9　感应式巡更棒和通信器

感应式巡更棒设置有蜂鸣器和工作指示灯，若巡更棒正确读取信息钮时，则指示灯会闪烁，蜂鸣器会响起。感应式巡更棒分有按键式巡更棒和无按键式巡更棒，其工作原理并无区别，只是读卡时要不要按键而已。

有的巡更棒还带有液晶显示屏，可以直接显示人员姓名、线路、地点、事件编号和时间等相关信息，并带有背光照明，方便在夜间或光线比较暗的地方打卡操作。

（3）通信器（座）

通信器是双向通信的工具，用来读取巡更棒记录、清零巡更棒记录、对巡更棒进行校时和设置等；通信器还配有标准 RS-232 插口，通过 USB 通信线与计算机相连接，以便传送巡检数据和从计算机获取电能。通信器（座）、巡更棒和 USB 通信线如图 6-10 所示。

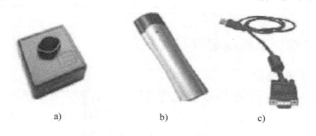

图 6-10　通信器（座）、巡更棒和 USB 通信线
a）通信器（座）　b）巡更棒　c）USB 通信线

（4）巡更系统管理软件

巡更系统管理软件（简称为巡更软件）包括通信、设置、统计和帮助 4 个模块。

1）通信模块：发卡、校对时间、数据传输。

2）设置模块：划分 3 种卡、人员分组、路线安排以及制定巡检任务等。

3）统计模块：详尽的巡检统计报表和直观的图形统计报表。

4）帮助模块：软件的使用说明。

6.2　巡更设备的配置与实施

电子巡更系统设备的配置与安装必须符合以下标准，即《安全防范工程程序与要求》（GA/T 75-94）和《安全防范系统验收规则》（GA 308—2001）。

6.2.1　在线式电子巡更系统的配置与实施

1. 巡更线路（点）的选择

首先设计巡更路线，然后安排巡更点的数量和位置。由于在线式电子巡更系统采用的是网络传输巡检数据，所以对巡检线路、巡检点的选择必须全盘统筹，既要考虑重点防范对象，又要不留死角，疏密有致。巡更点主要安排在住宅楼附近、地下停车场内、重要公共场所及主干道等人员来往较为频繁的区域。

2. 器材配置

在线式巡更系统器材配置如表 6-1 所示。

表 6-1　在线式巡更系统器材配置表

名　　称	技术要求	数　量	备　　注
计算机		1	处理巡更信息
巡更软件		1	
转换器	RS-485 转换 RS-232	1	下连控制器、上接计算机
控制器	传递巡更数据	根据系统配置	巡更前端下接读卡器
读卡器	免接触读取巡更卡数据	每个巡检点 1 个	巡更前端上接控制器
巡更信息	存储巡更人员信息	按巡检人员配置	由巡更人员持有
事件	存储事件类型	根据需要配置	由巡更人员持有

6.2.2　离线式电子巡更系统的配置与实施

1. 巡更线路（点）的选择

离线式电子巡更系统对巡更线路以及巡更点的设置，较之在线式电子巡更系统，有较大的灵活性，它可随时变更巡逻线路和巡更点，因此首次巡检线路（点）的选择不是很重要，可以大致在设置运行一段时间后，再根据实际情况随时变更。

2. 读卡方式选择

在选用离线式巡更系统时，主要可根据巡更环境、巡更点及安装方式来决定是采用接触式或非接触式巡更系统。

如果巡更点都将被安装在室内，就可以不要考虑巡更机的读卡方式（读卡方式分为接触式和非接触式），因为接触式巡更点有多种安装方式，可埋藏、表面固定等；而感应式巡更点只适合浅埋藏，不能表面裸露安装。

若安装在室外使用，采用浅埋藏巡更点的安装方式，则可采用接触式巡更或非接触式巡更；若是裸露安装巡更点，则应考虑使用接触式的巡更机，因为对接触式的巡更点来说，通常采用不锈钢材质，这种材质具有较强的抗腐蚀、抗人为破坏和耐高低温等能力；而非接触式的巡更点材质多为塑料制成，怕腐蚀，怕日晒，怕高低温，容易遭到人为破坏，较适用于浅埋藏式安装，不宜裸露安装。

3. 器材配置

离线式设备配置比较简单，离线式巡更系统器材配备表见表 6-2。

表 6-2　离线式巡更系统器材配备表

名　　称	技术要求	数　量	使用地点
计算机	参见说明	1	与通信器配合读取巡更棒信息
巡更软件		每个系统 1 套	
通信器		每个系统 1 个	读取巡更棒数据
巡更棒	根据读卡器方式选择	按巡检班组定	巡更人员持有
信息钮	根据读卡器方式选择	每个巡检点 1 个	安装在需要巡检的地方
人员钮	卡式、钥匙扣式	每人 1 钮	巡检人员持有

根据表 6-2 所示的器材配置说明如下。

1）一般每个巡查组配备一把巡查棒，每个巡查人员配备一个身份识别钮，每个巡检点设置一个无线信息钮，并对应设置一个安装座。

2）安装系统软件的计算机硬件配置不应低于软件对计算机硬件的要求，安装系统软件的计算机操作系统应符合系统软件的要求，即操作系统要求 Windows7 及以上。硬件要求：CPU 主频 400MB 以上，内存 64MB 以上，硬盘 5GB 以上，带光驱。

4. 安装

（1）安装注意事项

1）非接触式信息钮安装注意事项。

① 其附近不能有外部磁场，需要离开金属物体 1cm 以上，以避免干扰。

② 不可把信息钮安装在金属表面上。

③ 如果非得安装在金属表面，那么可改用能安装在金属表面的信息钮。

2）接触式信息钮安装时可浅埋或表面安装，与非接触式信息钮不同，可将其安装在铁质材料表面上。

（2）安装方法

信息钮的安装高度离地面约 1.4m 为宜。对图 6-8a 所示的柱形信息钮，可打一个 5mm 的洞窟将其埋入，外面再用水泥固定，在外部贴上图 6-8c 所示的标识板，以便于巡查。

6.3 实训

6.3.1 实训1 离线式电子巡更系统的安装与调试

1. 实训目的

1）掌握组成整体系统各类设备和各个部分的功能。

2）掌握软件的安装和使用。

2. 实训设备

1）计算机、巡更软件、通信器、巡更棒、信息钮及人员钮。

2）产品使用说明书。

3. 实训内容

1）设备安装与接线。

① 仔细阅读产品说明书，核对设备。

② 设备安装接线：信息钮安装、通信器与计算机通信串口连接。

2）软件安装与调试。

① 按照使用说明正确安装巡更软件。

② 按照使用说明完成巡更软件的初始设置，即数据下载接口设置、巡查组设置、巡查线路设置、事件设置、数据保存设置等。

③ 完成巡更软件的日常使用和维护，即卡号管理、巡查组管理、巡查线路管理、计划管理、事件管理、数据备份和打印管理等。

4. 实训结果

写出实训结果、遇到的问题、解决方法以及实训心得体会。

6.3.2 实训2 在线式电子巡更系统的安装与调试

1. 实训目的

1）掌握组成整体系统各类设备和各个部分的功能。

2）掌握软件的安装和使用。

2. 实训设备

1）计算机、巡更软件、转换器、控制器、读卡器和巡更信息卡。

2）产品使用说明书。

3. 实训内容

1）设备安装与接线。

① 仔细阅读产品说明书，核对设备。

② 设备安装接线：按照图 6-11 所示的在线式电子巡更系统接线图，采用总线方式将读卡器和控制器通过转换器与计算机通信串口连接起来。

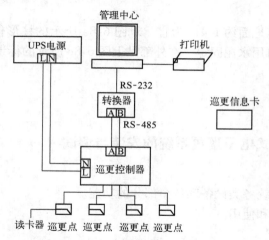

图 6-11　在线式电子巡更系统接线图

2）软件安装与调试。

① 按照使用说明书正确安装巡查系统软件。

② 按照使用说明书完成巡更软件的初始设置，即数据下载接口设置、巡查组设置、巡查线路设置、事件设置以及数据保存设置等。

③ 完成巡更软件的日常使用和维护，即卡号管理、巡查组管理、巡查线路管理、计划管理、事件管理、数据备份和打印管理等。

4. 实训结果

写出实训结果、遇到的问题、解决方法以及实训心得体会。

6.4　本章小结

电子巡更系统将人防和技防融为一体，使巡更具有规定的巡视路线、确定的巡查时间，并能够将巡更人员的巡逻信息传到管理中心，以便日后读取。

电子巡更系统按结构可分为实时在线式和离线式两个系列。在线式电子巡更系统采用 RS-485 总线，将多个控制器和读卡器通过终端转换器与计算机联网；而离线式巡更系统免去系统的传输网络，将安装在巡查点信息钮的信息读取到巡更棒上，经过通信器将数据传输给计算机进行处理。

电子巡更系统按读卡方式又可分为接触式和非接触式两种巡更系统。需按使用环境、埋藏深浅等具体条件进行选择。

6.5 思考题

1. 什么是电子巡更系统？
2. 在线式电子巡更系统和离线式电子巡更系统各有什么特点？
3. 接触式电子巡更系统和非接触式电子巡更系统各有什么特点？
4. 电子巡更系统管理软件应具备哪些功能？
5. 在系统安装与调试过程中应注意哪些细节？

第7章 公共广播系统

公共广播系统是为智能化小区（公共场所）提供背景音乐、事务广播及消防紧急广播等实时信息不可或缺的专业设施。它被广泛应用在小区、学校、商场、宾馆、机场、码头和车站等场所。如何及时、准确地将广播信息传送到所在区域中的每一个对象是公共广播系统的首要任务。

7.1 公共广播系统的组成与工作原理

公共广播系统主要提供以下服务。

1）信息传播。以传播直达声为主，使用时要求的声压级较高。

2）背景音乐（Back Ground Music，BGM）。主要作用是掩饰周边环境噪声，营造一种轻松和谐的气氛。

3）突发事件报警联动广播。当发生紧急事故（如火灾）时，可根据程序指令自动强行切换到紧急广播工作状态。

4）可分区（或分层）播放不同的音响内容。

在公共广播系统的实际应用中，上述的功能必须采用同一套系统设备和线路，这样既可以播放背景音乐，又可以发布日常信息和紧急广播。此系统主要由音源设备（调谐器——主要有 CD、MP3 播放器、送话器）、前置放大器、功率放大器、分区广播、传输线路和扬声器组成。小区公共广播系统组成框图如图 7-1 所示。

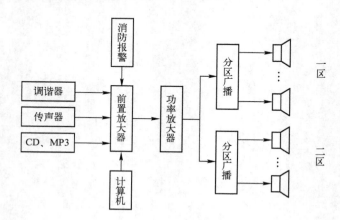

图 7-1 小区公共广播系统组成框图

公共广播系统包含日常广播和紧急广播两个系统功能。在正常状态下，日常广播和紧急广播这两个系统在功能上互相独立，在设备上有机结合。根据消防规范要求，紧急广播系统具有最高优先控制权。

7.1.1 音源

所谓的音源是指提供公共广播所用的节目源。公共广播主要音源设备如下。

1. 循环录音卡座

循环录音卡座可以对语言类节目和音乐节目进行反复循环播放。

2. CD 唱机

CD 唱机可用于长时间、高质量播放背景音乐。它曾经风靡一时，但是节目更新换代很难跟上现实需求，随着科技的进步，其他形式的音源设备纷至沓来，CD 唱机也呈逐渐被淘汰之势。

3. 调谐器（收音模块）

收音模块通常具备接收调频和中波调幅两个波段，短波由于传播的原因，信号衰落比较严重，所以公共广播系统并不采用。

4. CD、MP3 播放器

CD、MP3 播放器把两种音源结合为一体，如图 7-2 所示。

图 7-2　CD、MP3 播放器

5. 传声器

传声器又称为送话器（Microphone），它是将声音信号转换为电信号的能量转换器件。

根据声-电转换方式可将传声器分为动圈式、电容式、驻极体式（属于电容传声器的一种，只是供电稍有区别，主要用于手机、摄像机）和最近新兴的硅微传声器。此外，还有液体传声器和激光传声器。目前常用的为动圈式和电容式两种。

动圈式传声器主要由音圈（与音膜连体）、磁钢、外壳组成。当声波入射到传声器的音膜时，音膜带动音圈进行相应振动，音圈在磁钢中切割磁力线，两端产生电动势，实现声-电信号转换。动圈传声器结构简单，牢固可靠，性能稳定，价格相对低廉，但体积较大，一般用于公共广播、卡拉 OK 厅等要求不高的场合。

电容式传声器主要由振膜、后极板、极化电源、前置放大器组成。电容传声器的极头实际上是一只平板电容器，具有一个固定电极和一个可动电板，可动电板就是极薄的振膜。声波作用在振膜上引起振动，从而改变两极板间电容量，引起极板上电荷量的改变，经处理放大输出。由于输出阻抗很高不能直接输出，故在传声器内装有一个前置放大器进行阻抗变换，将高阻变为低阻输出。电容式传声器需要二组电源，一组为前置放大器电源，另一组是电容极头的极化电源（约 48～52V）。为了节省电源线缆，电容式传声器一般都采用幻像电源，也就是利用传声器电缆内两根音频芯线作为直流电路的一根芯线，屏蔽层作为直流电路的另一根芯线，由调音台（或前置放大器）向电容传声器馈电，这样既不影响声音的正常传输，又节约了芯线，这种供电方式称为幻像电源。这里要注意的是，当换用动圈传声器时，调音台（或前置放大器）的幻像电源开关一定要关闭，否则传声器容易损坏。反之使用电容式传声器时，调音台的幻像电源开关一定要打开，否则传声器就无法工作。电容式传声器具有灵敏度高、动态范围大、频响好以及失真度低等特点，通常用于要求比较高的广播、音乐录音和舞台等场合。其缺点是防潮性差，机械强度低，价格较高，使用麻烦。

根据功能和外形又可将传声器分为手持式有线传声器、无线传声器和主席传声器（具有强制切断列席送话器发言的优先功能）以及鹅颈式传声器（又称为座式传声器），如图7-3所示。

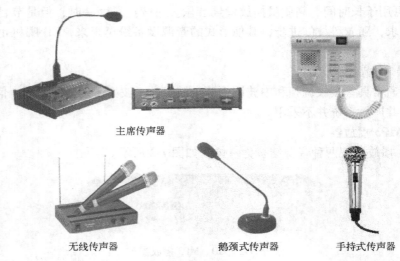

主席传声器

无线传声器　　　　　鹅颈式传声器　　　　手持式传声器

图 7-3　传声器

传声器的主要技术指标如下。

（1）输出阻抗

传声器输出阻抗指其交流内阻，以 Ω 为单位，其值是在频率为 1 000Hz 信号、声压约为1Pa（压力单位，帕）时测得的。传声器的阻抗分为低阻抗型和高阻抗型，通常 1kΩ 以下为低阻，1kΩ 以上为高阻。常用的传声器阻抗在 200～600Ω 之间为低阻型传声器；高阻型传声器可用于较长距离的传输。由于线路较长，传输中途易受外界的干扰而出现交流声，还存在分布电容，频响也受到影响，所以目前已很少使用。

传声器的输出阻抗即为负载（如调音台、前置放大器或合并式功率放大器）的输入阻抗。为了保证传输的效果，要求负载的输入阻抗应大于或等于传声器的输出阻抗的 5～10 倍。

（2）指向性

传声器的指向特性又称为传声器的方向性。它指的是在一定频率下，传声器对于来自不同方向的声波拾取的灵敏度，这是传声器一个很重要的技术指标。

传声器指向性一般的类型有：单方向性，呈心形；双方向性呈 8 字形；无方向性呈圆心形；单指向性呈超心型。

全方向性送话器对各个方向的声波拾取效果基本一致，需来回走动发言时采用此类送话器较为合适，但在四周噪声大的条件下不宜采用。

心形指送话器的灵敏度在水平方向呈心脏形，正面灵敏度最大两个侧面稍小，背面最小。心形传声器可在多种广播系统中使用。

单指向性指传声器对正面入射的声波要比其他方向入射的声波灵敏度高得多。利用其单指向的特点，可以较好地避免声音的反馈，适合会议和舞台演唱使用。

　　（3）频率响应

　　对频率响应描述的是，传声器的输出电平与它所拾取信号频率之间的关系，通常以上限与下限频率来表示。频带范围愈宽，表示传声器的频响特性愈好，也就是传声器有较高的明亮度和清晰度。例如，频响较好的电容式传声器，其频率响应在 50 ~ 17 000Hz 之间；常用的动圈式传声器其频率响应在 75 ~ 1 400Hz 之间。

　　（4）灵敏度

　　灵敏度用于表示传声器的声-电的转换能力，通常是取 $1\mu bar$（单位为微巴。$1bar = 10^5Pa$ 相当于正常对话时，在距离 1m 前方处测得的声压）的声音信号施加到传声器情况下，传声器开路的输出电压（mV）值即为传声器的灵敏度，以分贝表示，并规定 10V/Pa 为 0dB。因传声器输出一般为毫伏级，所以其灵敏度的分贝数始终为负值。

　　（5）信噪比（S/N）

　　信噪比指的是声波作用于传声器后所输出的信号电压与传声器固有的噪声之比，用 dB 表示。如电容式传声器的信噪比可达 55 ~ 57dB。

7.1.2　前置放大器与调音台

1. 前置放大器

　　前置放大器是功率放大器的前级处理电路，功能主要有 3 个：其一是对来自不同声源（如消防报警、送话器（传声器）、录音机、调谐器、CD 唱机和线路输入）的音频信号进行放大；其二是对音源信号进行混合或按需要分配播放优先权；其三是对各路输入的音量、音色进行调控。

　　前置放大器通常具有多路信号输入插口，在混合之前，各路的信号是独立的，互不干扰。信号来源不同，信号的幅度也不尽相同，为了更好的混合，各信号通道都有自己的音量控制电路。

　　前置放大器不能单独带动音箱，必须与功率放大器结合才能发挥功效，因此它只是将输入的各种信号进行混合后输出，供功率放大器的输入端使用。前置放大器如图 7-4 所示。

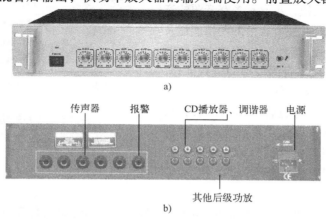

图 7-4　前置放大器

a）正面　b）背面

2. 调音台

调音台实际上是一台音频信号控制器，它具有多路音源输入插口。用它拾取来自传声器、CD 唱机、录音卡座的音频信号，同时对它们进行放大或衰减，按需要进行音质加工和混合处理，因此，调音台是现代电台广播、舞台扩音、音响节目制作、播送和录制节目的重要设备。与前置放大器相比，其功能要强大得多。

小区公共广播系统一般不采用调音台，因为其造价要比前置放大器来得高，操作相对也繁杂得多。对要求档次高一点的场合，也可选用普通的小型调音台作为前置放大器。

7.1.3 功率放大器

功率放大器简称为功放或扩音机，其任务是将前级送来的信号进行管理、放大，满足系统负载——扬声器的需要。

1. 功率放大器的分类

（1）按用途有家用、专业和公共广播之分类

1）家庭用功率放大器。通常对频响要求比较高，有 Hi-Fi（高保真）和 AV（家庭影院）两大系列，前者侧重于音乐效果的播放，后者着力于营造一种电影音响效果。

2）专业功率放大器。多用于传输距离不长的场合，一般用于会议，厅、堂、场、馆、舞台演出和卡拉 OK 歌厅使用。

3）公共广播功率放大器。主要面对公众，侧重于语言广播，在正常状态下则用于背景音乐广播，还可进行紧急（如消防）广播。由于其广播面对的范围大、距离长，所以在输出的方式上和家庭音响有很大不同，选用时必须加以区别。

（2）按组合方式分类

1）合并式功率放大器。

合并式功率放大器是把原先由前置放大器承担的功能与功率放大器融合一体，既承担前置放大器的功能，同时又进行功率放大，如图 7-5 所示。从合并式功率放大器的正面可以看出，面板上布置了许多功能旋钮，主要有各路音源的音量控制旋钮、音频混合旋钮、音色的调整旋钮及功率放大器音量总开关。合并式功率放大器的背部也相对复杂，通常设有音源设备的输入插口，扬声器输出端子供各路音源输入。

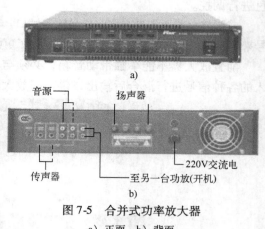

图 7-5 合并式功率放大器
a）正面 b）背面

有时单台功率放大器的放大倍数不够，需增加一台功率放大器，故在功率放大器的背部通常会设有一个用来并机的信号输出端子，通过这个输出端，达到两台的音源共享、提高功率的目的。

2）纯后级功率放大器。

顾名思义，纯后级功率放大器就是单纯的功率放大。通常它只有音量控制单元，没有音色、音源混合等处理电路，面板上通常只有电源开关和音量调整旋钮。大型的公共广播往往采用纯后级功率放大器，如图 7-6 所示。

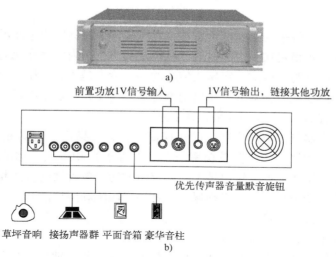

图7-6　纯后级功率放大器

a）正面　b）背面

（3）按是否带分区分类

可划分为自带分区功率放大器和不带分区的功率放大器。分区功率放大器主要是在公共广播时，有意把一个广播覆盖的区域根据需要（如住户对象、时间段不同）为几个区域（或按楼层划分）。通常情况下，一套广播系统覆盖的是所有区域，而有时同样一套广播系统只需要服务于一个特定时间或群体，这时并不需要覆盖整个区域，为了不影响其他区域人员的正常生活，采用分区广播是最好的选择。

自带分区功率放大器正面设有防区广播选择开关，其背部设有分区广播的输出端子，用于连接各分区的扬声器。带分区合并式功率放大器如图7-7所示。

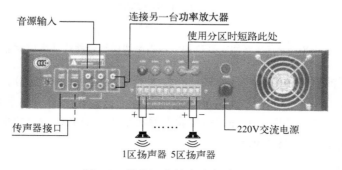

图7-7　带分区合并式功率放大器

（4）按输出形式分类

1）定阻式。

定阻式功率放大器的特点是，末级没有设置深度负反馈电路，因此它的输出电压随负载的变化而变化，但其输出的电阻不变且保持一定的数值。定阻式功率放大器必须配接与其相适应的额定功率和额定电阻的负载，即必须保证在功率和阻抗匹配的情况下才能正常工作。

定阻式按照阻抗可分为低阻式和高阻式。低阻式用于短距离传输，如家庭音响、小型会议室和卡拉OK厅；高阻式则用于长距离传输，如小区、学校的公共广播。

2）定压式。

由于功率放大器末级采用了深度负反馈，定压式传送时其输出电压不会随负载阻抗变化而变化，输出电压基本稳定在一定的数值，在额定功率范围内负载变化对功率放大器的输出电压影响很小，所以名为定压式。定压式传送的一个特点是，高电压，小电流，避免了大电流传输时的功率传输损耗。为降低长距离功率传输中传输线的功率损耗，需要使用输出变压器，输出电压主要有70V、90V和120V等几种。

定压式功率放大器与扬声器之间的配接很简单，只要扬声器（音箱）的输入电压与功率放大器的输出电压相符且扬声器总功率小于（或等于）功率放大器的额定功率，即可以把各扬声器并接在功率放大器的输出端上；而定阻式功率放大器的接法相对就比较复杂，也就是在功率放大器与扬声器之间，必须保证两者功率匹配和阻抗的匹配。如果采用的扬声器功率、阻抗不等，配接就更难了。

（5）按是否带有强制切换型分类

带有强制切换的功率放大器与普通型功率放大器的主要区别是，当有消防报警信号进入时，强插电源可以自动将已关闭的设备打开，同时将音量置于最大状态，对相关区域进行紧急广播。

图7-8所示为带有强制切入插口的紧急强制切换型合并式功率放大器。

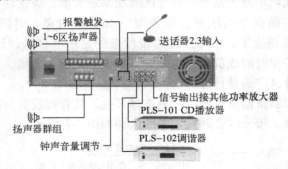

图7-8　带有强制切入插口的紧急强制切换型合并式功率放大器

此外，市面还流行一种组合型合并式功率放大器（又称为一体化式），这种功率放大器自带有音源，如组合了调谐器、录音机或MP3播放器等，这种机型的特点是无需外配音源设备。不同厂家组合的音源有所差异。组合式功率放大器通常用于对音乐质量要求不高的场合。

2. 功率放大器的主要技术指标

（1）输出功率

输出功率有几种标识方法，通常有额定功率、音乐峰值输出功率和最大不失真功率。

1）额定输出功率。表示放大器最大不失真连续功率，又称做RMS功率。这一表示方法为业界普遍认可。

2）峰值音乐功率（PMPO）。指功率放大器在处理音乐信号时，音乐信号的瞬间最大输出功率。通常只能作为评价功率放大器的辅助参考指标。

3）最大不失真功率。指在不失真条件下、将功率放大器音量调至最大时，功率放大器所能输出的最大音乐功率。功率的计量方法不同，在功率标识差异比较大，如峰值功率大于音乐功率，音乐功率大于额定功率，一般地讲峰值功率是额定功率的58倍。

（2）频率响应

频率响应指在有效的频率范围内，反应功率放大器对不同频率信号的放大能力。频率响应通常用增益下降 3dB 以内的频率范围来表示。一般公共广播的功率放大器频率响应在 50Hz～16kHz 之间。

（3）失真度

理想的功率放大器是在输入的信号被放大后，在输出端完完全全地还原出来，但事实上这是不可能的，这种现象称为失真。失真包括频率失真、谐波失真、相位失真、互调失真和瞬态失真。公共广播功率放大器比较关注的是谐波失真。失真度用百分比表示，其值越小越好。

（4）信噪比

信噪比是指功率放大器输出的各种噪声电平与信号电平之比，用 dB 表示。这个数值越大越好。

（5）输出阻抗

将扬声器所呈现的等效内阻称为输出阻抗。

（6）输出方式

输出电压为 70V、100V 或输出阻抗为 4～16Ω。

（7）频响

频率响应范围为 80Hz～16kHz ±3dB。

（8）工作电源

AC 220V ±10% 50Hz。

7.1.4 电源时序器

由于在公共广播系统中功放系统的功率较大，如果各个分区的功率放大器同时启动，对电源将产生较大的影响，因此要按照一定的顺序对系统的各个设备进行上电。电源时序器其实是一个电源的中继器，有一个大容量的电源接入口，有 1～16 个电源的输出插孔，其他的设备由电源时序器统一供电，电源时序器在内部程序的控制下依此对外接得设备进行上电。

7.1.5 节目编程播放器

使用节目编程播放器可实现无人值守。

节目编程播放器（如图 7-9 所示）将公共广播系统的全部功能集于一身，可定时上电、断电，可外控 CD 机、卡座、调谐器和电铃等设备电源。只要将所需广播内容编入程序，设置自动运行，系统就可以实施定时开启、定时关闭、自动播放背景音乐以及定时播放各种节目等操作。此外，还具有强切功能，即系统无论在开启或关闭状态下，只要有消防信号输入，就能自动强行插入报警广播。

图 7-9　节目编程播放器

7.1.6 扬声器、音箱、音柱

扬声器是一种将电能转换为声能的换能设备，它是音响系统的终端设备，可见扬声器影响着整个公共广播系统的播放质量。

扬声器可以单体的形式工作，也可以把高、中、低不同频响的扬声器有机组合在一个箱体内，这种组合的系统一般称为专业音箱。若将一定数量的同类型扬声器按一定的结构排列在一个柱状箱体内，则称这种组合系统为音柱。音柱有较强的方向性。

1. 扬声器的分类

公共广播扬声器（音箱、音柱）根据使用场合大致可划分如下。

1）按使用场合来分可分为公共广播音箱、专业音箱。

公共广播扬声器分室外型和室内型。室外型扬声器具有防水防潮功能，图 7-10 所示中的仿真音箱、号角式扬声器和音柱就属这类产品。由于使用地点多半在公共场合，所以对音乐质量要求不高，但外形追求与环境和谐，造型趋于艺术化，如平板式扬声器宛如一幅风景画，如图 7-10c 所示。

专业音箱一般用于歌舞厅、卡拉 OK 厅、影剧院、会堂和体育场馆等专业文娱场所。一般专业音箱的灵敏度较高，放音声压高，力度好，承受功率大。

2）按外形分有天花（吸顶）式、壁挂式、平板式、仿真式、吊顶（悬挂）式、号角式和柱式音箱，如图 7-10 所示。

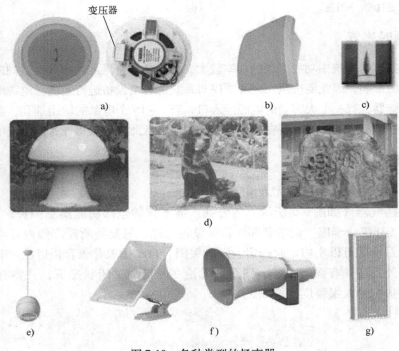

图 7-10　各种类型的扬声器

2. 扬声器的主要技术指标

扬声器的主要技术指标如下。

（1）额定功率

扬声器的功率大小是选择使用扬声器的重要指标之一，其定义可参考功率放大器的相关内容。一般扬声器所标称的功率为额定功率，如天花扬声器功率在 3～10W；音柱功率在 20～40W；仿真音箱功率在 20～30W。

（2）额定阻抗

额定阻抗指的是扬声器在某一特定工作频率（中频）时在输入端测得的阻抗值。通常会在产品商标铭牌上标明，由生产厂给出。额定阻抗一般有 4Ω、8Ω、16Ω 和 32Ω 等。

（3）定压输出

定压输出指的是功率放大器输出端至扬声器的激励电压。常见的有 70V、100V（进口标准）和 120V、240V（国内标准）。扬声器系统由匹配变压器和扬声器组成，如图 7-10a 所示。

（4）频率响应

频率响应指的是扬声器发出的声压级在最低有效回放频率与最高有效回放频率之间的范围。公共广播扬声器的频率响应不尽相同，如号角式频响范围在 400Hz～8kHz；仿真式在 80Hz～18kHz；天花扬声器在 150Hz～15kHz。

（5）灵敏度

灵敏度的定义是，在扬声器的输入端加入 1W 粉红噪声（粉红噪声的频率分量功率主要分布在中低频段，它是自然界最常见的噪声）信号时，在辐射方向上 1m 处所测得的声压值，用 dB 表示，公共广播使用的扬声器通常在 90dB 左右。

3. 扬声器（音箱）**的选用**

对扬声器的选用，应视环境选用不同的品种规格。例如，在有顶棚吊顶的室内，宜用嵌入式无后罩的天花（吸顶式）扬声器，如图 7-10a 所示，这类扬声器结构简单，价格低廉，施工方便。主要缺点是没有后罩防护，易受昆虫、鼠类损坏。

在室外，宜选号角式扬声器或音柱，如图 7-10f 和图 7-10g 所示。

在园林、草地景观场所，宜选用和环境协调的草地音箱，其外壳通常用玻璃纤维制成，表面喷塑处理，如图 7-10d 所示。这类音箱形态优美，形象逼真，且音量和音质都比较讲究。由于音箱通常置于室外，因此还具有防雨和防水的功能。

图 7-11　专业音箱

在装修讲究的厅堂、过道，宜选用造型优雅、色调和谐的平板式扬声器，如图 7-10c 所示。

在无吊顶的室内（如地下停车场），则宜选用壁挂式扬声器如图 7-10b 所示。

礼堂、剧场、歌舞厅对音色、音质要求高，扬声器一般选用大功率的专业音箱，如图 7-11 所示。

7.1.7　传输方式

由于功率放大器的输出方式不同，所以使用的导线及相关器材也有不同。如会议室、礼堂和卡拉 OK 等场所，功率放大器与扬声器的距离不远，一般采用低阻输出，大电流直接馈送，传输线要求用专用扬声器线；而对公共广播系统，服务区域大，距离长，为了减少传输线路引起的损耗，往往采用高压传输方式，由于传输电流小，故对传输线要求不高。此外，由于高压输出，不能和扬声器直接连接，所以传输线进入扬声器之前，还需配置一个变压器将高电压低电流转换为低电压大电流，才能满足扬声器的需要。

7.2 公共广播系统的设计与实施

7.2.1 设计依据

1）建设方提供的需求和技术资料。
2）GB/T-50314—2000《智能建筑设计标准》。
3）GBJ/T 16—1992《民用建筑电气设计规范》。
4）GB 50116—1998《火灾自动报警设计规范》。
5）GBJ 50166—1992《火灾自动报警系统施工及验收规范》。

7.2.2 系统基本功能说明

1. 背景音乐

背景音乐与 HI-FI 系统及家庭影院最大的不同点是，它不必是立体声的，只需单声道即可。立体声扩声系统通常设于室内，环境要求比较严格，因为它讲究乐感。而背景音乐对环境并不追求也无法追求，它是透过有意藏匿的扬声器所发出的音乐，在漫不经心中飘然而至，追求的是掩盖周边（或室内）噪声、营造一种轻松和谐气氛的效果。

2. 紧急广播

带有紧急广播的公共广播系统，平时主要提供背景音乐或公共广播事务服务，火灾发生时则可提供紧急广播，以利于组织人员、财物疏散，这就要求公共广播系统与消防系统联动控制。火灾紧急广播，也许一年、十年，甚至一辈子都不可能遇上一回，但谁也无法预料火灾哪天会发生或不会发生，因此我国在很早之前就发布了相关的规定，如我国《火灾自动报警系统设计规范》（GBJ 116-88）第 3.3.3 条规定："火灾时，应能在消防控制室将火灾疏散层的扬声器和广播音响系统强制转入火灾事故广播状态"。实施时，假设 N 区发生火警，公共广播必须由系统对 N-1、N+1 的区域（即事故区和相邻区域）进行广播，如果是楼宇的 N 层发生火警，系统就应对 N+1 层和 N-1 层广播。

在具有紧急广播功能的音响系统中必须保证做到如下几点。

在播放背景音乐时候各区扬声器的状态可以是不同的，即有的处于关闭状态，有的处于打开状态，或整个广播系统处于关闭状态，但遇到紧急广播时，整个系统包括各个分区都将转为开机状态全功率工作，即所谓的强制切换功能。不难看出，消防紧急报警在公共广播系统中具有最高优先权。

公共广播系统应设置独立的备用电源，保证断电情况下正常进行紧急广播。

消防系统应预录专用的消防广播信息（如重复"请注意，＊＊＊区正在发生火灾，请大家镇静，沿消防通道疏散"），供广播系统在发生火灾时强制插入，向相关区域提供信息。

3. 分区、定时广播

一个较大规模的公共广播系统通常被划分成若干个区域，目的在于方便用户需要，利于区域管理。

（1）分区所要达到的功能

1）不同的使用区域应可以播放不同内容的音乐节目。

2）可对任意终端进行独立广播。

3）定时对某个区或全区域进行广播。

（2）分区通常办法

1）楼宇类通常以楼层分区（如每一层为一个区）。

2）商场通常以部门分区。

3）运动场所通常以看台分区。

4）住宅小区按休闲区、住宅区、地下车库和服务区分区。

5）学校通常按教学区（还可分为教学楼、实验室）、运动场（还可分为篮球场、田径场）及教学服务区分区。

6）小型住宅小区可不必考虑分区广播。

4. 传输系统

公共广播采用星形布线，音频线直接由广播中心敷设至各区的音箱（扬声器）。通常要求线路损耗控制在额定功率的5%以内。传输线缆选择表如表7-1所示。

表7-1　传输线缆选择表

信号传输距离/m	电缆名称	电缆参数截面积/mm²	应用场合
大于2000	带屏蔽层双绞护套广播电缆	2×4.0	室外长距离敷设主干电缆
200～2000	带屏蔽层双绞护套广播电缆	2×2.5	高层楼宇弱电竖井内部敷设和室外长距离敷设主干电缆
≤200	双绞护套广播电缆	2×1.5	高层楼宇弱电竖井内部敷设和室外长距离敷设主干电缆
≤100	双绞护套广播电缆	2×1.0	楼宇内部水平分布

5. 公共广播中心系统

公共广播作为一个独立系统，尤其是大系统，它必须配置专用的机柜，以便摆放各级设备。摆放的顺序应是，需要经常操作的设备（如音源设备）应摆放在伸手可得的地方或其他设备的上层。

当功率放大器并机使用时，应把被并机的功率放大器相邻摆放，以便进行它们之间的连接。

7.2.3　公共广播系统的配置

1. 系统配置步骤

当配置公共广播系统时，应根据项目投资额度和系统功能进行。设计步骤可按下列顺序进行：

1）从声场开始，先确定扬声器的放置位置、数量和要求。

2）考虑功率放大器是采用合并式功率放大器，还是采用纯功率放大器，是定阻式还是定压输出方式，是分区还是不分区，并根据扬声器的总功率选择功率放大器的输出功率。

3）考虑音频处理系统。若采用合并式功率放大器，则无需配置前置放大器或调音台；若选配纯功率放大器，则必须配置前置放大器或调音台。

4）最后是音源设备和其他周边设备配置。

若只有单纯背景音乐广播的系统，则到此即可；若是背景音乐与消防紧急广播联动系统，则除了上述的共性设备之外，还得外加配置具有强制切换功能的相关设备。

2. 普通公共广播配置

所谓普通公共广播指的是，系统只负责背景音乐、事务广播。普通公共广播的使用面最广。

（1）扬声器的配置与选型

背景音乐器配置的特点是均匀、分散，无明显声源方向性，音量适宜，可结合使用场合，配置相应造型和功率的扬声器。其选型和功率配置办法参考如下。

1）礼堂、剧场、歌舞厅相对来说音色、音质要求比较高，可选用专业大功率音箱。

2）商场、餐厅、过道对音色要求不是那么高，一般用 3 ~ 6W 天花扬声器即可。设置在过道上的扬声器相隔距离不要超过 25m。

3）办公室、生活间和更衣室等处可配置 3W 天花扬声器。

4）地下车库一般使用 3 ~ 6W 的壁挂扬声器。

5）草坪、室外景观休闲均为露天场所，宜采用 10 ~ 25W 的仿真音箱，间距在 10 ~ 20m 之间。

6）客房床头控制柜选用 1 ~ 2W 扬声器。

7）在噪声高、区域宽阔的地方，应采用 20 ~ 25W 的号角扬声器，其声压应比环境噪声高 10 ~ 15dB。

公共广播效果与环境噪声有关，从公共广播的角度看，该噪声级越低越好，一般希望能控制在 50 ~ 55dB 以下。对于背景音乐和事务广播的声级控制大致是，背景音乐高于噪声 5 ~ 10dB，即噪声声级 + (5 ~ 10dB)；报警广播高于噪声 15 ~ 20dB，即噪声声级 + (15 ~ 20dB)。

此外，配置扬声器的时候还必须注意，扬声器覆盖面积、装置高度、距离、环境噪声（见表 7-2 的参考值）和障碍物等因素，整体权衡之后再确定扬声器的个数和总功率。

表 7-2 环境噪声参考对照表

噪声电平/dB	≤50	≤60	≤70	80
环境	小区休闲区	过道、地下车库	超市、商场	体育场馆
环境噪声对照	可正常语音对话	略提高语音对话	提高语音对话	大声对话

声音强度的估算：声压强与扬声器本身的声压级（SPL）、功率（输入扬声器）和所听距离有关。

声压级(SPL) = SPL(扬声器本身的声压级) − 距离引起的 SPL 的衰减 + 输入功率对 SPL 的增量

扬声器的选配及设置主要根据各区域所要求达到的最大声压级、声场的均匀度、传输频率特性、建筑空间的大小等来决定。

沿着单个扬声器投射方向垂直轴线的听音点，声压级计算公式如下。

$$L_P = L_0 + 10\lg P_L - 20\lg r \tag{7-1}$$

式中，L_P 为听音点声压级，单位为 dB；L_0 为扬声器声压级，单位为 dB；P_L 为声源的声压功率，即扬声器的额定功率，单位为 W；r 为扬声器与听音点的垂直距离。

例如，在地下车库设置了 6W 壁挂式音箱。该音箱主要作为紧急呼叫和背景音乐广播之用，其性能指标为额定输入功率为 6W，声压级为 91dB，频率响应为 100 ~ 10 000Hz。

当 6W 壁挂式音箱采用 2.5m 壁挂式安装时，在 6W 壁挂式音箱的发音点处，1W 时，1m 处该扬声器的声压级为 91dB；采用 6W 功率输出时，声压级增加 7dB，当声音传输到人耳高度距离为 1.5m 时，声压级降低 0dB。据此，若按上述所确定的高度得到的声压级即为：

$$L_P = 91 + 7 - 0 = 98dB \tag{7-2}$$

根据地下车库参考背景噪声为 60dB，可满足背景音乐广播的需求，也符合满功率紧急广播的要求。

小区的本底噪声约为 48 ~ 52dB。考虑到现场可能较为嘈杂的特殊情况，为了紧急广播的需要，即使广播服务区是小区公共部分，也不应把本底噪声估计的太低。按不同的环境噪声要求，确定扬声器的功率和数量。保证在有 BGM 的区域，其播放范围内最远的播放声压级大于或等于 70db 或等于背景噪声 15dB。每个扬声器的额定功率不小于 3W。

通常，高级写字楼走廊的本底噪声约为 48 ~ 52dB，超级商场的本底噪声约为 58 ~ 63dB，繁华路段的本底噪声约为 70 ~ 75dB。考虑到发生事故时，现场可能十分混乱，因此为了紧急广播的需要，即使广播服务区是写字楼，也不应把本底噪声估计得太低。据此，作为一般考虑，除了繁华热闹的场所，一般将本底噪声视为 65 ~ 70dB（特殊情况除外）。照此推算，广播覆盖的声压级宜在 80 ~ 85dB 以上。

鉴于广播扬声器通常是分散配置的，因此广播覆盖区的声压即可以近似地认为是单个广播扬声器的贡献。根据有关的电声学理论，扬声器覆盖区的声压级 SPL 同扬声器的灵敏度级 Lm、馈给扬声器的电功率 P、听音点与扬声器的距离 r 等有如下关系：

$$SPL = Lm + 10\lg p - 20\lg r \tag{7-3}$$

天花扬声器的灵敏度级在 88 ~ 98dB 之间；额定功率为 3 ~ 10W。以 90dB/8W 估算，在离扬声器 8m 处的升压级约为 81dB。以上估算未考虑早期反射声群的贡献。在室内早期反射声群和邻近扬声器的贡献可使声压级增加 2 ~ 3dB 左右。

根据以上近似计算，在顶棚不高于 3m 的场馆内，天花扬声器大体可以互相距离 5 ~ 8m 均匀配置。如果仅考虑背景音乐而不考虑紧急广播，该距离就可以增大至 8 ~ 12m。另外，适用于火灾事故广播设计安装规范（简称为规范）有以下一些硬性规定，即"走道、大厅和餐厅等公共场所，扬声器的配置数量，应能保证从本层任何部位到最近一个扬声器的步行距离不超过 15m。在走道交叉处、拐弯处均应设扬声器。走道末端最后一个扬声器距墙不大于 8m"。

室内场所基本没有早期反射声群，单个广播扬声器的有效覆盖范围只能取上文估算的下限。由于该下限所对应的距离很短，所以原则上应使用由多个扬声器组成的音柱。馈给扬声器群组（例如音柱）的信号电功率每增加一倍（前提是该群组能够接受），声压级可提升 3dB（请注意"一倍"的含义）。由 1 增至 2 是一倍；而由 2 须增至 4 才是一倍。另外，距离每增加一倍，声压级将下降 6dB。根据上述规则不难推算室外音柱的配置距离。例如，额定功率为30W，是单个吸顶扬声器的4倍以上。因此，其有效的覆盖距离大于单个吸顶音箱的两倍。事实上，这个距离还可以大一些。因为音柱的灵敏度比单个吸顶音箱要高（约高3~6dB）而每增加6 dB，距离就可再加倍。也就是说，覆盖距离可以达20m以上。但音柱的辐射角比较窄，仅在其正前方约60°~90°（水平角）左右有效。具体计算仍可用式（7-1）。

以线路传输损耗系数 $\mu = 1.2$（线路传输损耗系数 μ 如何确定，请参阅《酒店广播系统设计范例》）来计算系统所需的输出功率：

$$系统输出功率 = 1.2 \times 扬声器总功率 \tag{7-4}$$

（2）功率放大器的配置

1）系统功率的计算。

广播功率放大器最重要的指标是额定输出功率。应选用多大的额定输出功率，需视广播扬声器的总功率而定。对于广播系统来说，只要广播扬声器的总功率小于或等于功率放大器的额定功率，而且电压参数相同，即可随意配接，但考虑到线路损耗、老化等因素，应适当留有功率余量。按照规范的要求，功率放大器设备的容量（相当于额定输出功率）一般应按下式计算：

$$P = K_1 K_2 \sum P_0 \tag{7-5}$$

式中，P 为设备输出总电功率；P_0 为每一分路（相当于分区）同时广播时最大电功率；K_1 为线路衰耗补偿系数：1.26~1.58；K_2 为老化系数：1.2~1.4。

$$P_0 = Pi \times Ki \tag{7-6}$$

式中，Pi 为第 i 分区扬声器额定容量；Ki 为第 i 分区同时需要系数：服务性广播客房节目，取0.2~0.4；背景音乐系数，取0.5~0.6；业务性广播，取0.7~0.8；为火灾事故广播，取1.0。

2）功率放大器的选型。

公共广播系统在实际配置中有两种形式。

① 不需要与消防系统联动型。它的功能主要体现在背景音乐广播、事务广播，即普通型功率放大器。这种系统比较简单，有分区与不分区两种形式。不分区的公共广播系统示意图如图7-12所示。通常受众面比较小的可采用不分区的功率放大器，受众面大且受众成分比较复杂的场合可选用分区式功率放大器。分区式公共广播系统示意图如图7-13所示。

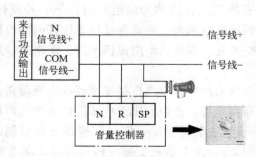

图 7-12 不分区的公共广播系统示意图

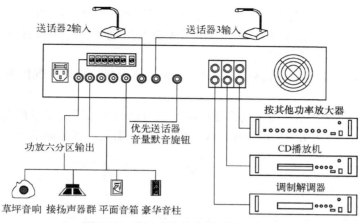

图 7-13　分区式公共广播系统示意图

确定分区或不分区后，即考虑采用合并式功率放大器还是纯功率放大器。合并式功率放大器是前置放大级与功率放大器级两者的组合，无论从结构上还是从电路上来看，它们各自都无法做到尽善尽美，因此，合并式功率放大器适用于对广播质量要求不高的场合，但其投资少，操作方便却是不争的事实；纯功率放大器因为前级与后级是截然分开的，各自可以做得较好，在音频的处理当然要比合并式功率放大器好，这也是不争的事实，但它的负面是投资相对较高，操作比较复杂。

除了选择分区功能之外，如果对广播质量要求不高，投资要求少，就还可选择组合型功率放大器。组合型功率放大器除了有合并式功率放大器的特点之外，它还组合了音源设备，即音源、前置和功率放大器三者为一体。这种功率放大器投资少，操作方便，除了性能与前两者不可比拟外，其最大的缺点是，如果音源中有一件坏了要维修，那么势必连带功率放大器也无法正常工作。

最后是确定功率放大器的功率，其计算办法见前面介绍。

此外，若公共广播侧重事务广播，则宜选用带有"叮咚"提示音功能的功率放大器。这一功能是每当进行事务广播，都会先有"叮咚"提示，唤起人们的注意。

② 背景音乐与消防报警广播联动型。相对于前者它要复杂一些。背景音乐广播与紧急广播在系统设计时，功能上既有相互独立的一面，设备之间又有联动的机制，也就是功率放大器、扬声器的配置，既要满足背景音乐、语音广播的要求，又能充分满足紧急广播系统的需求。典型的紧急广播系统示意图如图 7-14 所示。

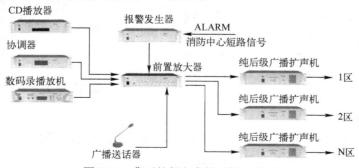

图 7-14　典型的紧急广播系统示意图

可对触发消防的区域任意组合（可通过软件进行设置，如 N＋1、N、N－1/N＋2、N＋1、N、N－1、N－2）进行紧急消防广播。提供了 X 路分区通道，分别以 X 个分区选择键和 1 个全区选择键实现分区及全区控制。

优先信号输入控制。通过短路或 DC 24V 强切，使设备强行切换到优先信号输入端进行紧急广播。

二线制音量控制器。不需要消防广播的区域则可以使用二线制音量控制器。机房到音量控制器是二芯广播线，音量控制器到扬声器也是二芯广播线。其连接示意图如图 7-15 所示。

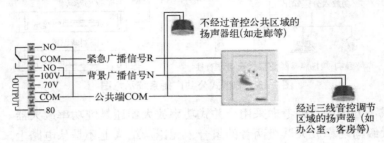

图 7-15　二线制音量控制器连接示意图

带消防广播强切的音量控制器（而这种带强切的音量控制器按它的强切方式可分为三线制与四线制）。所谓强切，是指当区域使用都将此音量控制器的音量调节到很小、甚至在关闭状态而有紧急通知或消防时，控制机房通过发出一个紧急控制信号送到音量控制器上，强迫音量控制器进入广播，不受音量控制器的状态影响，进入广播状态。

三线制强切音量控制器。需要消防广播的区域则可以使用三线制音量控制器。机房到音量控制器是三芯广播线（一根是公共线 COM，一根是背景广播信号线 N，一根是紧急广播信号线 R），音量控制器到扬声器也是二芯广播线，中讯的 PA 系列功率放大器与 PA-B 系列功率放大器可以直接三线输出，而中讯智能分区矩阵器 PAS-316 也是三线输出的。其连接示意图如图 7-15 所示（注意，三线制强切音量控制器比四线制强切音量控制器稳定性要好。且布线也少）。

四线制强切音量控制器。需要消防广播的区域则可以使用四线制音量控制器。机房到音量控制器是二芯广播线（一根是公共线 COM，一根是背景广播信号线）和二芯控制信号线（紧急控制信号 24V），音量控制器到扬声器也是二芯广播线，中讯的 PA 系列功率放大器可以直接四线输出。其连接示意图如图 7-16 所示。

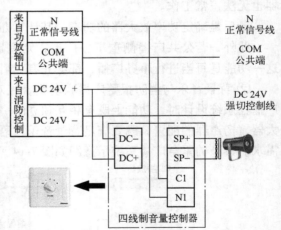

图 7-16　四线制强切音量控制器连接示意图

3. 紧急广播配置

紧急广播基于普通广播系统而言，也就是在普通广播的基础上添加紧急广播的功能。将图 7-16 与图 7-17 进行比较后不难看出它们之间的差异所在。

其一，增加了报警设备。

其二，前置放大器不单纯是一个音源处理设备，它增加了强制切换，这个功能在于不管广播处于关机状态，还是正在进行背景音乐广播，都会因为消防报警信号而进入紧急广播状态，这就是所谓的紧急广播最高优先原则。

传输电缆和扬声器应具有防火特性。在交流电断电的情况下也要保证报警广播实施。应设火灾事故广播备用扩音机，备用机可手动或自动投入。备用扩音机容量不应小于火灾事故广播扬声器容量最大的 3 层中扬声器容量总和的 1.5 倍。

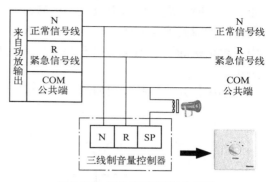

图 7-17　紧急广播配置示意图

配置原则参考以下条款（摘自 GB 50116—1998《火灾自动报警设计规范》）。

5.4　火灾应急广播

5.4.1　控制中心报警系统应设置火灾应急广播，集中报警系统宜设置火灾应急广播。

5.4.2　火灾应急广播扬声器的设置，应符合下列要求：

5.4.2.1　民用建筑内扬声器应设置在走道和大厅等公共场所。每个扬声器的额定功率不应小于 3W，其数量应能保证从一个防火分区内的任何部位到最近一个扬声器的距离不大于25m。走道内最后一个扬声器至走道末端的距离不应大于 12.5m。

5.4.2.2　在环境噪声大于 60dB 的场所设置的扬声器，在其播放范围内最远点的播放声压级应高于背景噪声 15dB。

5.4.2.3　客房设置专用扬声器时，其功率不宜小于 1.0W。

5.4.3　火灾应急广播与公共广播合用时，应符合下列要求：

5.4.3.1　火灾时应能在消防控制室将火灾疏散层的扬声器和公共广播扩音机强制转入火灾应急广播状态。

5.4.3.2　消防控制室应能监控用于火灾应急广播时的扩音机的工作状态，并应具有监控遥控开启扩音机和采用传声器播音的功能。

5.4.3.3　床头控制柜内设有服务性音乐广播扬声器时，应有火灾应急广播功能。

5.4.3.4　应设置火灾应急广播备用扩音机，其容量不应小于火灾时需同时广播的范围内火灾应急广播扬声器最大容量总和的 1.5 倍。

7.3　公共广播的使用

公共广播其受众群体比较大，因此在扩声之前，最好对所播放的节目预先试听，确认节目不会对社会造成不良影响再予以播出。

另外，公共广播系统往往由多个独立的相关设备构成（如前置放大器、后级功率放大器、调谐器等），因此在开、关机过程也要讲究方法，以保证系统的安全运行。开机时按顺序，首先打开音源设备，其次打开前置放大器，最后开功率放大器；之前要把前置放大器音量关小，若采用合并式功率放大器，则要将功率放大器音量调小，再由小及大，直到适中为止；关机时，应先把功率放大器的音量关小，然后关机，再关闭其他设备，这样做的目的是，减少瞬间浪涌电流（电压）对功率放大器和负载的冲击。总而言之，在应用广播系统中，对系统的设备不宜同时开起或关闭，对功率放大器无论是开起或关闭，都应先把音量关小。

小区公共广播系统图如图 7-18 所示。

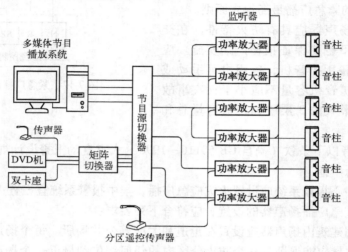

图 7-18　小区公共广播系统图

功率放大器在工作过程中，不能任意更换其工作模式或扬声器负载，否则容易损坏功率放大器；也不能任意更换扩声系统中各音响设备的插头，包括前置放大器（调音台）的插头，否则容易产生浪涌信号，烧毁或使功率放大器过载而损坏。

监听功能：通过备用功率放大器的切换器可以对广播系统的播放情况进行监听，适时掌控广播的播放效果。

在背景音乐播放过程中需要插播广播的时候，呼叫站设置"叮咚"或者"钟声"等提示音，用以提醒公众注意。

带有紧急广播的系统，使用的几率很低，为了保证系统可靠运行，应不定期的测试检查系统是否正常，以防万一。

7.4　实训

7.4.1　实训 1　简易广播系统的设计实施

1. 实训目的

1）熟悉各类型设备在系统中的作用。

2）掌握常用的音频接口。

3）掌握设备的连接方法。

2. 实训设备

1）CD 播放机、前置放大器、纯后级功率放大器和扬声器。

2）AV 音频线，AV 转 TRS 接头。

3. 实训步骤与内容

1）按照图 7-19 所示的要求摆放好 CD 播放机、前置放大器、纯后级功率放大器等设备。

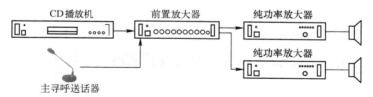

图 7-19　简易广播系统框图

简易广播系统背部接线图见图 7-20。

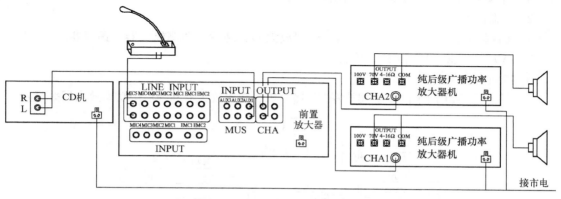

图 7-20　简易广播系统背部接线图

2）CD 与前置放大器的连接：

① 取一条 AV 成品线，将一端插入 CD 播放机输出口。

② 将 AV 成品线另一端插入前置放大器 AUX1 的输入口。

3）传声器与前置放大器的连接：

① 取一条 TRS 延长线，将一端与传声器连接。

② 将另一端插入前置放大器正面板上的 MIC5 输入口（最高优先级）。

4）前置放大器与纯后级功率放大器的连接：

① 取一条 AV 成品线，将一端插入前置放大器输出口。

② 将另一端接上 AV 转 TRS 接头。

③ 将 TRS 接头插入纯后级功率放大器输入口。

5）纯后级放大器与扬声器的连接：

① 取一条 RVV2×1.0 的线，接纯后级功率放大器的输出口。

② 将 RVV2×1.0 线的另一端接扬声器。

6）系统调试：

① 将前置放大器所有旋钮调至最左边。

② 将 CD 播放机、前置放大器、纯后级功率放大器逐一接通电源。

③ 取一张 CD 放入 CD 播放机中，按下播放键。

④ 调节前置放大器对应的通道旋钮，直至调出合适的音量。

⑤ 当 CD 机在播放状态时，开起送话器，实现 MIC5 通道优先级的强切功能。

⑥ 手动实现纯后级功率放大器的单个顺序使用与同时使用，以体现其分区功能。

4. 实训结果

写出实训结果、遇到的问题、解决方法以及实训心得体会。

7.4.2 实训2 消防联动公共广播系统的设计实施1

1. 实训目的

1）熟悉各类型设备在系统中的作用。

2）掌握设备的连接方法。

3）了解系统构建以及各设备的操作方法。

2. 实训设备

1）CD 播放机、火灾信号发生器、前置放大器、纯后级功率放大器、扬声器。

2）AV 音频线、AV 转 TRS 接头。

3. 实训步骤与内容

1）按照图 7-21 所示的要求摆放好 CD 播放机、前置放大器和纯后级功率放大器等设备。

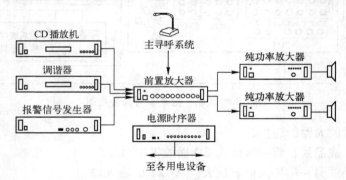

图 7-21 消防联动公共广播系统连接图

2）将各个设备电源顺序接入电源时序器。

3）CD 与前置放大器的连接。

① 取一条 AV 成品线，将一端插入 CD 播放机输出口。

② 将 AV 成品线另一端插入前置放大器 AUX1 输入口。

4）扬声器与前置放大器的连接。

① 取一条 TRS 延长线，将一端与扬声器连接。

② 将另一端插入前置放大器正面板上 MIC5 输入口（最高优先级）。

5）调谐器与前置放大器的连接。

① 取一条 AV 成品线，将一端插入调谐器输出口。

② 将另一端插入前置放大器 AUX2 输入口。

6）报警信号发生器与前置放大器的连接。

① 取一条 AV 成品线，将一端插入报警信号发生器输出口。

② 将另一端插入前置放大器 EMC1 输入口。

7) 前置放大器与纯后级功率放大器的连接。

① 取一条 AV 成品线，将一端插入前置放大器输出口。

② 将另一端接上 AV 转 TRS 接头。

③ 将 TRS 接头插入纯后级功率放大器输入口。

8) 纯后级放大器与扬声器的连接。

① 取一条 RVV2×1.0 的线，接上纯后级功率放大器的输出口。

② 将 RVV2×1.0 线的另一端接上扬声器。

9) 系统调试。

① 启动电源时序器，使其依次为各设备通电。

② 将前置放大器所有旋钮调至最左边。

③ 分别打开各音源设备，并调节其相应旋钮，测试各音源设备的播放功能。

④ 当 CD 机在播放状态时，触发报警信号发生器，实现 EMC1 通道优先级的强切功能。

⑤ 当报警信号发生器在触发状态时，开起送话器，实现 MIC5 通道最高优先级的强切功能。

7.4.3 实训3 消防联动公共广播系统的设计实施2

1. 实训目的

1) 熟悉各类型设备在系统中的作用。

2) 掌握的设备连接方法。

3) 学习设备间的联动关系，掌握系统编程方法。

2. 实训设备

1) CD 播放机、调谐器、火灾信号发生器、电源时序控制器、数码编程分区控制器、前置放大器、纯后级功率放大器和扬声器。

2) AV 音频线、AV 转 TRS 接头和屏蔽音频线。

3. 实训步骤与内容

1) 按照图 7-22 所示的要求摆放好 CD 播放机、调谐器、火灾信号发生器、电源时序控制器、数码编程分区控制器、前置放大器、纯后级功率放大器以及扬声器等设备。

2) 将报警信号发生器、前置放大器和纯后级功率放大器电源顺序接入电源时序器。

3) 将 CD 播放机、调谐器和功率放大器电源接入编程分区控制器。

4) 编程分区控制器与电源时序器连接。

① 取一条两芯线，将一端接入编程分区控制器 TM OUT 输出口。

② 将两芯线另一端接入电源时序控制器 CORTROL 端口。

5) 调谐器与前置放大器的连接。

① 取一条 AV 成品线将一端插入调谐器输出口。

② 将 AV 成品线另一端插入前置放大器 AUX1 输入口。

6) 扬声器与前置放大器的连接。

① 取一条 TRS 延长线，将一端与扬声器连接。

② 将另一端插入前置放大器正面板上 MIC5 输入口（最高优先级）。

7) CD 播放器与前置放大器的连接。

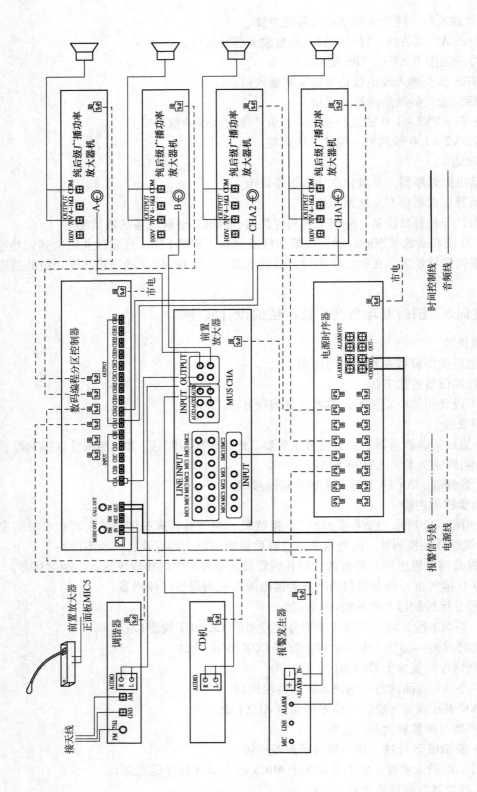

图 7-22 消防联动公共广播系统连接图

① 取一条 AV 成品线，将一端插入 CD 播放器输出口。

② 将另一端插入前置放大器 AUX2 输入口。

8）报警信号发生器与前置放大器的连接。

① 取一条 AV 成品线，将一端插入报警信号发生器输出口。

② 将另一端插入前置放大器 EMC1 输入口。

9）前置放大器与纯后级功率放大器的连接。

① 取一条 AV 成品线，将一端插入前置放大器输出口。

② 将另一端接上 AV 转 TRS 接头。

③ 将 TRS 接头插入纯后级功率放大器输入口。

10）纯后级放大器与扬声器的连接。

① 取一条 RVV2 × 1.0 的线接纯后级功率放大器的输出口。

② 将 RVV2 × 1.0 线的另一端接扬声器。

11）前置放大器与编程分区控制器的连接。

① 取一条 AV 成品线，将一端插入前置放大器输出口。

② 将另一端接上编程分区控制器的音源输入口。

12）编程分区控制器与纯后级功率放大器的连接。

① 取一条 AV 成品线，将一端插入编程分区控制器输出口。

② 将另一端接上 AV 转 TRS 接头。

③ 将 TRS 接头插入纯后级功率放大器输入口。

13）系统调试。

① 启动电源时序器，使其依次为各设备通电。

② 将前置放大器所有旋钮调至最左边。

③ 分别打开各音源设备，并调节其相应旋钮，测试各音源设备的播放功能。

④ 当 CD 机在播放状态时，触发报警信号发生器，实现 EMC1 通道优先级的强切功能。

⑤ 当报警信号发生器在触发状态时，开启送话器，实现 MIC5 通道最高优先级的强切功能。

⑥ 当各个设备正常使用时，实现编程分区控制器对各个设备电源的控制。

⑦ 当各个分区在共同广播时，使用编程分区控制器的定时、定分区广播功能。

4. 实训结果

写出实训结果、遇到的问题、解决方法以及实训心得体会。

7.5　本章小结

公共广播主要由音源设备、前置放大、功率放大器、分区广播、传输线路和扬声器组成。音源有循环录音卡座、CD 唱机、MP3、调谐器和扬声器等。前置放大器是功率放大器的前级处理电路。调音台实际上是一台音频信号控制器，它具有多路音源输入插口。功率放大器简称为功放或扩音机，其任务就是将前级送来的信号进行管理、放大，满足系统负载——扬声器的需要。扬声器是一种将电能转换为声能的换能设备，它是音响系统的终端设备。扬声器的播放质量影响着整个公共广播系统的播放质量。

7.6 思考题

1. 公共广播系统的组成及其作用是什么？
2. 纯后级功率放大器的主要参数是什么？
3. 编程分区控制器的主要功能是什么？
4. 设计一个适合学校使用的公共广播系统。
5. 简述公共广播系统对于人们生活的用处。
6. 简述功率放大器的主要功能及选择方法。
7. 如何使用公共广播系统进行预警？
8. 如何进行音源分类及它的特点是什么？
9. 公共广播系统传输的信号类型是什么？
10. 扬声器的类型有哪些？选择扬声器的方法是什么？

第8章 小区信息发布系统

目前小区的规模越来越大，物业管理也越加困难，通过小区信息发布系统，物业管理部门可以轻松地构建一个网络化、专业化、智能化和分众化的社区多媒体信息发布平台，使得物业管理信息可以快速地发布和传达到每一位业主，极大地方便了小区的物业管理。

8.1 小区信息发布系统的基本知识

小区信息发布系统以高质量的编码方式将视频、音频信号、图片信息和滚动字幕通过网络传输到媒体播放器，然后由播放器将组合多媒体信息转换成显示终端的视频信号播出，能够有效覆盖物业管理中心、电梯间、小区餐厅和健身房等人流密集场所，对于新闻、天气预报、物业通知等即时信息可以做到立即发布，在第一时间将最具时效的资讯传递给业主。另外，该系统还能够提供广告增值服务，成为社区文化窗口，提升物业服务品牌。

8.1.1 信息发布系统的组成

信息发布系统主要包括实时信号、用户管理（中心控制系统）、终端显示系统和网络平台4部分，如图8-1所示。

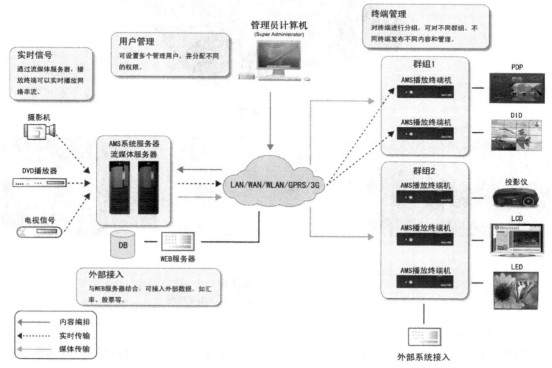

图8-1 小区信息发布系统

271

信息发布通过网络（广域网、局域网、专用网都适用，包括 GPRS、CDMA、3G 等无线网络）发送给终端播放器，再由终端播放器组合音视频、图片、文字等信息（包括播放位置和播放内容等），输送给液晶电视机等显示设备可以接收的音视频输入形成音视频文件的播放，这样就形成了一套可通过网络将所有服务器信息发送到终端的链路，实现一个服务器可以控制全小区的多媒体播放器终端，而且使得信息发布达到安全、准确、快捷，在竞争激烈的现实社会要求通过网络管理、发布信息这一趋势已经基本形成。

1. 实时信号

实时信号主要由摄像机、DVD 播放器和电视信号等组成，信号可以通过流媒体服务器进行处理转发，是信息发布的源头。

2. 中心控制系统

中心管理系统软件安装于管理与控制服务器上，具有资源管理、播放设置、终端管理及用户管理等主要功能模块，可对播放内容进行编辑、审核、发布和监控等，对所有播放机进行统一管理和控制。

3. 终端显示系统

终端显示系统包括媒体播放机、视音频传输器、视音频中继器和显示终端，主要通过媒体播放机接收传送过来的多媒体信息（视频、图片和文字等），终端播放机如图 8-2 所示。通过 VGA 将画面内容展示在 LCD、PDP 和 LED 等显示终端上，可提供广电质量的播出效果以及安全稳定的播出终端。图 8-3 所示为常用的显示设备。

图 8-2　终端播放机

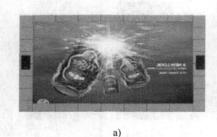　　

　　　　a)　　　　　　　　　　　　b)　　　　　　　　　　　　c)

图 8-3　显示终端设备

a）LED 大屏　b）大屏拼接墙　c）等离子电视

4. 网络平台

网络平台是中心控制系统和终端显示系统的信息传递桥梁，可以利用已有的网络系统，也可以采用 3G、GPRS 和 WLAN 等无线网络。

8.1.2 信息发布系统的分类

根据需求，信息发布系统一般分为单机型、广播型、分播型、交互型和复合型，这几种模型并没有优劣之分，只有是否适合工程现场和客户需要的差别。从复杂角度来说，单机型最为简单，适合小型商铺、小型公司等；复合型最为复杂，内含广播型、分播型和交互型等，适合跨区域的行业性客户和集团公司等。

1. 单机型

单机型就是管理主机单独控制一台媒体播放机，并且该媒体播放机只对应一台显示终端，媒体播放机和显示终端可融为一体，比如单点的广告机。

单机型也可以有传输设备，当媒体播放机选择体积较大的普通 PC 设备时，由于 PC 硕大的机身，不便在显示屏附近安装，因此离显示设备有一定的距离，需要使用传输设备来保证视频和音频的传输质量。单机型信息发布系统如图 8-4 所示。

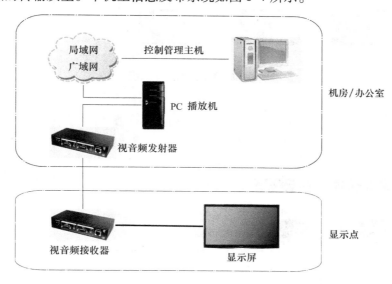

图 8-4　单机型信息发布系统

2. 广播型

广播型就是整个系统只含一个多媒体信息播放机，但显示终端有多个，该模式是将一个信号复制成多份发送到各个显示终端，每一个终端的显示内容完全一致，也完全同步。由于广播型的多媒体播放机离终端显示设备往往都比较远，因此，为了确保高清视频和音频信号的传输质量，都需要使用多媒体传输设备。广播型信息发布系统如图 8-5 所示。

3. 分播型

一个信息发布系统有很多个显示终端，每一个显示终端的播出内容和方式完全独立，即每个显示终端和对应的播放主机组成相对独立的一个小组，各自独立工作，互不干扰，在需要的时候又可以轻松设置成播出一样的画面，这样的模式就称为分播型模式。分播型模式的每一个显示终端后面都需要对应一个独立多媒体播放器作为支撑。分播型信息发布系统如图 8-6所示。

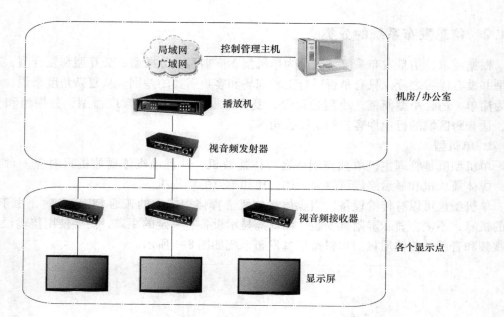

图 8-5　广播型信息发布系统

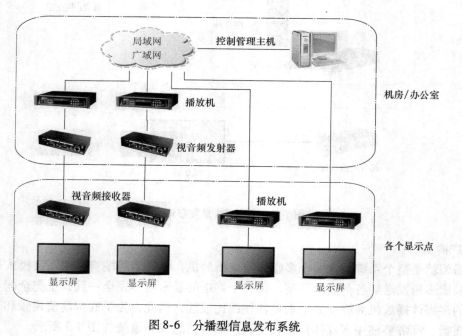

图 8-6　分播型信息发布系统

4. 交互型

交互型信息发布系统是一个人机互动的过程，例如通过触摸屏与媒体播放机有机结合，将媒体播放器的内容展现在触摸屏幕上，用户可以通过接触触摸屏点播自己喜欢的节目，当无人使用触摸屏时，系统可以自动恢复到默认的其他节目频道上。随着技术的发展，互动技术的形式也多种多样，如：遥控互动、语音互动和短信互动等。交互型信息发布系统如图 8-7 所示。

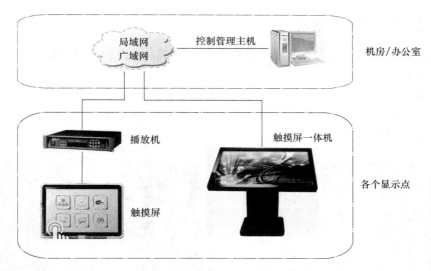

图 8-7　交互型信息发布系统

5. 复合型

复合型是以上所有模式相互结合的使用方式，包括分播型、广播型和互动型，使用方式最为灵活，可根据工程现场的情况，搭配出最符合实际的系统。复合型信息发布系统如图 8-8 所示。

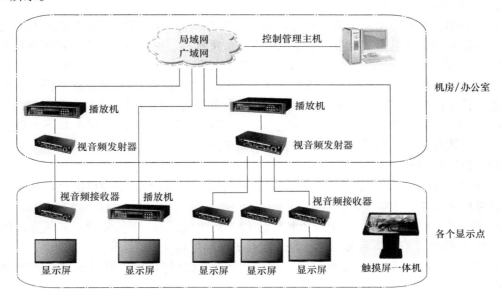

图 8-8　复合型信息发布系统

以上归纳的几种模型涉及从大到小、从简到繁的不同结构。每个结构模型都有自己的特点，在实际中，不能盲目地采用某一个结构模型，而要根据实际情况，从系统安全、成本、后期维护和管理等各个方面权衡利弊，在系统中适当地增加传输器，可以达到事半功倍的效果，做出性价比最高的信息发布系统。

8.1.3　大屏幕信息发布系统

目前主流的大屏幕信息发布系统主要有 LED 显示屏和液晶拼接屏两种。

1. LED 显示屏

LED 显示屏（LED display，LED Screen）如图 8-9 所示，又称为电子显示屏。是由 LED 点阵和 LED 驱动电路组成，通过红色、蓝色、白色和绿色 LED 灯的亮灭来显示文字、图片、动画和视频等内容。

a)　　　　　　　　　　　　　　　　　　b)

图 8-9　LED 显示屏

a）单色 LED 显示屏　b）全彩 LED 显示屏

（1）LED 显示屏分类多种多样，大体按照如下几种方式分类。

1）按使用环境划分。

a. 户内屏：面积一般从不到 1 平方米到十几平方米，室内 LED 显示屏在室内环境下使用，此类显示屏亮度适中、视角大、混色距离近、重量轻、密度高，适合较近距离观看。

b. 户外屏：面积一般从几平方米到几十甚至上百平方米，点密度较稀（多为 2500 ~ 10 000 点每平方米），发光亮度在 5500 ~ 8500cd/m² （朝向不同，亮度要求不同），可在阳光直射条件下使用，观看距离在几十米以外，屏体具有良好的防风、抗雨及防雷能力。

c. 半户外屏：介于户外及户内两者之间，具有较高的发光亮度，可在非阳光直射户外下使用，屏体有一定的密封，一般在屋檐下或橱窗内。

2）按颜色划分。

a. 单色 LED 显示屏：是指显示屏只有一种颜色的发光材料，多为单红色，在某些特殊场合也可用黄绿色，如殡仪馆。

b. 双基色 LED 显示屏：是由红色和绿色 LED 灯组成，256 级灰度的双基色显示屏可显示 65 536 种颜色（双色屏可显示红、绿、黄共 3 种颜色）。

c. 全彩色 LED 显示屏，是由红色、绿色和蓝色 LED 灯组成，可显示白平衡和 16 777 216 种颜色。

3）按控制或使用方式划分。

a. 同步方式：是指 LED 显示屏的工作方式基本等同于计算机的监视器，它以至少 30 场/秒的更新速率点点对应地使监视器上的图映射计算机像，通常具有多灰度的颜色显示能力，可达到多媒体的宣传广告效果。

b. 异步方式：是指 LED 屏具有存储及自动播放的能力，在 PC 上编辑好的文字及无灰度图片通过串口或其他网络接口传入 LED 屏，然后由 LED 屏脱机自动播放，一般没有多灰

276

度显示能力，主要用于显示文字信息，可以多屏联网。

4）按像素密度或像素直径划分。

由于户内屏采用的 LED 点阵模块规格比较统一，所以通常按照模块的像素直径划分，主要有：φ3.0mm 62 500 像素/平方米；φ3.75mm 44 321 像素/平方米；φ5.0mm 17 222 像素/平方米。

按点间距分有 P4、P5、P6、P7.62、P8、P10、P12、P12.5、P14、P16、P18、P20、P22、P25、P31.25、P37.5、P40、P60 和 P100。如 P4 指的是发光点与发光点的间距是 4mm。

5）按显示性能划分。

a. 视频显示屏：一般为全彩色显示屏。

b. 文本显示屏：一般为单基色显示屏。

c. 图文显示屏：一般为双基色显示屏。

d. 行情显示屏：一般为数码管或单基色显示屏。

6）按显示器件划分。

a. LED 数码显示屏：显示器件 7 段码数码管，适于制作时钟屏、利率屏等，显示数字的电子显示屏。

b. LED 点阵图文显示屏：显示器件是由许多均匀排列的发光二极管组成的点阵显示模块，适于播放文字、图像信息。

c. LED 视频显示屏：显示器件是由许多发光二极管组成，可以显示视频、动画等各种视频文件。

d. 常规型 LED 显示屏：采用钢结构将显示屏固定安装于一个位置。主要常见的有户外大型单立柱 LED 广告屏，以及车站里安装在墙壁上用来播放车次信息的单、双色 LED 显示屏等。

e. 租赁型 LED 显示屏：租赁屏主要用于舞台演出、婚庆场所以及大型晚会。屏体采用快接方式，拆装方便，大小灵活。

（2）LED 显示屏的主要特点如下所述。

1）发光亮度强，在可视距离内阳光直射屏幕表面时，显示内容清晰可见。超级灰度控制具有 1024 ~ 4096 级灰度控制，显示颜色在 16.7M 以上，色彩清晰逼真，立体感强。

2）静态扫描技术，采用静态锁存扫描方式，大功率驱动，充分保证发光亮度。

3）自动亮度调节，具有自动亮度调节功能，可在不同亮度环境下获得最佳播放效果。

4）全面采用进口大规模集成电路，可靠性大大提高，便于调试维护。

5）先进的数字化视频处理，视频、动画、图表、文字和图片等各种信息显示、联网显示和远程控制。

（3）常见的 LED 显示屏系统

1）LED 条屏。

LED 条屏一般由单元板、控制卡、电源、壳体和连接线构成，如图 8-10 所示。

① 条屏单元板。单元板是 LED 的显示核心部件之一，如图 8-11 和图 8-12 所示。单元板的好坏，直接影响到显示效果。单元板由 LED 模块、驱动芯片和 PCB 组成。LED 模块其实是由很多个 LED 发光点用树脂或者塑料封装起来的点阵。

驱动芯片主要是 74HC595、74HC245/244、74HC138 或 4953。

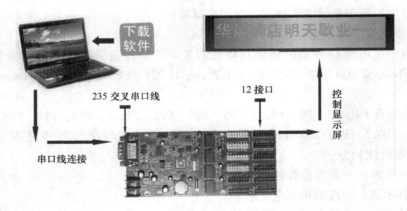

图 8-10　LED 条屏显示系统

户内条屏常用的单元板规格如下所述。

参数：D=3.75；点距 4.75mm；大小为 64 点宽×16 点高；1/16 扫；户内亮度；单红/红绿双色。

参数解释如下所述。

发光直径：指的是发光点的直径 D=3.75mm。

发光点距离 4.75mm：两个发光点的中心间距。

大小为 64 点宽×16 点高：宽 64 颗 LED，高 16 颗 LED。

1/16 扫：单元板的控制方式。有 1/2、1/4、1/8、1/16、1/32 扫，时间越短，扫描得越快，表现出来的效果例如字的滚动就越快。

户内亮度：指 LED 发光点的亮度，户内亮度适合白天需要靠荧光灯照明的环境。

颜色：单红，最常用，价格也最便宜，双色一般指红绿。

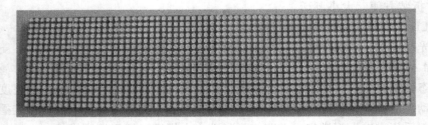

图 8-11　单元板正面

图 8-12　单元板背面

单元板之间可以串联和并联，例如想做一个128×16点的屏幕，只需要用两个单元板串接起来。

② 控制卡。条屏一般采用异步控制卡，控制卡接收来自计算机上控制软件的播放信息，并将该信息存储在控制卡中，控制卡驱动LED单元板进行信息的显示。控制卡内置有存储器和时钟单元，一个制卡可以控制多个单元板。LED条屏控制卡、开关电源分别如图8-13和图8-14所示。

图8-13　LED条屏控制卡

图8-14　开关电源

条屏控制卡的主要技术参数见表8-1。

表8-1　条屏控制卡的主要技术参数

支 持 点 数	单色 128×432 64×872 双色 64×432 128×216
通 信 方 式	LED电子屏控制卡（EX-40）支持：RS232自动查找串口，无需手动设置，操作更简单
亮 度 调 节	16级亮度，支持手动调节亮度
通 信 接 口	板载两组08接口及板载四组12接口
节 目 数 量	可储存80个节目量
工 作 电 压	5V
语 言 支 持	支持现今世界上所有的主流语言，如中文、俄文、日文、英文、泰文、越南文和阿拉伯文等
适 配 范 围	各种规格1/16、1/8、1/4、1/2和静态锁存的单色/双基色LED显示屏；小面积的单色/双基色LED显示屏

③ 开关电源。LED显示屏采用的开关电源输出电压一般是5V，电流根据显示屏的大小调整。

对于1个单红色户内64×16的单元板，全亮的时候电流为2A。

2）全彩LED显示屏。

全彩LED显示屏系统如图8-15所示，由控制计算机、全彩发送卡、全彩接收卡和显示屏体组成。由于要显示的信息量大，特别在进行视频显示的时候实时性很强，为此一般采用同步显示的方式。跟条屏不同，全彩LED显示屏一般要采用一张发送卡，在显示屏侧采用多张接收卡来接收发送卡发送的数据，并进行驱动显示。

① 全彩单元板。

彩色单元板如图8-16所示，每一个像素点由红、绿、蓝3个LED组成，有直插式的LED、贴片式的LED、3个一体化封装式LED。

图 8-15　全彩 LED 显示屏系统

单元板后面带有驱动电路，每一个像素点要有 3 路不同的驱动信号，根据 3 路驱动电流的不同，来产生 3 种比例不同的光，从而产生不同的颜色。

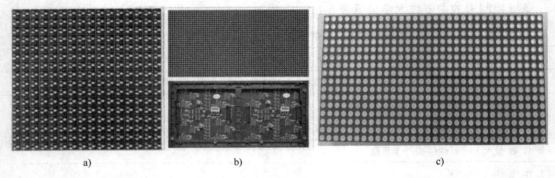

图 8-16　全彩单元板
a）直插式单元板　b）贴片式单元板　c）三位一体式单元板

单元板需要根据室内、室外、观看距离等条件来选择。户外必须选择防水的，一般户外的屏幕尺寸大，观看距离远，可以选择像素点大一点、亮度高的单元板。室内的显示屏的尺寸一般比较小，观看距离近，可以选择像素细一点、亮度相对小的单元板。

② 全彩发送卡。

全彩发送卡如图 8-17 所示，用于采集计算机显卡的数据，一般装在计算机的 PCI 插槽上，计算机显卡的 DVI 口和发送卡的 DVI 口相连（如计算机无 DVI 口，就加装一个带 DVI 输出的独立显卡，DVI 线采用 DVI-D 接口），然后再从计算机接上 USB 的数据线接到发送卡上。

注意：

① 发送卡也可外置，外置时需接 5V 的电源，而接在计算机里不需要再接电源。

② 发送卡有两个数据输出口：U 口和 D 口。U 口带上半部的高度，D 口带下半部的高度。

③ 如采用笔记本式计算机，则需要安装 USB 转 DVI 的设备或笔记本式计算机带有 HD-MI 的接口，可用 HDMI 转 DVI 的转换线。

图 8-17　全彩发送卡

图 8-18　全彩接收卡

③ 全彩接收卡。

全彩接收卡如图 8-18 所示，它和 LED 屏相连，接收发送卡传来的数据，并将数据传送到单元板进行显示。

全彩发送卡和全彩接收卡配合的主要技术参数见表 8-2。

表 8-2　全彩发送卡和全彩接收卡配合的主要技术参数

支持 10 位颜色	系统颜色数为 1024 × 1024 × 1024 = 1 073 741 824 种颜色
智能连接功能	同一块显示屏的多块接收卡/箱体（含备用的）可以任意交换而不需要重新设置，接收卡能自动识别需要显示的内容
智能监控	每块接收卡均有温度检测和四路风扇监控输出，可根据用户设定的温度上限智能地控制四路风扇转速
公司图标显示	当发送卡电源没开启时显示屏自动显示设定的公司图片，图片像素为 128 × 128，颜色数为 16K 色
支持 16 位以内的任意扫描方式	支持 1、2、3、4、5、6、7、8、9、10、11、12、13、14、15、16 扫描
支持模块宽度为 64 以内的任意数	支持 64 以内的任意数
支持异型分割显示	每块接收卡最大支持 1024 段分割，用于异型/文字屏
支持容余点插入	可设定每多少点接入一个或多个空像素，用于异型屏
支持带 PWM 的驱动芯片	需专用驱动芯片配合，使显示屏效果更完美
支持硬件逐点校正功能	需专用驱动芯片配合，使显示屏逐点校正效果更好
支持逐点检测功能	需专用驱动芯片配合，动态地检测显示屏瑕点情况
逐点校正、逐卡（箱体）校正功能	逐点校正支持单点、2 × 2 点、4 × 4 点和 8 × 8 点四种校正模式，最大校正 6144 点/模块，红绿蓝各 256 级。逐卡（箱体）校正用于显示屏各箱体间色差校正，红、绿、蓝各 256 级
智能识别一卡通功能	智能化的识别程序可识别双色、全彩、虚拟和灯饰等各种驱动板的各种扫描方式及各种信号走向，识别率达 99%
65 536 级（64K）灰度内任意设定功能	客户可根据显示屏的情况从无灰度到 65 536 级（64K）灰度之间任意调整，让显示屏达到最佳显示效果
刷新率任意设置、锁相、同步功能	刷新率可从 10 ~ 3000Hz 任意设定，刷新率锁相功能使显示屏的刷新锁定在计算机显示器刷新率的整数倍上，杜绝图像撕裂，保证图像完美再现。锁相同步范围为 47 ~ 76Hz

（续）

带载面积	双网线最大带载为 2048×640，单网线最大带载为 1600×400、2048×320，两张卡级联可带载为 2048×1152
双网线热备份功能	接收卡的 A、B 两端口均可作为输入或输出口使用，可用于两台计算机同时控制一块屏，当一台计算机出现问题时，另一台计算机自动接替，也可用于一台计算机双网线控制，当一条网线出现问题时，另一条网线自动接替，使显示屏的正常工作得到最大保障
多屏同步及组合功能	支持一块发送卡控制带多块屏，多块屏的工作状态可任意组合、同步显示和独立播放等，可通过快捷按键快速切换
256 级亮度自动调节	256 级亮度自动调节功能让显示亮度调节更加有效
声音传输功能	702 型卡集成声音传输，不用另拉音频线即可把声音传到显示屏，双 24bit、64kHz 高保真数-模及模-数转换，让显示屏影像效果完美无缺
程序在线升级功能	如果显示屏的接收卡程序需升级，只需打开大屏电源通过 LED 演播室即可升级程序，无需把接收卡拆离大屏即可升级
突破传统观念无拨码开关	无拨码开关设计，所有设置通过计算机设置
测试功能	接收卡集成测试功能，不用接发送卡即可测试显示屏，斜线、灰度、红、绿、蓝和全亮等多种测试模式
超长传输距离	传输最大达 170m（实测），保证传输 140m
配套软件	LED 演播室 10.0

④ "LED 演播室"播放软件。

"LED 演播室"是深圳市灵星雨科技开发有限公司专为 LED 显示屏开发的一套节目制作、播放的软件。其功能强大、使用方便、简单易学、性能稳定、可靠性高。

主要功能如下所述。

- 多显示屏支持。
- 多屏独立编辑。
- 数据库显示。
- 表格输入。
- 网络功能。
- 后台播放。
- 定时播放。
- 多窗口多任务同时播放。
- 文本支持 Word、Excel。
- 可为节目窗叠加背景音乐。
- 支持所有的动画文件（MPG、MPEG、MPV、MPA、AVI、VCD、SWF、RM、RA、RMJ、ASF...）。
- 丰富的图片浏览方式。
- 日期、时间、日期+时间、模拟时钟等各种正负计时功能。
- 日历可透明显示。
- 可自动播放多个任务（*.LSP）。
- 提供外部程序接口。

- 视频源色度、饱和度、亮度和对比度软件调节。

2. 液晶拼接屏

液晶拼接屏既能单独作为显示器使用，又可以拼接成超大屏幕使用。根据不同使用需求，实现画面分割单屏显示或多屏显示的百变大屏功能：单屏分割显示、单屏单独显示、任意组合显示、全屏液晶拼接、双重拼接液晶拼接屏、竖屏显示，图像边框可选补偿或遮盖，支持数字信号的漫游、缩放拉伸、跨屏显示，各种显示预案的设置和运行，全高清信号实时处理。液晶拼接屏系统如图 8-19 所示。知名液晶拼接品牌有三星、彩晨、LG、BQL 和博视锐等。

图 8-19 液晶拼接屏系统

液晶拼接大屏幕显示系统由 3 大部分组成，即液晶拼接显示墙、图像处理器（多屏拼接处理器）和信号源。其中多屏拼接处理器是关键技术的核心，支持不同像素的图像在大屏显示墙上显示以及在大屏显示墙上任意开窗口、窗口放大缩小、跨屏漫游显示等。

1）液晶拼接显示墙。

① 液晶拼接屏寿命长，维护成本低。液晶是使用寿命最长的显示设备，其本身寿命非常长，即使是寿命最短的背光源部分，也高达 50 000 个小时以上，而且即使使用了超过这样长的时间，也只会对其亮度造成影响，只需要更换背光灯管，便可恢复原来亮丽的色彩。这与背投是有本质的区别的，液晶背光源寿命是背投灯泡的 10 倍；与投影的最大区别在于，BSR 液晶拼接技术更加成熟，节电明显。

② 液晶拼接屏可视角度大。对于早期的液晶产品而言，可视角度曾经是制约液晶的一个大问题，但随着液晶技术的不断进步，已经完全解决了这个问题。液晶拼接幕墙采用的

DID 液晶屏，其可视角度达到双 178°以上，已经达到了绝对视角的效果。

③ 液晶拼接屏分辨率高、画面亮丽。液晶的点距比等离子小得多，物理分辨率都可以轻易达到和超过高清标准，液晶的亮度和对比度都很高，色彩鲜艳亮丽，纯平面显示完全无曲率，图像稳定不闪烁。

④ 液晶拼接屏超薄轻巧。液晶具有厚度薄、重量轻的特点，可以方便地拼接和安装。例如 40in 专用液晶屏，重量只有 12.5kg，厚度不到 10cm，这是其他显示器件所不能比拟的。

⑤ 功耗小，发热量低。液晶显示设备小功率、低发热一向为人们所称道。40in 液晶屏的功率也只有 150W 左右，大约只有等离子的 1/4 ~ 1/3。

⑥ 液晶拼接屏无故障时间长，维护成本低。液晶是目前最稳定最可靠的显示设备，由于发热量很小，器件很稳定，不会因为元器件温升过高损坏而造成故障。

⑦ 超窄缝隙，拼接用液晶屏的尺寸一般有 46in、55in、60in 三种，例如 46in 超窄边液晶拼接只有 6.7mm 拼缝，55in LED 背光源超窄边液晶拼接仅有 5.5mm。

⑧ 高亮度，与 TV 和 PC 液晶屏相比，LCD 液晶屏拥有更高的亮度。TV 或 PC 液晶屏的亮度一般只有 $250 \sim 300 \mathrm{cd/m^2}$，而科创 LCD 液晶屏的亮度可以达到 $700 \ \mathrm{cd/m^2}$（46″）。

⑨ 高对比度，液晶屏具有 3000∶1（46″）对比度，比传统 PC 或 TV 液晶屏要高出一倍以上，是一般背投的 3 倍。

⑩ 更好的彩色饱和度，普通 CRT 的彩色饱和度只有 50% 左右，而 LCD 可以达到 92% 的高彩色饱和度，这得益于为产品专业开发的色彩校准技术，通过这个技术，除了对静止画面进行色彩校准外，还能对动态画面进行色彩的校准，这样才能确保画面输出精确和稳定。

⑪ 拼接方式可选，液晶拼接墙的拼接数量可任意选择 ［行(m) × 列(n)］，屏的大小也有多种选择，以满足不同使用场合的需求。

⑫ 灵活多变的拼接显示组合功能，可根据不同用户的要求进行个性化设计，选择单屏显示、整屏显示、任意组合显示、图像漫游和图像叠加等功能。

2）多屏拼接处理器。

多屏幕拼接控制器能支持 4 ~ 32 块屏幕的拼接显示，并支持多种视频输入模式，包括复合视频（DVD 或摄像头信号）、计算机信号（VGA 和 DVI 信号）和 HDMI 信号等。其中对复合视频，能做到 NTSC/PAL 制式自适应，加入 DC、DI 运动补偿；对计算机视频，能支持目前几乎所有的常见显示分辨率；数字视频可支持 1080P 高清信号。多屏幕拼接控制器支持 RGB/DVI 输出方式，支持所有常见的标准分辨率。

支持实时、动态地移动窗口以及调整窗口大小，每路输入都可在屏幕上的任意位置进行大小调整和定位，显示方式几乎不受任何限制。多屏拼接处理器如图 8-20 所示。

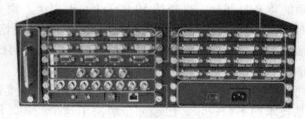

图 8-20　多屏拼接处理器

AGC-P-300 数字拼接处理器是一款模块化、可扩展的拼接墙处理器，专门针对中、小型监控系统、指挥系统而设计，完全满足数字和模拟混合、标清与高清系统混合构建的需求。兼容 VGA、DVI、HDMI、VIDEO、SDI、Fiber、双绞线和以太网编解码等格式信号类型，能支持目前几乎所有的常见显示分辨率，支持 1080P 高清数字分辨率，2K 或 4K 的超高清分辨率，以及特殊定制的分辨率。

AGC-P-300 数字拼接处理器的主要技术参数见表 8-3。

表 8-3 AGC-P-300 数字拼接处理器的主要技术参数

项 目	参 数 说 明
处理能力	切换速度：200ns，最大 数字采样：24 位，每色 8 位，165MHz 标准 最高数据速率：4.95Gbit/s（1.65Gbit/s 每色） 最高像素时钟：48M～165M
视频输入	连接器：8 个 BNC 插座 数量/信号类型：8 路 CVBS 模拟视频
VGA 输入	连接器：4 个 15 针 HD 插座 水平频率：31.4～100kHz 垂直频率：50～75Hz 分辨率范围：640×480～1920×1200，720p，1080i，1080p 数量/信号类型：4 路模拟 VGA、SVGA、XGA、WXGA
DVI 输入	标准：DVI1.0 连接器：4 个 DVI-I 插座 水平频率：50～100kHz 垂直频率：50～85Hz 分辨率范围：640×480～1920×1200，720p，1080i，1080p 数量/信号类型：4 路 DVI-I
HDMI 输入	标准：DVI1.0，HDMI1.3 连接器：4 个 HDMI A 型插座 水平频率：31～100kHz 垂直频率：24～85Hz 分辨率范围：640×480～1920×1200，720p，1080i，1080p 数量/信号类型：4 路 HDMI SDI 输入连接器：4 个 BNC 型插座 水平频率：31～100kHz 垂直频率：50～85Hz 分辨率范围：640×480～1920×1200，720p，1080i，1080p 数量/信号类型：4 路 SDI 数字视频
光纤输入	连接器：4 个双向 LC 型光纤插座 数量/信号类型：4 路光纤信号
双绞线输入	连接器：4 个标准网口插座 分辨率范围：640×480～1920×1200，720p，1080i，1080p 数量/信号类型：4 路双绞线信号
DVI 输出	标准：DVI1.0 连接器：4 个 DVI-I 插座 额定电平：0.7～1.0V 垂直频率：50Hz，60Hz 输出阻抗：75Ω 分辨率范围：640×480～1920×1200，720p，1080i，1080p 数量/信号类型：4 路双链路 DVI-I

项　目	参　数　说　明
光纤输出	连接器：4 个双向 LC 型光纤连接器 输出阻抗：75Ω 额定电平：0.7~1.0V 数量/信号类型：4 路光纤信号 双绞线线输出连接器：4 个标准网口插座 输出阻抗：75Ω 额定电平：0.7~1.0V 数量/信号类型：4 路光纤信号
控制方式	串口控制：RS-232（9 针 D 插座）、内置 AT-LINK 协议 面板控制：16 个按键控制面板 网络控制：TCP/TP，可选内置网页控制 无线触屏控制：外置无线彩色触摸屏（选配） 程序控制：AT-AGC 控制软件

8.2　小区信息发布系统的设计与实施

目前，各大型建筑的智能化程度越来越高，电子公告牌作为信息发布的载体，在各建筑中的应用也越来越多。它可以及时、醒目、多样的将各类信息传递给大众。下面以某小区的信息发布系统为例，分别对项目概况、设计依据、设计原则、系统功能、系统特点、系统原理图、系统结构及方案说明进行介绍。

8.2.1　项目概述

某小区计划在小区主入口安装一套室外全彩高亮 LED 显示屏作为信息发布系统。在其正式投入使用后，每天可以发布大量相关动态或静态的文字、图片等信息，如小区内楼栋分布、重要通知、欢迎词和重点实事新闻等。

针对该小区的实际需求，考虑电子显示屏可以播放视频、图像、文本、二维/三维动画和声音，在软件的支持下，可实时显示各类公告信息和播放一些大楼的宣传画面以及内部管理信息。

8.2.2　设计依据

（1）SJ/T11141　　　LED 显示屏通用规范
（2）GB2421　　　电工电子产品基本环境试验规则　　总则
（3）GB2422　　　电工电子产品基本环境试验规则　　名称术语
（4）GB2423.1　　　电工电子产品基本环境试验规则　　低温试验方法
（5）GB2423.2　　　电工电子产品基本环境试验规则　　高温试验方法
（6）GB8898-88　　　电网电源供电的家用和类似一般用途的电子及有关设备的安全要求
（7）GB9366-88　　　计算机站场地安全要求
（8）GBJ65-88　　　工业与民用电力装置的接地设计规范
（9）GBJ79-85　　　工业企业通信接地设计规范

（10）SDJ8-98　　　　　电力设备接地设计技术规程

8.2.3　设计原则

先进性：在满足用户的需求的同时，结合显示屏的最新技术进行设计，保证显示屏系统的先进性。

实用性：可以满足广告、图文信息、二维三维动画的播放以及大型活动显示信息的要求。

兼容性：系统能够接入各种视频源、计算机信号、能够与网络接口匹配连接。

可靠性：系统硬件与软件能够长期稳定运行，保证日常播放与活动的顺利进行。

8.2.4　系统功能

1）可以显示国家标准二级汉字字库（中英文等），字体可有多种选择（宋、仿宋、楷书、隶书、魏碑、姚体以及繁体）字号可大可小（汉字 16 点阵~72 点阵无级可变）。

2）外接扫描仪，扫描输入各种图片、图案（包括手写字体）。

3）输入视频信号（电视、录像、激光视盘），实时显示动态电视画面，同时可以显示其他图表、动画。

4）可输入计算机信号，实时显示计算机监视器的内容，如计算机处理的各种表格、曲线、图片（股票行情、股票分析、存款利率和外汇牌价）等，同时可以显示北京时间、天气预报，各种新闻、时事，显示方式、停留时间均可以控制。

5）动画显示方式多种多样，如上下、左右、中间展开、活动百叶窗以及跑马灯效果等。

6）每幅画面的显示时间可以控制，并能自动切换。

7）可以开窗显示，即对应显示计算机监视器图案的一部分。

8）信息屏的像元与计算机监视器逐点对应，成映射关系，映射位置方便可调。

9）节目可以随时更换，包括节目的内容、播放的顺序、播放的时间长短等，更改的节目可以及时的显示出来。

10）可将控制用计算机作为网络上的一个工作站，从指定的服务器上读取实时数据，在显示屏上显示出来。

11）能实时显示播放 AVI、MPEG 等视频压缩文件节目，能播放二维、三维动画节目。

12）支持播放多种文件格式：文本文件、WORD 文件、所有图片文件（BMP、JPG、GIF、PCX...）、所有的动画、视频文件（MPG、MPEG、MPV、MPA、AVI、VCD、SWF、RM、RA、RMJ、ASF...）等文件图像。

8.2.5　系统特点

1）使用方便：可以使用计算机（或者视频处理器），作为同步模式，也可以不接计算机（或者视频处理器），作为异步模式。能在各种场合应用。

2）操作简单：人性化软件设计，简单易学。

3）高稳定性：按照工业控制的模式设计，稳定性比 PC 高。

4）防病毒性：嵌入式 Linux 固化操作系统，病毒无法感染。

5）低成本：一张同/异步发送卡，满足客户的各种要求。

6）高质量的图像：同步/异步具有一样高的灰度。

7）满帧 1080P 硬解码：克服传统异步卡软解码、低分辨率、只有 7~15 帧的瓶颈，本产品可播放 1920×1080 满帧硬解码。

8）能远程控制：接入网络就能进行远程控制和信息发布。

9）节目不需要录制：可以直接播放视频、图片等多媒体，不像其他异步卡那样需要预先录制节目。

10）具有立体声输出：可播放有声音的视频节目。

8.2.6 系统原理图

根据项目要求该小区户外高清全彩 LED 显示屏系统配置结构示意图如图 8-21 所示。

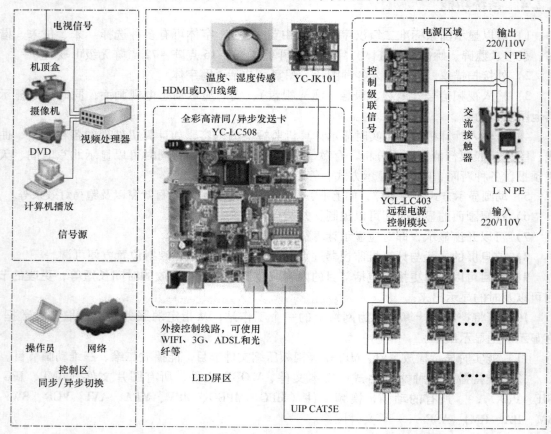

图 8-21 小区户外高清全彩 LED 显示屏系统配置结构示意图

8.2.7 规格及技术指标

1）显示屏 LED 参数。

- 物理点间距：10mm。
- 单个箱体尺寸：高 800mm×长 1120mm 和高 640mm×长 1120mm。
- 单个箱体分辨率：112×80 点和 112×64 点。

- 物理密度：10 000 点/平方米。
- 发光点颜色：1R1PG1B。
- 箱体重量：58kg/平方米（以实际为准）。
- 最佳视距：2~100 米。
- 视角：水平 70°~110°，垂直 30°~45°。

2）LED 全彩高清同/异步发送卡 YC-LC508 主要技术指标见表8-4。

表 8-4　YC-LC508 主要技术指标

序号	项　目	技　术　参　数
1	1 路输入网络接口	1 路输入网络接口，用来更新节目内容以及远程控制使用
2	输入网络连接方式	以太网、WIFI、3G 均可，通过 RJ45 接入网络，WIFI 使用 USB 无线网卡
3	同步输入接口	HDMI 输入，直接与计算机的 HDMI 输出连接。如果视频处理器只有 DVI 输出，可选用一根 DVI 转 HDMI 线
4	输出控制	2 路千兆标准以太网发送
5	带截面积	单个控制器最大控制 200 万（1920×1080）像素点
6	灰度	最高支持 16bit 灰级。65536 级灰度任意设定，颜色总数：65536×65536×65536
7	显示屏类型	支持单色、双色、全彩。支持各种驱动芯片、逐点检测芯片
8	刷新频率	300~3000Hz 可调
9	外部存储	SD 卡（最大支持 32G）、U 盘、硬盘
10	扫描方式	支持 1/16、1/8、1/4、1/2 和静态等扫描方式
11	支持的多媒体格式	支持的图片格式： PNG、TIFF、PNM、PPM、PGM、PBM、JPEG、JPG、GIF、BMP 支持的视频格式： AVI、MPG、MPEG、DAT、VOB、MP4、WMV、3GP、ASF、MKV、TS、MOV、M4V 支持的音频格式： MP3、AC3、D++、ACC、ACCP、WMA、WMAPRO、BDPCM 支持语言：支持全球所有的文字编码 支持字库：支持矢量缩放的 TrueType 字库
12	内部存储空间	内部空间 1G
13	外形尺寸	128×116×18mm
14	电源	5V，3A
15	工作温度	-20~50℃
16	工作湿度	0%~95%（相对湿度，无冷凝）

3）环境监控板 YC-JK101 主要技术指标见表8-5。

表 8-5　YC-JK101 主要技术指标

序号	项　目	技　术　参　数
1	1 路亮度探头插座	测量环境亮度，获取探头测量最大值的亮度百分比，例如探头最大测量为 1000Lux，当前为 520Lux，则返回 52%，不同探头，返回结果不同
2	1 路温度探头插座	返回摄氏度，温度检测范围为 -20~100℃
3	1 路湿度探头插座	返回湿度百分比
4	1 路板载温度监控	返回摄氏度，温度检测范围为 -20~100℃

序　号	项　目	技　术　参　数
5	2 路风扇转速监控	控制 5V 直流电风扇，检测转速，以及根据板载温度的不同，自动调整电风扇转速，255 级调速。外接电风扇电压直流（1 ±5%）5V，最大功率为 3.5W，四芯、三芯控制电风扇
6	控制信号	专用 4 芯排线，TTL 电平
7	外形尺寸	58 × 58 × 18mm
8	工作温度	− 20 ～ +65℃
9	工作湿度	0% ～ 95%（相对湿度，无冷凝）

4）远程电源控制模块 YC-LC403 主要技术指标见表 8-6。

表 8-6　YC-LC403 主要技术指标

序　号	项　目	技　术　参　数
1	4 路开关控制	控制电压最高 250V
2	最大级联	6 张共 24 路
3	控制信号	专用 4 芯排线，TTL 电平
4	开关间隔	3 ～ 300 秒可设置
5	外形尺寸	66 × 66 × 18mm
6	工作温度	− 20 ～ 65℃
7	工作湿度	0% ～ 95%（相对湿度，无冷凝）

5）全彩接收卡 YC-LC101 主要技术指标见表 8-7。

表 8-7　YC-LC101 主要技术指标

序　号	项　目	技　术　参　数
1	单卡控制像素	≤43 000 点
2	灰度	支持 16bit 灰级，最大 65 536 级，颜色总数：65 536 × 65 536 × 65 536
3	网络接口	两路千兆以太网口接口
4	输出	16 路（R、G、B）数据输出（TTL 电平）
5	扫描方式	支持 1/16、1/12、1/10、1/8、1/4、1/2 和静态等扫描方式
6	控屏大小	使用单张千兆网卡（不用发送卡），控制整屏在 40 万点以内；使用单张发送卡，控制整屏在 200 万点（1920 ×1080）以内；如果超过 200 万点，使用多张发送卡就可以实现
7	刷新频率	控制 5026、5024 等通用芯片，刷新频率在 800 ～3000Hz，是通用卡的 8 倍
8	网络连接	局域网、互联网和无线网均可
9	LED 屏设置	智能设置，只需设置型号和箱体排列数就可以，简单明了，不用专业知识
10	视频源规格	支持高清：1920 ×1080P 和标清：1024 ×768 视频播放
11	多屏控制	支持多屏同步及组合控制功能
12	控制软件	友好界面，智能化操作，易学易懂
13	系统升级	支持远程升级
14	箱体温度指示	每个箱体的温度有指示和报警
15	脱机测试	支持单箱体及整屏同步脱机测试
16	卡与卡连接	接收卡网口不分进出口
17	符合 EMC 标准	符合 EMC（EN55022CLASS A 标准）
18	工作环境	电压：直流（1 ±5%）5V；最大功耗：≤4W；工作温度：− 20 ～ +55℃

6）系统软件。LEDshow 系统软件提供简捷方便和交互式的节目制作播放环境，使系统具有良好的扩充性和可靠性。LEDshow 图文制作播放系统是多种制作播放之大成，界面美观友善，全中文菜单提示，操作方便。其各项功能可由用户自由组合后，进行循环播放并自动切换，且各项均可分别实现定时、定速，显示方式达 180 种之多。

8.3 实训

8.3.1 实训 1 小区信息发布系统基本操作

1. 实训目的

1）了解小区信息发布系统的组成与原理。

2）熟悉小区信息发布系统控制软件的使用。

2. 实训设备

控制服务器、安装有控制软件的计算机、显示屏等。

3. 实训步骤与内容

1）进入软件。

登录软件主界面，理解界面内各菜单的分类和内容，以及菜单的使用方法。注意首次使用管理软件需要对设备、接口、通信进行设置，注意设置要求、参数选择、信息指示和做好记录。

2）信息编辑及发布。

① 掌握新建脚本，设置脚本参数，添加显示项，编辑文本，导入文本，添加、复制和删除显示项，以及预览脚本，存储脚本等最基本的使用方法。

② 打开脚本及使用显示方式、设置显示窗口。在屏幕上分上下两个窗口显示，上面的窗口显示"欢迎使用小区信息发布系统"，下面的窗口显示向上滚动的文本信息。

③ 掌握添加时间项及注意事项，让多个显示项同时在屏上显示。

④ 熟练地完成该系统的操作步骤。

4. 实训结果

写出实训结果、遇到的问题、解决方法以及实训心得体会。

8.3.2 实训 2 小区信息发布系统 LED 显示屏的安装与调试

1. 实训目的

1）了解小区信息发布系统 LED 显示屏的组成。

2）掌握 LED 显示屏的安装方法。

3）掌握 LED 显示屏的调试方法。

2. 实训设备

控制服务器、安装有控制软件的计算机、LED 单元板、控制卡及开关电源灯。

3. 实训步骤与内容

1）LED 显示屏的安装。

① 按照 LED 显示屏的安装示意图，取出 LED 单元板，拆去包装，检查显示屏有无破

损，灯板与灯板之间的信号连接线有无松动和损坏，如图 8-22 所示。

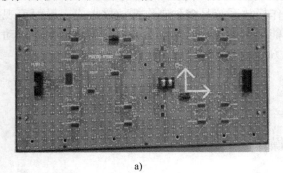
a)

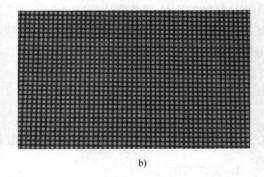
b)

图 8-22　LED 单元板

a）LED 单元板背面　b）LED 单元板正面

② 根据安装示意图——将 LED 单元板对应安装于钢结构上，在拼装过程中注意显示屏箱体与箱体之间的间隙和平整度，如图 8-23 所示。

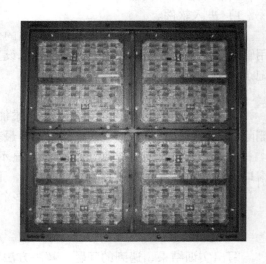

图 8-23　LED 单元板安装于箱体中

③ 安装完后检查显示屏水平方向相邻的两个箱体有无形成上下错位，垂直方向相邻的两个箱体有无左右错位，错位严重的，影响到显示屏播放效果和外观的要进行调整，无法调整的要拆了重装。

④ 按照图 8-24 所示连接单元板间的电缆。

⑤ 连线检查无误，接通电源线。

2）LED 显示屏的调试。

对于大屏幕信息发布系统，系统在屏体出厂验收前都已经通过相应的质检和成品的屏体指标验收，因此系统安装完后主要是对其整体亮度、软件联网控制显示的系统调试。整体亮

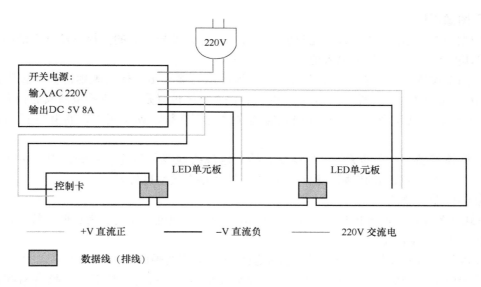

图 8-24　LED 显示屏电缆连接图

度的调试检测比较直观，是根据系统完工后三方人员对其进行实地调试检验的一个工序，软件系统联网控制和屏体显示是系统调试的重点，对其说明如下。

① 多媒体信息的编辑制作调试。

文字信息：是节目制作中最普通、最常用的信息，文字信息的准备和处理比较简单，主要有文字编写、文字翻译（多语言系统）、文字录入、文字特技，在软件工具中对各种字体、大小、颜色任意选择、多种对齐和特技显示方式，然后根据屏体的显示来进行调试校对。

图形信息：图形是信息量较大的一种信息表达方式，它可以将复杂和抽象的信息直观地表达出来，也为制作美观的界面提供了必要的手段，在节目软件制作工具中，主要调试其支持图形的缩放、裁剪和拼接程度。

② 对显示屏监视和控制功能的调试。

显示屏是显示系统中的关键设备，其上位控制计算机能对其显示内容、显示方式全面控制，同时控制软件提供界面实现对其运行状态的监视。

③ 组网功能调试。

系统中的计算机设备组成局域网，实现内部资源共享，标准网络接口提供了与其标准网络联网能力，网络软件提供网络信息发布，实现网络控制，完成组网后视各个终端能否快速响应控制计算机的指令要求，并做好调试验收报告。

3）LED 显示屏的故障排查。

① 屏体整屏不亮。

检查计算机是否运行正常，计算机与屏体控制系统的连接线缆是否连接正确，接触是否良好。控制系统是否上电，控制系统输出线缆是否按顺序连接正确。

当上述检查结果确认无误，再检查屏体。屏体是否上电，查屏供电系统是否正常。控制系统输出到屏体的数据线是否连接正确。环境温度和湿度是否超过了产品的使用要求。

② 图像不稳，左右晃动。

此现象属于控制系统的数字地与屏体的数字地电位差异造成的。检查控制系统的输出地线与屏体的第一个单元板的输入地线是否连接良好。

③ 图像位置不对，或者屏上没有图像，即图像已经超出屏体的映射区。检查所设置的框体偏移量是否合适，请将其改为合适的值；检查框体位置是否与所希望播放的画面位置一致，如不是，将其设为一致；检查控制器的通信电缆连接，如不正确，将其按正确的方法连接。

④ 屏体带静电。立即关闭屏体电源，检查电源线地线是否连接良好；用万用表测量屏体金属件与大地连线间的电阻，检查屏体机壳地线是否接地良好。

⑤ 屏体图像缺色。

所缺颜色相应的电源出现自动保护或输出故障；该颜色亮度设定为最低；数据连线有松动；相应数据通道故障。

⑥ 屏体图像有底色。外部干扰超过系统容限，请刷新画面。

⑦ 屏体上，局部一个或两个模块显示异常甚至不亮。打开屏体后门，检查给两张单元板供电的电源是否正常，如不正常，更换一只正品电源即可。数据线是否插好，如有松动或脱落则重新插好，坏则更换。

4. 实训结果

写出实训结果、遇到的问题、解决方法以及实训心得体会。

8.3.3 实训 3 小区信息发布系统液晶拼接的安装与调试

1. 实训目的

1）了解小区信息发布系统液晶拼接屏的组成。

2）了解液晶拼接屏的面板接口及其连接方法。

3）掌握液晶拼接屏的安装方法。

4）掌握液晶拼接屏的调试方法。

2. 实训设备

控制服务器、安装有控制软件的计算机、液晶拼接屏等。

3. 实训步骤与内容

1）了解液晶拼接屏面板接口。

图 8-25 所示为液晶显示屏后面板的示意图。

① LED 电源指示灯。打开电源开关待机时指示灯为红色。拼接屏开启时指示灯为绿色。

② IR 输入。连接 IR 线至遥控器远程遥控控制。

③ RGB 输入。连接 PC 的输出端至接口端（RGBHV）。

④ SY1/AV1 输入，SC1/AV2 输入。复合视频输入。

⑤ DIP 地址开关。设定拼接屏的行与列。

⑥ USB 接口输入。输入 USB 数据。

⑦ RJ-45 输入、输出接口。输出端连接其他拼接屏输入端环接控制。

⑧ DVI 信号输入端口。

⑨ HDMI 信号输入端口。

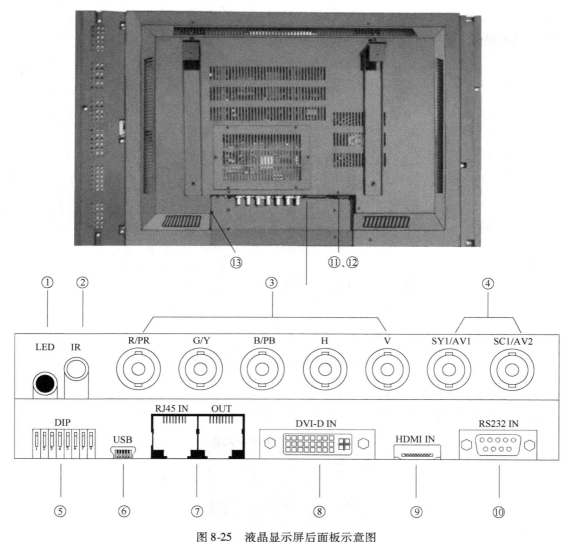

图 8-25 液晶显示屏后面板示意图

⑩ RS-232 输入（控制 & 服务）端口。连接控制设备的串行端口至 RS-232 输入端口。

⑪ 电源开关。

⑫、⑬电源线的输入、输出。

2）液晶拼接屏的安装。

① 机架安装：卸开木架即所有包装后开始安装，先安装机柜（机架）。安装时先将底座从左边第一组到右（从右到左）连接，再安装上组机柜从左边第一组到右（从右到左）连接、而后安装面框，最后连接固定液晶屏单元的铝型材配件，每列固定两条。机柜安装按项目图样要求组装好机柜各部件，确认牢固、稳定。

② 挂壁结构安装：移开安装位置有关物品，确定安装固定孔位置，尽量实施无尘打孔，固定安装架并调试方向和水平，进行现场清理和整洁，安装拼接大屏。

③ 组装拼接屏单元。拼接屏单元由液晶屏、机芯、固定架组成，拼接屏单元安装到机柜（机架）前，先组装好拼接屏单元到满意的状态，也可单击"复位"按钮恢复到出厂设

置状态。

液晶拼接屏安装完成效果图如图 8-26 所示。

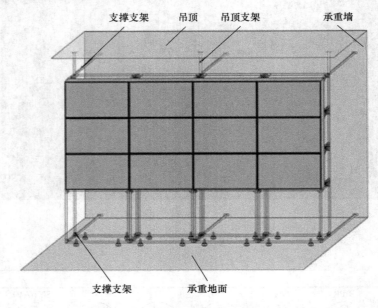

图 8-26　液晶拼接屏安装完成效果图

3）液晶拼接屏外部设备的安装。

按照图 8-27 系统配置进行连线（参见产品说明书）。

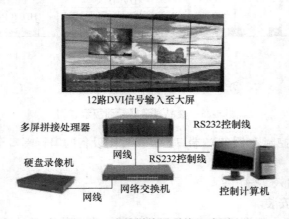

图 8-27　液晶拼接屏系统组成图

4）液晶拼接屏的调试（详细操作参见产品说明书）。

①图像模式：单击"图像模式"按钮，可对拼接墙的各单元图像进行设置选择，分别为"标准""鲜艳""用户"等模式。

②静像：单击"静像"按钮，可对拼接墙的各单元及大画面模式下当前的图像进行设置选择开和关，便于仔细观察画面的细节。

③高级设置：参见液晶拼接说明书，完成以下内容的设置。

a. "启动时密码检查"是可以设置控制软件的启动密码，在单击"启动系统"按钮后，需输入密码后才能使用控制软件的界面。

b. "智能扩屏"和"VGA调整"设置，必须在画面拼接的各个模式下才有效，在"视频自动分配状态"模式下无作用。该按钮可设置"启动系统"的密码打开或关闭。

c. "记忆启动模式"在选择记忆启动模式后，在启动软件系统时，会自行切换到控制软件关闭时所选择的信号输入或模式选择的状态。

d. "启动切换到AV、VGA或HDMI"选择所选的信号输入，在启动软件时，屏幕上会切换到所选择的信号画面。

④ VGA拼接画面调整：参见液晶拼接说明书，将拼接墙的各单元及大画面模式下当前的图像进行自动调整到最佳状态。

一般利用以下设置进行辅助调整：如"水平位移、垂直位移、水平缩放、垂直缩放"按钮，单击"复位"按钮，可以使其恢复到初始状态。

5）液晶拼接屏的故障排查。

● 常见症状一：液晶屏上会出现"杂波""杂点"状的现象。

解决方法：出现上述情况很可能是由于液晶拼接屏与显卡的连接线出现了松动，只要把连接线牢牢地接好，"杂波""杂点"的状况就能得到好转。

● 常见症状二：屏幕上出现不规则、间断的横纹。

解决方法：检查显卡是否过度超频，若显卡过度超频使用经常会出现上述情况，这时应该适当降低超频幅度，但要注意，首先要降低显存的频率。

● 常见症状三：若出现花屏，但上述两招使用之后未能生效。

解决方法：出现上述情况之后，用户就得检查显卡的质量了。用户可以检查一下显卡的抗电磁干扰和电磁屏蔽质量是否过关。具体办法是：将一些可能产生电磁干扰的部件尽量远离显卡安装（如硬盘），再看花屏是否消失。若确定是显卡的电磁屏蔽功能不过关，则应更换显卡，或自制屏蔽罩。

4. 实训结果

写出实训结果、遇到的问题、解决方法以及实训心得体会。

8.4 本章小结

信息发布系统主要由中心控制系统、终端显示系统和网络平台3部分组成。中心管理系统软件安装于管理与控制服务器上，具有资源管理、播放设置、终端管理及用户管理等主要功能；终端显示系统包括媒体播放机、视音频传输器、视音频中继器和显示终端，主要通过媒体播放机接收传送过来的多媒体信息，常用的大屏设备有LED显示屏和液晶拼接屏；网络平台是中心控制系统和终端显示系统的信息传递桥梁。根据需求，信息发布系统一般分为单机型、广播型、分播型、交互型和复合型。

8.5 思考题

1. 信息发布系统主要由几个部分组成？

2. 信息发布系统可分为哪些类型？各适用于什么地方？
3. 简述小区信息发布系统的工作流程。
4. 信息发布系统中管理控制软件主要有哪些功能？
5. 简述 LED 显示设备和液晶拼接屏的特点，各有什么优势？
6. LED 显示屏安装与调试中会出现哪些问题？列举 3 个故障现象，并写出解决方法。

参 考 文 献

［1］董春利 . 安全防范工程技术［M］. 北京：中国电力出版社，2009.

［2］陈龙 . 安全防范系统工程［M］. 北京：清华大学出版社，1999.

［3］黎连业，等 . 网络与电视监控工程监理手册［M］. 北京：电子工业出版社，2004.

［4］黎连业 . 智能大厦和智能小区安全防范系统的设计与实施［M］. 北京：清华大学出版社，2008.

［5］中国就业培训技术指导中心 . 安全防范设计评估师（基础知识）［M］. 北京：中国劳动社会保障出版社，2007.

［6］中国就业培训技术指导中心 . 智能楼宇管理师［M］. 北京：中国劳动社会保障出版社，2007.

［7］中华人民共和国国家标准 . GB 31/294—2010 住宅小区安全技术防范系统要求［S］. 北京：中国标准出版社，2010.

［8］中华人民共和国国家标准 . GB 50348—2004 安全防范工程技术规范［S］. 北京：中国标准出版社，2004.

［9］中华人民共和国国家标准 . GB 50396—2007 出入口控制系统工程设计规范［S］. 北京：中国标准出版社，2007.